普通高等教育"十一五"国家级规划教材

建设工程管理系列教材

建设工程监理

第 3 版

主　编　杨晓林

副主编　刘光忱　冉立平

参　编　都昌满　赵　亮　张　红　王奕麟

主　审　张守健　王长林

机械工业出版社

本书共分为 11 章。第 1 章从建设工程监理的基本概念出发，对建设监理制度的由来，建设监理行业的从业人员及其执业机构，与监理工作密切相关的建设程序以及建设工程监理的发展趋势等问题进行了阐述。从第 2 章到第 10 章，从监理工程师的实际工作角度比较详细地介绍了监理组织、目标控制、投资控制、质量控制、进度控制、合同管理、安全管理、风险管理、信息管理和组织协调。第 11 章对监理规划、工地例会和监理月报、竣工验收管理等监理业务进行了较为详尽的介绍。

本书主要作为高等院校工程管理和土木工程等相关专业的本科及研究生的教材，也可作为建设监理单位、建设单位、勘察设计单位、施工单位和政府各级建设行政主管部门有关人员学习和工作的参考书。

图书在版编目（CIP）数据

建设工程监理/杨晓林主编．—3 版．—北京：机械工业出版社，2016.1
（2025.1 重印）

普通高等教育"十一五"国家级规划教材，建设工程管理系列教材

ISBN 978-7-111-52598-1

Ⅰ.①建…　Ⅱ.①杨…　Ⅲ.①建筑工程—施工监理—高等学校—教材
Ⅳ.①TU712

中国版本图书馆 CIP 数据核字（2015）第 308130 号

机械工业出版社（北京市百万庄大街 22 号　邮政编码 100037）
策划编辑：冷　彬　责任编辑：冷　彬
责任校对：刘秀芝　封面设计：马精明
责任印制：张　博
北京雁林吉兆印刷有限公司印刷
2025 年 1 月第 3 版第 8 次印刷
184mm×260mm·17.25 印张·421 千字
标准书号：ISBN 978-7-111-52598-1
定价：35.00 元

电话服务　　　　　　　　　　　网络服务
客服电话：010-88361066　机　工　官　网：www.cmpbook.com
　　　　　010-88379833　机　工　官　博：weibo.com/cmp1952
　　　　　010-68326294　金　书　网：www.golden-book.com
封底无防伪标均为盗版　机工教育服务网：www.cmpedu.com

前　言

建设监理制度在我国工程建设领域发挥了巨大的作用,监理单位成为我国工程建设领域的三大主体之一。为了培养合格的工程建设监理领域人才,我国已开始在本科教育中引入建设工程监理课程,而且此课程已经成为许多高等院校工程管理和土木工程等专业本科生课程中的一门重要专业课。有些学校还面向更广的范围开设选修课。

本书第1版和第2版很好地满足了当时本科教学的需求,受到广大师生的好评,同时,我们也收到了很多有益的修改、提升的建议。2013年,《建设工程监理规范》重新修订后颁布实施,且近年来,国家基本建设领域相继出台新的法律法规,这些法律法规对建设监理实践和理论研究都带来影响。因此,我们决定再次对本书进行修订。

此次修订主要遵循三个原则:第一是内容更新。补充监理行业的最新理论和实际发展动态,与国家最新的法律法规制度相一致。第二是实用。紧密结合工程实际,与监理工程师执业资格考试的要求相吻合,并增加监理工作所需要的实务知识。第三是全面。对监理工程师监理工作实践中所需的知识进行了全面的介绍,并注意与相关课程的衔接。因此,本书具有体系设计合理、内容充实、实用性强等特点。为便于老师授课,配套编制了PPT课件,教师可通过http://www.cmpedu.com(机械工业出版社教育服务网)注册后免费下载使用。

全书共分11章,内容包括:建设工程监理概述、建设工程监理组织、建设工程目标控制、建设工程投资控制、建设工程质量控制、建设工程进度控制、建设工程合同管理、建设工程安全管理、建设工程风险管理、建设工程信息管理与计算机辅助监理和建设工程监理组织业务管理。

本书由哈尔滨工业大学杨晓林任主编,沈阳建筑大学刘光忱和哈尔滨工业大学冉立平任副主编,哈尔滨工业大学的张守健教授和王长林教授任主审。第1章、第6章、第8章和第9章由杨晓林编写,第2章的第1~4节和第4章由北京建筑大学都昌满和哈尔滨工业大学张红共同编写,第2章第5节和第11章由沈阳建筑大学赵亮编写,第3章和第5章由冉立平编写,第7章第1、4、6节和第10章第1、3、4节由刘光忱编写,第10章第2、5节由黑龙江东方学院王奕麟编写。

在本书的编写过程中,张守健教授和王长林教授提出了许多宝贵的意见和建议,对全书进行了全面仔细的审核,在此表示衷心的感谢。

本书汲取了近年来出版的相关著作的精华,在此向有关作者致谢。由于作者水平有限,书中缺点和错误在所难免,诚请同行专家不吝赐教,并欢迎广大读者朋友批评指正。

编　者

目　　录

第1章 建设工程监理概述

1.1 建设工程监理的基本概念

1.1.1 建设工程监理制的由来

从 1949 年新中国成立一直到 20 世纪 80 年代，我国的基本建设活动完全按照计划经济的模式进行。即由国家统一安排项目计划，国家统一财政拨款。当时，项目管理通常采用两种方式：对于一般建设工程，由建设单位自己组成筹建机构，自行管理；对于重大建设工程，则从与该工程相关的单位抽调人员组成工程建设指挥部，由指挥部进行管理，当工程建成投入使用后，原有的工程管理机构就地解散。不容否认，这种体制在我国集中有限财力、物力和人力进行经济建设，建立我国的工业体系和国民经济体系，起到了积极的作用。然而，由于建设单位无须承担经济风险，而且相当一部分管理人员不具备建设工程管理的知识和经验，造成我国建设工程管理水平长期在低水平徘徊，概算超估算、预算超概算、结算超预算和工程不能按期交工的现象较为普遍。

20 世纪 80 年代以后，我国从计划经济体制逐渐向社会主义市场经济体制过渡，对外开放，对内搞活。我国在基本建设领域实施了一系列的重大改革，主要表现在投资主体多元化、投资有偿使用、投资包干责任制、工程招标投标制等，使得建设单位必须承担投资风险，承担管理责任。而传统的项目管理方式根本无法做到这一点。

通过对我国几十年建设工程管理实践的反思和总结，以及对国外工程管理制度和管理方法的考察，我国政府认识到建设单位的工程项目管理是一项专门的学问，只有科学管理才能管好建设项目。参照国外的专业化和社会化的项目管理模式，建设部于 1988 年发布了《关于开展建设监理工作的通知》，明确提出要建立建设监理制度，在我国建立专业化和社会化的建设监理机构，帮助建设单位科学管理建设项目，以提高建设水平和投资效益。由此可见，建设工程监理制实际上是为建设单位建立社会化的专业管理服务机构，从而实现项目科学管理的一种制度。

建设工程监理制实施以来，在建设工程领域发挥了巨大的作用。1997 年《中华人民共和国建筑法》（以下简称《建筑法》）以法律的形式明确作出规定，国家推行建设工程监理制度，从而标志着建设工程监理在全国范围内进入了全面推行阶段。

1.1.2 建设工程监理的基本概念

1. 定义

建设工程监理是指具有相应资质的工程监理企业，接受建设单位的委托，承担其项目管理工作，并代表建设单位对承建单位的建设行为进行监控的专业化服务活动，如图1-1所示。

此概念中的建设单位，也可称为业主或项目法人，它是委托监理的一方。建设单位在工程建设中拥有确定建设工程规模、标准和功能，以及选择勘察、设计、施工和监理单位等工程建设中重大问题的决定权。

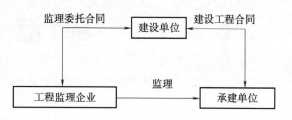

图1-1 建设工程监理关系示意图

此概念中的工程监理企业是指取得企业法人营业执照，具有监理资质证书的依法从事建设工程监理业务活动的经济组织。

此概念中的承建单位主要是指直接与建设单位签订咨询合同、建设工程勘察合同、设计合同、材料设备供应合同、施工合同以及工程总承包合同的单位。

2. 监理概念要点

（1）建设工程监理的行为主体　按照《建筑法》第三十一条规定，实行监理的建筑工程，由建设单位委托具有相应资质条件的工程监理单位监理。建设工程监理的行为主体是工程监理企业，这是我国建设工程监理制度的一项重要规定。因此，建设工程监理不同于建设行政主管部门对建设工程的监督管理，也不同于建设单位自己对建设工程的监督管理，以及总包单位对分包单位的监督管理。建设工程监理是由特定主体所进行的监督管理行为，是指专门由工程监理企业代表业主所进行的监督管理活动。

（2）建设工程监理实施的前提　按照《建筑法》第三十一条规定，建设单位与其委托的工程监理企业应当订立书面建设工程委托监理合同，即建设单位的书面委托监理合同是建设工程监理实施的前提。只有建设单位在监理合同中对工程监理企业进行委托与授权，工程监理企业才能在委托的范围内，根据建设单位的授权，对承建单位的工程建设活动实施科学管理。

（3）建设工程监理的依据　建设工程监理是具有明确依据的监督管理活动，其监理的依据主要有三个方面：

1）建设工程委托监理合同和有关的建设工程合同是建设工程监理的最直接依据。工程监理企业只有在监理合同委托的范围内监督管理承建单位履行其与建设单位所签订的有关建设工程合同。有关的建设工程合同，包括咨询合同、勘察合同、设计合同、设备采购合同、施工合同和工程总承包合同。

2）工程建设文件，包括批准的可行性研究报告、建设项目选址意见书、建设用地规划许可证、建设工程规划许可证和批准的设计文件，以及施工许可证等。

3）国家的法律、法规和规范等是工程监理必不可少的依据。

（4）建设工程监理的范围　在我国的建设监理制度中，监理的工作范围包括两个方面：一是工程类别，包括各类土木工程、建筑工程、线路管道工程、设备安装工程和装修工程等，工程监理企业只能在资质审批的工程类别内进行监理活动；二是工程建设阶段，包括工程建设投资决策阶段、勘察设计招投标与勘察设计阶段、施工招投标与施工阶段（包括设备采购与制造和工程质量保修）。但由于目前我国的监理工作在工程建设投资阶段、勘察设计招投标与勘察设计阶段尚不够成熟，因此我国目前主要进行的是建设工程施工阶段的监理活动。工程监理企业必须按照监理合同委托的监理阶段进行监理。

此外，按照《建设工程监理范围和规模标准规定》，我国强制实行监理的范围包括：

1）国家重点建设工程，即依据《国家重点建设项目管理办法》所确定的对国民经济和社会发展有重大影响的骨干项目。

2）项目总投资额在 3000 万元以上的大中型公用事业工程，包括供水、供电、供气、供热等市政工程项目，科技、教育、文化等项目，体育、旅游、商业等项目，卫生、社会福利等项目，以及其他公用事业项目。

3）成片开发建设的建筑面积在 5 万 m^2 以上的住宅建设工程。

4）利用外国政府或者国际组织贷款资金的项目，包括使用世界银行、亚洲开发银行等国际组织贷款资金的项目，使用国外政府及机构贷款资金的项目，使用国际组织或者国外政府援助资金的项目。

5）国家规定必须实行监理的其他工程，包括学校、影剧院、体育场馆项目和总投资额在 3000 万元以上关系社会公共利益、公众安全的基础设施项目，包括煤炭、石油、化工、天然气、电力、新能源等项目，铁路、公路、管道、水运、民航及其他交通运输业等项目，邮政、电信枢纽、通信、信息网络等项目，防洪、灌溉、排涝、发电、引（供）水、滩涂治理、水资源保护、水土保持等水利建设项目，道路、桥梁、地铁和轻轨交通、污水排放及处理、垃圾处理、地下管道、公共停车场等城市基础设施项目，生态环境保护项目，以及其他基础设施项目。

（5）建设工程监理的工作内容　建设工程监理的工作就是代表业主进行项目管理。具体来讲，就是为了实现业主的项目目标，进行进度、质量、投资三大目标控制，合同管理和安全管理两项管理工作，以及组织协调工作。

1.1.3　建设工程监理的性质

1. 服务性

建设工程监理的服务性是由监理的业务性质决定的。因为按照建设工程监理的定义，建设工程监理实际上是工程监理企业为建设单位提供专业化服务——项目管理服务，即代表建设单位进行项目管理，协助建设单位在计划的目标内将建设工程项目顺利建成并投入使用。

建设工程监理的服务性，决定了工程监理企业并不是取代建设单位的建设管理活动，而仅仅是为建设单位提供专业化服务。因此，工程监理企业不具有建设工程重大问题的决策权，而只是在委托与授权范围内代表建设单位进行项目管理。

建设工程监理的服务性具有单一性特点，即其服务对象只是建设单位，并不像国际上公认的建设项目管理咨询可以为需要管理服务的建设单位、设计单位或者承包单位提供服务。

2. 科学性

科学性是由建设工程监理制的基本目的决定的。建设单位委托监理的目的就是通过工程监理企业代表其进行科学管理从而实现项目目标。因此，作为工程监理企业，只有通过科学的思想、方法和手段，才能完成其工作。

3. 独立性

独立性是由建设工程监理的工作特点所决定的。虽然工程监理企业是代表建设单位来进行项目管理，但是工程监理企业只有根据科学管理的要求，独立地作出判断和进行工作才能够将科学管理落在实处。如果不能做到这一点，处处按照建设单位的指挥行事，也就失去了这种引入专家管理的意义。因此，独立性成为一项国际惯例。

4. 公平性

公平性是社会公认的监理职业道德准则，也是科学管理的要求。因为合同只有双方都认真履行才能顺利完成。所以，建设工程监理要求工程监理企业在代表建设单位进行项目管理时，在维护建设单位的合法权益时，不得损害承建单位的合法权益。尤其是在处理建设单位与承建单位争议时，必须以事实为根据，以合同为准绳，公正地行事。

1.2 建设工程监理的作用

1.2.1 有利于提高建设工程投资决策的科学化水平

在投资决策阶段引入建设工程监理，通过专业化的工程监理企业在决策阶段的管理服务，建设单位可以更好地选择工程咨询机构，并由工程监理企业监控工程咨询合同的实施，并对咨询报告进行评估，因此，可以提高建设工程投资决策的科学化水平，避免项目投资决策的失误。

1.2.2 有利于控制建设工程的功能和使用价值质量

在设计阶段引入建设工程监理，通过专业化的工程监理企业的科学管理，可以更准确地提出建设工程的功能和使用价值质量要求，并通过设计阶段的监理活动，选择出更符合建设单位要求的设计方案，实现建设单位所需的建设工程的功能和使用价值。

1.2.3 有利于促使承建单位保证建设工程质量和使用安全

由于工程监理企业是由既懂技术又懂经济管理的专业监理工程师组成的企业，因此，在设计和施工阶段引入建设工程监理，监理工程师采取科学的管理方式对工程质量进行控制，使承建单位建立完善的质量保证体系并在工程中切实落实，从而就可以最大限度地避免工程质量隐患的存在和质量事故的发生。

1.2.4 有利于实现建设工程投资效益最大化

在建设工程全过程引入建设工程监理，也就是由专家参与决策和实施过程，通过监理工程师的科学管理，就可能实现投资效益最大化的目标：在满足建设工程预定功能和质量标准的前提下，实现建设投资额最少，或者建设工程全寿命周期费用最少；或者实现建设工程本身的投资效益与环境、社会效益的综合效益最大化。

1.2.5 有利于规范工程建设参与各方的建设行为

虽然工程监理企业是受建设单位委托来代表建设单位进行科学管理的，但是，工程监理企业在监督管理承建单位履行建设工程合同的同时，也代表或要求建设单位履行合同，从而使建设工程监理制在客观上起到一种约束机制的作用，起到有利于规范工程建设参与各方建设行为的作用。

1.3　监理工程师

监理工程师是指经全国监理工程师执业资格统一考试合格，取得监理工程师执业资格证书，并经注册从事建设工程监理活动的专业技术人员。

1.3.1　监理工程师的素质要求

1. 较高的专业学历和复合型的知识结构

由于建设工程监理的业务是为建设工程的科学管理服务，而这种服务涉及多学科、多专业的技术、经济、管理和合同、法律知识等，因此，监理工程师的执业特点是需要综合运用这些知识进行科学管理，即监理工程师必须具有一专多能的复合型知识结构。"一专"主要是指监理工程师必须在某一专业技术领域具有精深的专业知识，是该专业技术领域方面的专家。因此，要成为监理工程师，至少应具备工程类大学的专业学历。复合型的知识结构主要是指除了专业技术外，还具备经济、合同、管理和法律等多方面知识。而且监理工程师只有不断学习新技术、新结构、新工艺，了解工程领域的最新发展，熟悉与工程建设相关的法律、法规和国际惯例，始终保持在工程建设方面的专家地位，才能够胜任监理工作。

2. 丰富的工程建设实践经验

由于监理工程师需要将工程技术、经济管理和合同与法律知识综合运用于项目监理工作中，才能够实现科学管理的目标，因此，监理业务具有很强的实践性特点。据有关统计资料表明，许多工程建设中的失误都是由于缺乏经验造成的。实践经验对于监理工程师尤其重要，没有丰富的工程实践经验，根本无法将理论与实践有机地结合起来，也就不能够胜任监理工作。

3. 良好的品德

监理工程师的良好品德主要体现在以下几个方面：

1）热爱监理工作。

2）具有科学的工作态度。

3）具有廉洁奉公、为人正直、办事公道的高尚情操。

4）能够听取不同方面的意见，冷静分析问题。

4. 健康的体魄和充沛的精力

虽然建设工程监理工作是一项管理工作，然而目前建设监理主要是在建设工程施工阶段，监理工程师必须驻现场，工作条件艰苦，业务繁忙，没有健康的体魄和充沛的精力根本无法胜任工作。

1.3.2　监理工程师的职业道德

1. 我国监理工程师的职业道德守则

监理工程师应严格遵守如下职业道德守则的规定：

1）维护国家的荣誉和利益，按照"公平、独立、诚信、科学"的准则执业。

2）执行有关工程建设的法律、法规、标准、规范、规程和制度，履行监理合同规定的义务和职责。

3）努力学习专业技术和建设监理知识，不断提高业务能力和监理水平。

4）不以个人名义承揽监理业务。

5）不同时在两个或两个以上监理单位注册和从事监理活动，不在政府部门和施工、材料设备的生产供应等单位兼职。

6）不为所监理项目指定承包商，不指定建筑构配件、设备、材料生产厂家和施工方法。

7）不收受被监理单位的任何礼金。

8）不泄露所监理工程各方认为需要保密的事项。

9）坚持独立自主地开展工作。

2. FIDIC 道德准则

在国际上，监理工程师属于咨询工程师。国际咨询工程师联合会（FIDIC）于 1991 年在慕尼黑召开的全体成员大会上，讨论并批准了 FIDIC 通用道德准则，作为咨询工程师的职业道德准则。其内容如下：

为了使咨询工程师的工作充分有效，不仅要求咨询工程师必须不断增长他们的知识和技能，而且要求社会尊重他们的道德公正性，信赖他们作出的评审，同时给予公正的报酬。

FIDIC 的全体会员大会通过并要求，如果要想使社会对其专业顾问具有必要的信赖，下述准则是其成员行为的基本准则。

咨询工程师应该具有：

1）对社会和职业的责任。具体包括：

① 接受对社会的职业责任。

② 按发展的原则寻求相适应的解决办法。

③ 在任何时候，维护职业的尊严、名誉和荣誉。

2）能力。具体包括：

① 保持其知识和技能与技术、法规、管理的发展相一致的水平，对于委托人要求的服务采用相应的技能，并尽心尽力。

② 仅在有能力从事服务时方才进行。

3）正直性。在任何时候均为委托人的合法权益行使其职责，并且正直和忠诚地进行职业服务。

4）公正性。具体包括：

① 在提供职业咨询、评审或决策时不偏不倚。

② 通知委托人在行使其委托权时可能引起的任何潜在的利益冲突。

③ 不接受可能导致判断不公的报酬。

5）对他人的公正。具体包括：

① 加强"按照能力进行选择"的观念。

② 不得故意或无意地做出损害他人名誉或事务的事情。

③ 不得直接或间接取代某一特定工作中已经任命的其他咨询工程师的位置。

④ 通知该咨询工程师并且接到委托人终止其先前任命的建议前不得取代该咨询工程师的工作。

⑤ 在被要求对其他咨询工程师的工作进行审查的情况下，要以适当的职业行为和礼节进行。

1.3.3　监理工程师的执业资格管理

执业资格是政府对某些责任较大、社会通用性强、关系公共利益的专业技术工作实行的市场准入控制，是专业技术人员依法独立开业或独立从事某种专业技术工作所必备的知识、技术和能力标准。我国按照有利于国家、得到社会公认、具有国际可比性、事关社会公共利益四项原则，在涉及国家、人民生命财产安全的专业技术工作领域，实行专业技术人员执业资格制度。监理工程师是我国新中国成立以来在工程建设领域首批设立的执业资格。

监理工程师的执业资格通过执业资格考试方法取得，这充分体现了执业资格制度"公开、公平、公正"的原则。同时，也促进监理人员努力钻研监理业务，提高监理水平，有利于统一监理工程师的业务能力标准，合理建立工程监理人才库和便于同国际接轨。

1. 报考监理工程师执业资格考试的条件

考虑到建设工程监理工作对监理工程师业务素质和能力的要求，我国对参加监理工程师执业资格考试的报名条件主要是从两方面限制：一是具有一定的专业学历，二是具有一定的工程建设实践经验。具体报名条件如下：凡中华人民共和国公民，遵纪守法，具有工程技术或工程经济专业大专（含大专）以上学历，并符合下列条件之一者，可申请参加监理工程师执业资格考试。

1）具有按照国家有关规定评聘的工程技术或工程经济专业中级专业技术职务，并任职满 3 年。

2）具有按照国家有关规定评聘的工程技术或工程经济专业高级专业技术职务。

申请参加监理工程师执业资格考试时，须提供下列证明文件：

① 监理工程师执业资格考试报名表。

② 学历证明。

③ 专业技术职务证书。

2. 监理工程师执业资格考试的组织与管理

由住建部和人保部共同负责全国监理工程师执业资格制度的政策制定、组织协调、资格考试和监督管理工作。住建部负责组织拟订考试科目，编写考试大纲、培训教材和命题工作，统一规划和组织考前培训。人保部负责审定考试科目、考试大纲和试题，组织实施各项考务工作；会同住建部对考试进行检查、监督、指导和确定考试合格标准。

监理工程师执业资格考试是一种水平考试。为了体现"公开、公平、公正"的原则，考试实行统一考试大纲、统一命题、统一组织、统一时间、闭卷考试、分科记分、统一录取标准的方法。一般每年 5 月的第一周周末考试，考试的语言为汉语。

监理工程师执业资格考试合格者，由各省、自治区、直辖市人保部门颁发人保部门统一印制、人保部和住建部共同用印的监理工程师执业资格证书，该证书在全国范围内有效。

3. 监理工程师执业资格考试的内容

监理工程师执业资格考试的主要内容是建设工程监理的基本理论，工程质量、进度和投资控制，建设工程合同管理及相关的法律、法规等方面的理论知识和实务技能。

考试科目分为"建设工程监理基本理论与相关法规"、"建设工程合同管理"、"建设工程质量、投资、进度控制"和"建设工程监理案例分析"四科。

1.3.4　监理工程师的注册管理

监理工程师实行注册执业管理制度。这是政府对监理从业人员实行市场准入控制的有效手段。按照我国有关法规规定，取得监理工程师执业资格证书的人员，应当受聘于一个具有建设工程勘察、设计、施工、监理、招标代理、造价咨询等一项或多项资质的单位，经注册后方可从事相应的执业活动。从事工程监理执业活动的，应当受聘并注册于一个具有工程监理资质的单位。

1. 一般规定

注册监理工程师依据其所学专业、工作经历、工程业绩，按照《工程监理企业资质管理规定》划分的工程类别，按专业注册。每人最多可以申请两个专业注册。根据注册内容的不同，监理工程师的注册分为初始注册、延续注册和变更注册三种形式。

（1）不予以注册的情况　当注册申请人有下列执行情形之一的，不予初始注册、延续注册或变更注册：

1）不具有完全民事行为能力的。

2）刑事处罚尚未执行完毕或者因从事工程监理或者相关业务受到刑事处罚，自刑事处罚执行完毕之日起至申请注册之日止不满两年的。

3）未达到监理工程师继续教育要求的。

4）在两个或者两个以上单位申请注册的。

5）以虚假的职称证书参加考试并取得资格证书的。

6）年龄超过65周岁的。

7）死亡或者丧失行为能力的。

8）其他导致注册失效的情形。

（2）注册证书和执业印章失效的情况　注册监理工程师有下列情形之一的，其注册证书和执业印章失效：

1）聘用单位破产的。

2）聘用单位被吊销营业执照的。

3）聘用单位被吊销相应资质证书的。

4）已与聘用单位解除劳动关系的。

5）注册有效期满且未延续注册的。

6）年龄超过65周岁的。

7）死亡或者丧失行为能力的。

8）其他导致注册失效的情形。

（3）注销注册的情况　当注册监理工程师有下列情形之一的，负责审批的部门应当办理注销手续，收回注册证书和执业印章或者公告注册证书和执业印章作废：

1）不具有完全民事行为能力的。

2）申请注销注册的。

3）上述注册证书和执业印章失效情况发生的。

4）依法被撤销注册的。

5）依法被吊销注册证书的。

6）受到刑事处罚的。

7）法律、法规规定应当注销注册的其他情形。

2. 初始注册、延续注册和变更注册的规定

（1）初始注册的规定　经理工程师执业资格考试合格，取得监理工程师执业资格证书的监理人员，可以在取得证书 3 年内申请监理工程师初始注册。取得资格证书并受聘于一个监理单位的人员，应当通过聘用单位向单位工商注册所在地的省、自治区、直辖市人民政府建设主管部门提出注册申请，由省、自治区、直辖市人民政府建设主管部门进行初审，国务院建设主管部门进行最后审批，并在公众媒体上公告审批结果。

申请初始注册应提供的材料一般包括：监理工程师注册申请表，监理工程师执业资格证书和其他有关材料。

注册证书和执业印章的有效期为 3 年。逾期初始注册的，应当提供达到继续教育要求的证明材料。

（2）续期注册的规定　注册监理工程师每一注册有效期为 3 年，有效期满要求继续执业的，需要办理延续注册。

延续注册应提交的材料一般包括申请人延续注册申请表、申请人与聘用单位签订的聘用劳动合同复印件、申请人注册有效期内达到继续教育要求的证明材料。延续注册的有效期为 3 年。

（3）变更注册的规定　在注册有效期内，注册监理工程师变更执业单位，应当与原聘用单位解除劳动关系，并通过新聘任单位申请变更注册，变更后仍延续原注册有效期。

变更注册应提交的材料包括：申请人变更注册申请表与新聘用单位签订的聘用劳动合同复印件、申请人的工作调动证明（与原聘用单位解除聘用劳动合同或者聘用劳动合同到期的证明文件、退休人员的退休证明）。

1.3.5　监理工程师的继续教育

建设工程监理业务是向建设单位提供科学管理服务，因此要求其执业人员——监理工程师必须是项目管理方面的专门人才方能胜任其工作。然而，随着时代的进步，不断有新技术、新工艺、新材料、新设备涌现，项目管理的方法和手段也在不断地发展，国家的法律法规也在不断地颁布与完善，如果监理工程师不能跟上时代的发展，始终停留在原来的知识水平上，就没有能力提供科学管理服务，也就无法继续执业。因此，我国规定，注册监理工程师每一注册有效期内必须接受一定学时的继续教育，不断更新知识，扩大知识面，学习新的理论知识、法律法规，掌握技术、工艺、设备和材料的最新发展，从而不断提高执业能力和水平。继续教育作为注册监理工程师逾期初始注册、延续注册和重新申请注册的条件之一。继续教育分为必修课和选修课，学习方式有脱产学习、集中授课、参加研讨会、撰写专业论文等多种形式。但必须满足规定的学习内容和学时要求。

1.4 工程监理企业

1.4.1 工程监理企业的基本概念

1. 基本概念

工程监理企业是指依法成立并取得建设主管部门颁发的工程监理企业资质证书，从事建设工程监理与相关服务活动的机构。它是监理工程师的执业机构。它包括专门从事监理业务的独立的监理公司，也包括取得监理资质的设计单位。

按照我国《公司法》的规定，我国的工程监理企业有可能存在的企业组织形式包括：公司制监理企业、合伙制监理企业、个人独资监理企业、中外合资经营监理企业和中外合作经营监理企业。

在我国，由于在工程监理制实行之初，许多工程监理企业是由国有企业或教学、科研、勘察设计单位按照传统的国有企业模式设立的，普遍存在产权不明晰，管理体制不健全，分配制度不合理等一系列阻碍监理企业和监理行业发展的问题。因此，这些企业正逐步进行公司制改制，建立现代企业制度，使监理企业真正成为自主经营、自负盈亏的法人实体和市场主体。合伙制监理企业和个人独资监理企业由于一些相应的配套环境并不健全，因此，在现实中还没有这两种企业形式。中外合资经营监理企业通常以中国企业或其他经济组织为一方，以外国的公司、企业、其他经济组织或个人为另一方，成立公司制企业，组织形式为有限责任公司，并且外国合资者的投资比例一般不得低于25%。中外合作经营监理企业是中国企业或其他经济组织与外国的企业、其他经济组织或个人按合同约定的权利义务，从事工程监理业务的经济实体，其可以成立法人型企业，也可以是不独立具有法人资格的合伙企业，但需对外承担连带责任。

2. 公司制监理企业

公司制监理企业是指以盈利为目的，按照法定程序设立的企业法人。包括监理有限责任公司和监理股份有限公司两种，其基本特征是：

1）必须是依照《公司法》的规定设立的社会经济组织。

2）必须是以盈利为目的的独立企业法人。

3）自负盈亏，独立承担民事责任。

4）是完整纳税的经济实体。

5）采用规范的成本会计和财务会计制度。

（1）监理有限责任公司　指由2个以上、50个以下的股东共同出资，股东以其所认缴的出资额对公司行为承担有限责任，公司以其全部资产对其债务承担责任的企业法人。其特征如下：

1）公司不对外发行股票，股东的出资额由股东协商确定。

2）股东交付股金后，公司出具股权证书，作为股东在公司中拥有的权益凭证，这种凭证不同于股票，不能自由流通，必须在其他股东同意的条件下才能转让，且要优先转让给公司原有股东。

3）公司股东所负责任仅以其出资额为限。即把股东投入公司的财产与其个人的其他财产脱钩，公司破产或解散时，只以公司所有的资产偿还债务。

4）公司具有法人地位。

5）在公司名称中必须注明有限责任公司字样。

6）公司股东可以作为雇员参与公司经营管理，通常公司管理者也是公司的所有者。

7）公司账目可以不公开，尤其是公司的资产负债表一般不公开。

（2）监理股份有限公司　指全部资本由等额股份构成，并通过发行股票筹集资本，股东以其所认购股份对公司承担责任，公司以其全部资产对公司债务承担责任的企业法人。设立方式分为发起设立和募集设立两种。发起设立是指由发起人认购公司应发行的全部股份而设立公司。募集设立是指由发起人认购公司应发行股份的一部分，其余部分向社会公开募集而设立公司。其主要特征如下：

1）公司资本总额分为金额相等的股份。股东以其所认购的股份对公司承担有限责任。

2）公司以其全部资产对公司债务承担责任。公司作为独立的法人，有自己独立的财产，公司在对外经营业务时，以其独立的财产承担公司债务。

3）公司可以公开向社会发行股票。

4）公司股东的数量有最低限制，应当有 2 人以上，200 人以下为发起人，其中必须有过半数的发起人在中国境内有住所。

5）股东以其所有的股份享受权利和承担义务。

6）在公司名称中必须标明股份有限公司字样。

7）公司账目必须公开，便于股东全面掌握公司情况。

8）公司管理实行两权分离。董事会接受股东大会委托，监督公司财产的保值增值，行使公司财产所有者的职权；经理由董事会聘任，掌握公司经营权。

当按照公司法成立公司后，向工商行政管理部门登记注册并取得企业法人营业执照后，还必须到建设行政主管部门办理资质申请手续。当取得资质证书后，工程建设监理企业才能正式从事监理业务。

1.4.2　工程监理企业的资质管理

工程监理企业的资质是企业技术能力、管理水平、业务经验、经营规模、社会信誉等综合性实力指标。通过对其资质的审核与批准，就可以从制度上保证工程监理行业的从业企业的业务能力和清偿债务的能力。因此，对工程监理企业实行资质管理的制度是我国政府实行市场准入控制的有效手段。工程监理企业按照所拥有的注册资本、专业技术人员数量和工程监理业绩等资质条件申请资质，经建设行政主管部门的审查批准，取得相应的资质证书后，才能在其资质等级许可的范围内从事工程监理活动。

工程监理企业资质管理的内容，主要包括工程企业的资质等级、业务范围、资质申请和审批以及监督管理等内容。

1. 资质等级

工程监理企业资质分为综合资质、专业资质和事务所资质三种。其中，专业资质按照工程性质和技术特点划分为 14 个工程类别。

综合资质、事务所资质不分级别。专业资质分为甲级、乙级；其中，房屋建筑、水利水电、公路和市政公用专业资质可设立丙级。

（1）综合资质标准　具体如下：

1）具有独立法人资格且注册资本不少于 600 万元。

2）企业技术负责人应为注册监理工程师，并具有 15 年以上从事工程建设工作的经历或者具有工程类高级职称。

3）具有 5 个以上工程类别的专业甲级工程监理资质。

4）注册监理工程师不少于 60 人，注册造价工程师不少于 5 人，一级注册建造师、一级注册建筑师、一级注册结构工程师或者其他勘察设计注册工程师合计不少于 15 人次。

5）企业具有完善的组织结构和质量管理体系，有健全的技术、档案等管理制度。

6）企业具有必要的工程试验检测设备。

7）申请工程监理资质之日前一年内没有《工程监理企业资质管理规定》第十六条禁止的行为。

8）申请工程监理资质之日前一年内没有因本企业监理责任造成重大质量事故。

9）申请工程监理资质之日前一年内没有因本企业监理责任发生三级以上工程建设重大安全事故或者发生两起以上四级工程建设安全事故。

（2）专业资质标准　专业资质标准分为甲级、乙级和丙级。

1）甲级专业资质标准具体如下：

① 具有独立法人资格且注册资本不少于 300 万元。

② 企业技术负责人应为注册监理工程师，并具有 15 年以上从事工程建设工作的经历或者具有工程类高级职称。

③ 注册监理工程师、注册造价工程师、一级注册建造师、一级注册建筑师、一级注册结构工程师或者其他勘察设计注册工程师合计不少于 25 人次；其中，相应专业注册监理工程师不少于专业资质注册监理工程师人数配备表（表1-1）中要求配备的人数，注册造价工程师不少于 2 人。

④ 企业近 2 年内独立监理过 3 个以上相应专业的二级工程项目。但是，具有甲级设计资质或一级及以上施工总承包资质的企业申请本专业工程类别甲级资质的除外。

⑤ 企业具有完善的组织结构和质量管理体系，有健全的技术、档案等管理制度。

⑥ 企业具有必要的工程试验检测设备。

⑦ 申请工程监理资质之日前一年内没有《工程监理企业资质管理规定》第十六条禁止的行为。

⑧ 申请工程监理资质之日前一年内没有因本企业监理责任造成重大质量事故。

⑨ 申请工程监理资质之日前一年内没有因本企业监理责任发生三级以上工程建设重大安全事故或者发生两起以上四级工程建设安全事故。

表 1-1　专业资质注册监理工程师人数配备表　　　　（单位：人）

序　号	工程类别	甲　级	乙　级	丙　级
1	房屋建筑工程	15	10	5
2	冶炼工程	15	10	
3	矿山工程	20	12	
4	化工石油工程	15	10	
5	水利水电工程	20	12	5

（续）

序　号	工程类别	甲　级	乙　级	丙　级
6	电力工程	15	10	
7	农林工程	15	10	
8	铁路工程	23	14	
9	公路工程	20	12	5
10	港口与航道工程	20	12	
11	航天航空工程	20	12	
12	通信工程	20	12	
13	市政公用工程	15	10	5
14	机电安装工程	15	10	

注：表中各专业资质注册监理工程师人数配备是指企业取得本专业工程类别注册的注册监理工程师人数。

2）乙级专业资质标准具体如下：

① 具有独立法人资格且注册资本不少于 100 万元。

② 企业技术负责人应为注册监理工程师，并具有 10 年以上从事工程建设工作的经历。

③ 注册监理工程师、注册造价工程师、一级注册建造师、一级注册建筑师、一级注册结构工程师或者其他勘察设计注册工程师合计不少于 15 人次。其中，相应专业注册监理工程师不少于专业资质注册监理工程师人数配备表中要求配备的人数，注册造价工程师不少于 1 人。

④ 有较完善的组织结构和质量管理体系，有技术、档案等管理制度。

⑤ 有必要的工程试验检测设备。

⑥ 申请工程监理资质之日前一年内没有《工程监理企业资质管理规定》第十六条禁止的行为。

⑦ 申请工程监理资质之日前一年内没有因本企业监理责任造成重大质量事故。

⑧ 申请工程监理资质之日前一年内没有因本企业监理责任发生三级以上工程建设重大安全事故或者发生两起以上四级工程建设安全事故。

3）丙级专业资质标准具体如下：

① 具有独立法人资格且注册资本不少于 50 万元。

② 企业技术负责人应为注册监理工程师，并具有 8 年以上从事工程建设工作的经历。

③ 相应专业的注册监理工程师不少于专业资质注册监理工程师人数配备表（表1-1）中要求配备的人数。

④ 有必要的质量管理体系和规章制度。

⑤有必要的工程试验检测设备。

（3）事务所资质标准　具体包括：

1）取得合伙企业营业执照，具有书面合作协议书。

2）合伙人中有 3 名以上注册监理工程师，合伙人均有 5 年以上从事建设工程监理的工作经历。

3）有固定的工作场所。

4）有必要的质量管理体系和规章制度。

5）有必要的工程试验检测设备。

2. 业务范围

（1）综合资质企业业务范围　综合资质企业可以承担所有专业工程类别建设工程项目的工程监理业务。

（2）专业资质企业业务范围　具体包括：

1）专业甲级资质的企业可承担相应专业工程类别建设工程项目的工程监理业务。

2）专业乙级资质的企业可承担相应专业工程类别二级以下（含二级）建设工程项目的工程监理业务。

3）专业丙级资质的企业可承担相应专业工程类别三级建设工程项目的工程监理业务。

（3）事务所资质企业业务范围　事务所资质企业可承担三级建设工程项目的工程监理业务。但是，国家规定必须实行强制监理的工程除外。

此外，工程监理企业还可以开展相应类别建设工程的项目管理、技术咨询等业务。

3. 资质申请和审批

（1）资质申请　工程监理企业一般应向企业工商注册所在地的省、自治区、直辖市人民政府建设行政主管部门办理有关手续。

新设立的工程监理企业申请资质，应首先到工商行政管理部门登记注册并取得企业法人营业执照后，方可到建设行政主管部门办理资质申请手续。此时，应当向建设行政主管部门提供下列资料：

1）工程监理企业资质申请表及相关电子文档。

2）企业法人、合伙企业营业执照。

3）企业章程或合伙人协议。

4）企业法定代表人、企业负责人和技术负责人的身份证明、工作简历及任命（聘用）文件。

5）工程监理企业资质申请表中所列注册监理工程师及其他注册执业人员的注册执业证书。

6）有关企业质量管理体系、技术和档案等管理制度的证明材料。

7）有关工程试验检测设备的证明材料。

取得专业资质的企业申请晋升专业资质等级或者取得专业甲级资质的企业申请综合资质的，除前款规定的材料外，还应当提交企业原工程监理企业资质证书正、副本复印件，企业监理业务手册及近两年已完成代表工程的监理合同、监理规划、工程竣工验收报告和监理工作总结。

（2）资质审批　申请综合资质、专业甲级资质的，应当向企业工商注册所在地的省、自治区、直辖市人民政府建设主管部门提出申请。省、自治区、直辖市人民政府建设主管部门应当自受理申请之日起 20 日内初审完毕，并将初审意见和申请材料报国务院建设主管部门。国务院建设主管部门应当自省、自治区、直辖市人民政府建设主管部门受理申请材料之日起 60 日内完成审查，公示审查意见，公示时间为 10 日。其中，涉及铁路、交通、水利、通信、民航等专业工程监理资质的，由国务院建设主管部门送国务院有关部门审核。国务院有关部门应当在 20 日内审核完毕，并将审核意见报国务院建设主管部门。国务院建设主管部门根据初审意见审批。

专业乙级、丙级资质和事务所资质由企业所在地省、自治区、直辖市人民政府建设主管部门审批。省、自治区、直辖市人民政府建设主管部门应当自作出决定之日起 10 日内，将准予资质许可的决定报国务院建设主管部门备案。

工程监理企业资质证书的有效期为 5 年。资质有效期届满，工程监理企业需要继续从事工程监理活动的，应当在资质证书有效期届满 60 日前，向原资质许可机关申请办理延续手续。对在资质有效期内遵守有关法律、法规、规章、技术标准，信用档案中无不良记录，且专业技术人员满足资质标准要求的企业，经资质许可机关同意，有效期延续 5 年。

工程监理企业不得有下列行为：

1）与建设单位串通投标或者与其他工程监理企业串通投标，以行贿手段谋取中标。

2）与建设单位或者施工单位串通弄虚作假、降低工程质量。

3）将不合格的建设工程、建筑材料、建筑构配件和设备按照合格签字。

4）超越本企业资质等级或以其他企业名义承揽监理业务。

5）允许其他单位或个人以本企业的名义承揽工程。

6）将承揽的监理业务转包。

7）在监理过程中实施商业贿赂。

8）涂改、伪造、出借、转让工程监理企业资质证书。

9）其他违反法律法规的行为。

4. 对工程监理企业的监督管理

县级以上人民政府建设主管部门和其他有关部门应当依照有关法律、法规和本规定，加强对工程监理企业资质的监督管理。

（1）监督检查的措施　建设主管部门履行监督检查职责时，有权采取下列措施：

1）要求被检查单位提供工程监理企业资质证书、注册监理工程师注册执业证书，有关工程监理业务的文档，有关质量管理、安全生产管理、档案管理等企业内部管理制度的文件。

2）进入被检查单位进行检查，查阅相关资料。

3）纠正违反有关法律、法规和本规定及有关规范和标准的行为。

（2）撤销工程监理企业资质的情形　有下列情形之一的，资质许可机关或者其上级机关，根据利害关系人的请求或者依据职权，可以撤销工程监理企业资质：

1）资质许可机关工作人员滥用职权、玩忽职守作出准予工程监理企业资质许可的。

2）超越法定职权作出准予工程监理企业资质许可的。

3）违反资质审批程序作出准予工程监理企业资质许可的。

4）对不符合许可条件的申请人作出准予工程监理企业资质许可的。

5）依法可以撤销资质证书的其他情形。

以欺骗、贿赂等不正当手段取得工程监理企业资质证书的，应当予以撤销。

（3）注销工程监理企业资质的情形　有下列情形之一的，工程监理企业应当及时向资质许可机关提出注销资质的申请，交回资质证书，国务院建设主管部门应当办理注销手续，公告其资质证书作废：

1）资质证书有效期届满，未依法申请延续的。

2）工程监理企业依法终止的。

3）工程监理企业资质依法被撤销、撤回或吊销的。

4）法律、法规规定的应当注销资质的其他情形。

工程监理企业应当按照有关规定，向资质许可机关提供真实、准确、完整的工程监理企业的信用档案信息。

（4）信用管理 工程监理企业的信用档案应当包括基本情况、业绩、工程质量和安全、合同违约等情况。被投诉举报和处理、行政处罚等情况应当作为不良行为记入其信用档案。

工程监理企业的信用档案信息按照有关规定向社会公示，公众有权查阅。

1.4.3 工程监理企业的经营活动

1. 工程监理企业经营活动的基本准则

工程监理企业从事建设工程监理活动时，应当遵循"公平、独立、诚信、科学"的基本执业准则。

（1）公平 指工程监理企业在进行监理活动中，既要维护其委托人——建设单位的利益，又不能损害承包商的合法利益，必须以合同为准绳，公平地处理建设单位和承包商之间的争议。要想做到这一点，首先要以公平作为其出发点，同时，还要有能力做到公平。因此，必须做到以下几点：

1）要具有良好的职业道德，牢记公平的原则。

2）要坚持实事求是，讲究用证据说话。

3）要熟悉有关建设工程合同条款，提高依据合同作出判断的能力，只有这样才能做到公平。

4）要做到公平，必须能够判别出怎样做才是"公平"，这就要求监理工程师提高专业技术能力，提高判断技术问题的能力。

5）在实际中，往往各个事件相互影响，不能够一目了然地看出问题所在，必须进行综合分析与判断，这就要求监理工程师提高综合分析和判断问题的能力，能够从错综复杂的问题中找出答案。

（2）独立 指工程监理企业在进行监理工作时，根据科学管理的需要，独立地作出判断和进行工作。具体表现为：

1）工程监理企业是受委托开展活动的具有监理资质的第三方。

2）工程监理企业按照监理合同中建设单位委托的内容，独立开展工作。

3）工程监理企业在开展工作时，独立判断，根据合同授权开展工作。

（3）诚信 即诚实守信。诚信才能树立企业的信誉，而信誉是企业的无形资产，良好的信用可以为企业带来巨大的效益。对于监理企业来说，诚信就要加强企业的信用管理，提高企业的信用水平。因此，工程监理企业应当建立健全企业的信用管理制度。其内容包括：

1）建立健全合同管理制度，严格履行监理合同。

2）建立健全与业主的合作制度，及时进行信息沟通，增强相互间的信任感。

3）建立健全监理服务需求调查制度，只有这样才能使企业避免选择项目不当，而造成自身信用风险。

4）建立企业内部信用管理责任制度，及时检查和评估企业信用的实施情况，不断提高企业信用管理水平。

（4）科学 指工程监理企业必须依据科学的方案，运用科学的手段，采取科学的方法开展监理工作。因为工程监理企业提供的就是科学管理服务。实行科学管理主要体现在：

1）科学的方案主要是指工程监理正式开展之前就要编制科学的监理规划，并且在监理规划的控制之下，分专业再制定监理实施细则，通过科学的规划监理工作，使各项监理活动均纳入计划管理轨道。

2）科学的手段是指工程监理企业在开展工程监理活动时，通常借助于计算机辅助监理和先进的科学仪器来进行，如各种检测、试验、化验仪器和摄录像设备。

3）科学的方法是指工程监理人员在监理活动中，必须采用科学的方法来进行。如采用网络计划技术进行进度控制，采用各种质量控制方法进行质量控制，采用各种投资控制方法进行投资控制。

2. 工程监理企业管理制度

工程监理企业要建立健全以下各项内部管理制度，强化企业管理，按照现代企业制度的要求建设企业，这是监理企业提高市场竞争力的重要途径。

（1）组织管理制度 它的内容包括合理设置企业内部机构，确立机构职能，建立严格的岗位责任制度，加强考核，有效配置企业资源，提高企业工作效率，健全企业内部监督体系，完善制约机制。

（2）人事管理制度 健全工资分配、奖励制度，完善激励机制，加强对员工的业务素质培养和职业道德教育。

（3）劳动合同管理制度 推行职工全员竞争上岗，按照劳动法规定，签订劳动合同。严格劳动纪律，严明奖惩，充分调动和发挥职工的积极性和创造性。

（4）财务管理制度 加强资产管理、财务计划管理、投资管理、资金管理、财务审计管理等。要及时编制资产负债表、损益表和现金流量表，真实反映企业经营状况，改进和加强经济核算。

（5）经营管理制度 制定企业的经营规划、市场开发计划。做好市场定位，制定和实施明确的发展战略。

（6）项目监理机构管理制度 制定项目监理机构的运行办法，各项监理工作的标准及检查评定办法等。

（7）设备管理制度 制定设备的购置办法，设备的使用、保养规定等。

（8）科技管理制度 制定科技开发规划、科技成果评审办法、科技成果应用推广办法等。

（9）信息和档案文书管理制度 制定档案的整理和保管制度，文件和资料的使用、归档管理办法等。

3. 承揽监理业务

工程监理企业可以通过监理投标和业主直接委托两种方式承揽监理业务。但是，通过投标承揽监理业务的方式是最基本方式。因此，工程监理企业必须加强竞争意识，及时了解招标信息，正确选择投标策略，认真编写投标书，提高监理投标的中标率。在编写投标书时，要将监理大纲作为核心，根据监理招标文件的要求，针对建设单位委托的工程特点，认真分析，初步拟订监理工作方针，主要的管理措施、技术措施，拟投入的监理力量等，让监理大纲充分反映企业监理水平并能够满足建设单位的需求。工程监理企业中标以后，与建设单位正式签订书面的建设工程委托监理合同。

1.5 建设程序与建设工程监理

建设程序是指一项建设工程从设想提出到决策，经过设计、施工，直至投产或交付使用的整个过程中，应当遵循的内在规律。

1.5.1 我国建设程序的内容

按照现行规定，我国一般大中型及限额以上项目，将建设程序划分为以下几个阶段。

1. 项目建议书阶段

项目建议书是向国家提出建设某一项目的建议性文件，是对拟建项目的初步设想。其作用是推荐一个拟进行建设的项目，供国家选择并确定是否进行下一步工作。

项目建议书是建设程序中最初阶段的工作，是投资决策前对拟建项目的轮廓设想。主要是从拟建项目的必要性和宏观可能性考虑，即从宏观上衡量拟建项目是否符合国民经济长远规划、部门和行业发展规划，以及地区发展规划的要求，并初步分析拟建的可行性。

（1）项目建议书的内容 以工业项目为例，其内容通常包括：

1）拟建项目提出的必要性和依据。对于引进技术和进口设备的项目，还要说明国内外技术差距和概况，以及进口的必要性和可行性。

2）产品方案、拟建规模和建设地点的初步设想。

3）资源情况、建设条件和协作条件初步分析。对于需要引进技术和进口设备的项目，还要作出引进国别、厂商的初步分析和比较。

4）投资估算和资金筹措设想。

5）项目进度初步安排。

6）经济效益和社会效益的初步估计。

（2）项目建议书的审批 按照规定，项目建议书根据拟建项目规模报送有关部门审批。大中型及限额以上项目的项目建议书应先报行业归口主管部门，同时抄送国家发改委。行业归口主管部门初审同意后报国家发改委。国家发改委根据建设总规模、生产力总布局、资源优化配置、资金供应可能性、外部协作条件等方面进行综合平衡，还要委托具有相应资质的工程咨询单位评估后审批。重大项目由国家发改委报国务院审批。小型和限额以下项目的项目建议书，按项目隶属关系由部门或地方发改委审批。

项目建议书批准后，并不表明项目正式成立，而只是反映国家同意该项目进行下一步工作，即可行性研究。

2. 可行性研究阶段

可行性研究是指在项目决策之前，通过调查、研究、分析与项目有关的工程、技术、经济等方面的条件和情况，对可能的多种方案进行比较论证，同时对项目建成后的经济效果进行预测和评价的一种投资决策分析研究方法和科学分析活动。其目的就是要论证建设项目在技术上是否先进，是否实用、可靠，在经济上是否合理，在财务上是否盈利。通过多方案比较，提出评价意见，推荐最佳方案。它为决定建设项目能否成立提供依据，从而减少项目决策的盲目性，使建设项目的确定具有切实的科学性。

可行性研究大体可概括为市场（供需）研究、技术研究和经济研究三项内容。工业项目的可行性研究通常应包括以下内容：

1）总论。包括项目提出的背景，投资的必要性和经济意义及研究工作的依据和范围。

2）需求预测和拟建规模。

3）资源、原材料、燃料及公用设施情况。

4）建厂条件和厂址方案，包括建厂的地理、气象、水文、地质、地形条件和社会经济现状；交通、运输及水、电、气的现状和发展趋势；厂址比较与选择意见。

5）项目设计方案。

6）环境保护，包括调查环境现状，预测项目对环境的影响，提出环境保护和"三废"治理的初步方案。

7）企业组织、劳动定员和人员培训估算数。

8）项目实施计划和进度计划。

9）投资估算和资金筹措，包括主体工程和协作配套工程所需的投资；生产流动资金的估算；资金来源、筹措方式和贷款的偿付方式等。

10）财务和国民经济评价。

11）评价结论。

可行性研究的成果是可行性研究报告。批准的可行性研究报告是项目最终决策文件。可行性研究报告经有关部门审查通过，拟建项目正式立项。此时，根据实际需要设立项目法人，即组织建设单位。但一般改、扩建项目不单独设筹建机构，仍由原企业负责建设。

3. 设计工作阶段

项目立项以后，就可以按照规定组织勘察设计招标或委托具有相应资质的勘察设计单位进行勘察设计工作。一般项目进行两阶段设计，即初步设计和施工图设计。技术上比较复杂而又缺乏经验的项目，可按三阶段进行设计，即初步设计、技术设计和施工图设计。

（1）初步设计　它是根据可行性研究报告和设计基础资料，对工程进行系统研究，概略计算，作出总体安排和实施方案。它由文字说明、图样和总概算所组成。其目的在于阐明在指定的地点、时间和投资控制数额内，拟建项目在技术上的可能性和经济上的合理性，并通过对工程项目所作出的基本技术经济规定，编制项目总概算。

初步设计不得随意改变被批准的可行性研究报告所确定的建设规模、产品方案、工程标准、建设地址和总投资等控制指标。如果初步设计提出的总概算超过可行性研究报告总投资的 5% 以上或其他主要指标需要变更时，应说明原因和计算依据，并报可行性研究报告原审批单位同意。

（2）技术设计　为了进一步解决设计中的重大问题，如工艺流程、建筑结构、设备选型等，根据初步设计和进一步的调查研究资料进行技术设计。其目的是使建设项目的设计更具体、更完善，技术经济指标更好。

（3）施工图设计　施工图设计完整地表现建筑物外形、内部空间分割、结构体系、构造状况以及建筑群的组成和周围环境的配合，具有详细的构造尺寸。它包括各种运输、通信、管道系统、建筑设备的设计；在工艺方面，应具体确定各种设备的型号、规格及各种非标准设备的制造加工图。

《建设工程质量管理条例》规定,建设单位应将施工图设计文件报县级以上人民政府建设行政主管部门或其他有关部门审查,未经审查批准的施工图设计文件不得使用。

4. 建设准备阶段

建设准备阶段的内容主要包括:征地、拆迁和场地平整;完成施工用水、电、路等工程;组织设备、材料订货;建设工程报监;组织监理招标投标和委托工程监理;组织施工招标投标,择优选定施工单位等。同时,在工程开工前,建设单位还应当按照国家有关规定向工程所在地县级以上的人民政府建设行政主管部门申请领取施工许可证或开工报告。申请领取施工许可证时,应具备下列条件:

1)已经办理该建筑工程用地批准手续。

2)在城市规划区的建筑工程,已经取得规划许可证。

3)需要拆迁的,其拆迁进度符合施工要求。

4)已经确定建筑施工企业。

5)有满足施工需要的施工图及技术资料。

6)有保证工程质量和安全的具体措施。

7)建设资金已经落实。

8)法律、行政法规规定的其他条件。

5. 施工安装阶段

建设工程具备了开工条件并取得施工许可证或开工报告后才能开工。施工安装阶段的主要任务就是按设计进行施工安装,建成工程实体。在此阶段,施工单位按照计划、设计文件的规定,编制施工组织设计,进行施工,将建设项目的设计变成可供人们进行生产和生活活动的建筑物、构筑物等固定资产。

6. 建设项目投产准备阶段

建设项目竣工之前,在全面施工的同时,建设单位要做投产前的各项生产准备工作,以保证及时投产,并尽快达到生产能力。其主要内容包括:组建管理机构,制定有关制度和规定;招聘并培训生产管理人员,组织有关人员参加设备安装、调试、工程验收;签订供货及运输协议;进行工具、器具、备品、备件等制造或订货;其他需要做好的有关工作。

7. 竣工验收阶段

当建设项目按设计文件的规定内容全部施工完成并满足质量要求以后,建设单位即可组织勘察、设计、施工、监理等有关单位进行竣工验收。工业建设项目竣工验收,交付生产和使用,应达到下列标准:

1)生产性工程和辅助公用设施,已按设计要求建完,并能满足生产要求。

2)主要工艺设备已安装配套,经联动负荷试车合格,构成生产线,形成生产能力,能够生产出设计文件中规定的产品。

3)职工宿舍和其他必要的生产福利设施能适应投产初期的需要。

4)生产准备工作能适应投产初期的需要。

竣工验收后,建设单位应及时向建设行政主管部门或其他部门备案并移交项目档案。

1.5.2　我国建设程序与建设工程监理的关系

我国建设程序与建设工程监理的关系可以归纳为以下五个方面:

1）建设程序为建设工程监理提出了规范化的建设行为标准。工程监理企业和监理人员应当根据建设程序的有关规定进行监理。

2）建设程序为建设工程监理提出了监理的任务和内容。工程监理企业和监理工程师可以根据监理合同委托的监理阶段，按照建设程序中提出的监理任务和内容来进行监理活动。

3）建设程序明确了工程监理企业在工程建设中的重要地位。

4）坚持建设程序是监理人员的基本职业准则。监理人员只有掌握和严格执行建设程序，才能满足科学管理的要求。

5）严格执行建设程序是结合我国国情推行建设工程监理制的具体体现。

1.5.3　国外工程的建设程序

国外工程的建设程序基本与我国建设程序类似，大体上划分为四个阶段：项目决策阶段，项目组织、计划和设计阶段，项目实施阶段，项目试生产、竣工验收阶段，如图1-2所示。

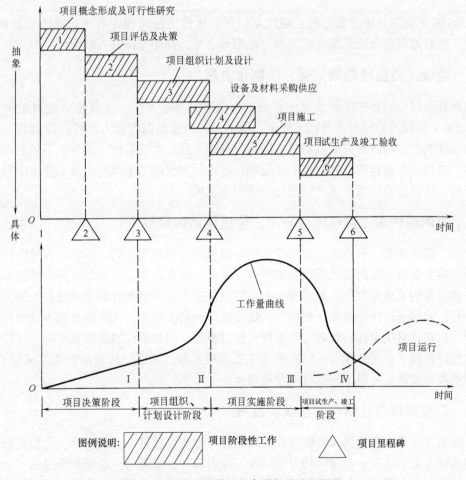

图 1-2　国外工程项目生命周期及阶段划分

1. 项目决策阶段

这个阶段的内容包括机会研究、初步可行性研究和可行性研究，即通过投资机会的选择、可行性研究、项目评估和报请主管部门审批，对项目投资的必要性与可能性，以及为何投资、何时投资和如何实施等问题进行科学论证和多方案比较。

2. 项目组织、计划与设计阶段

这个阶段的主要工作内容包括：项目初步设计和施工图设计；项目招标及承包商的选定；签订项目承包合同；项目实施总体计划的制订；项目征地及建设条件的准备。

3. 项目实施阶段

这个阶段的工作内容就是通过施工，在规定的工期、质量、造价范围内，按设计要求高效率地实现项目目标。

4. 项目试生产、竣工验收阶段

本阶段的工作内容包括项目的竣工验收、联动试车、试生产。项目试生产正常经业主认可后，项目即告结束。

1.6 建设工程监理的发展趋势

从1988年我国开始建设工程监理试点以来，建设工程监理在我国取得了长足的发展。但建设工程监理目前无论从服务的内容、范围和水平，都还有待进一步发展。

1.6.1 建设工程监理向规范化、法制化发展

虽然我国目前颁布的法律法规中有关工程监理的条款不少，尤其是《建设工程监理规范》，对施工阶段的监理行为进行了规范。但是，我国在法制建设方面还比较薄弱，突出表现在市场规则和市场机制方面。而且合同管理意识不强，无法可依，或有法不依的现象还屡屡发生。监理工程师合同管理的水平还较低，监理行为也经常不规范，远不能适应发展的需要。因此，建设工程监理必须向规范化和法制化发展。

1.6.2 由单纯的施工监理向全方位、全过程监理发展

建设工程监理是工程监理企业向建设单位提供项目管理服务的，因此，在建设程序的各阶段都可接受建设单位的委托提供管理服务。然而，在实际中，主要是以施工阶段的监理为主，并且工作的重点主要是质量监理和工期控制，对投资控制和合同管理等方面的工作虽然也在进行，但起到的作用有限。然而，从建设单位的角度出发，决策阶段和设计阶段对项目的投资、质量具有决定性的影响，非常需要管理服务，而且不仅需要质量控制，还需要工期控制和投资控制、合同管理与组织协调等各方面的服务。所以，代表建设单位进行全方位、全过程的项目管理是建设工程监理的发展趋势。

1.6.3 工程监理企业结构向多层次发展

工程监理行业的企业结构向综合性监理企业与专业性监理企业相结合，大型监理企业与中小型监理企业相结合的合理结构发展。按工作内容分，逐渐建立起承担全过程、全方位监理任务的综合性监理企业与能承担某一专业监理任务的监理企业相结合的企业结构。按工作

阶段分，建立起能承担工程建设全过程监理的大型监理企业，与能承担某一阶段工程监理任务的中型监理企业和只提供旁站监理劳务的小型监理企业相结合的企业结构，从而使各类监理企业都能有合理的生存和发展空间。

1.6.4　监理工程师的业务水平向高层次发展

虽然目前我国从业的监理工程师均接受监理理论和法律法规知识，质量、进度、投资三大控制以及合同管理方面的学习，并通过国家或地方的考试才允许执业。但是，相当多的监理工程师的专业水平和管理知识根本无法胜任全方位、全过程的监理工作。有些人专业技术能力很强，但管理水平不行；有些人管理知识不少，但由于专业技术水平太差，根本无法综合解决实际监理问题。甚至有些监理人员将监理工作简单理解为验收和检查，日常工作就是在做质量检查员。监理人员的从业素质低，已经成为监理业务向全方位、全过程发展的一大瓶颈。因此，必须加强监理工程师的继续教育，引导监理工程师不断学习、掌握新技术、新设备和新工艺，学习管理和合同知识，不断总结经验和教训，使其业务水平向高层次发展。

1.6.5　建设工程监理向国际化发展

我国加入 WTO 以后，逐渐向国际市场开放，越来越多的外国企业进入我国市场，同时，我国的企业也有机会进入国际市场参与国际竞争。但是，我国工程监理企业不熟悉国际惯例，执业人员的素质不高，现代企业管理制度不健全，要想在国际上与同类企业竞争中取胜，就必须与国际惯例接轨，从而向国际化发展。

复习思考题

1. 为什么我国要推行建设工程监理制？
2. 何谓建设工程监理？
3. 建设工程监理的前提是什么？
4. 建设工程监理的依据有哪些？
5. 如何理解建设工程监理的范围？
6. 国家强制监理的范围是什么？
7. 如何理解建设工程监理的性质？
8. 建设工程监理的作用有哪些？
9. 应具备哪些条件才能以监理工程师的名义工作？
10. 监理工程师的素质有哪些要求？
11. 我国监理工程师的职业道德守则的内容是什么？
12. 试述 FIDIC 道德准则与我国监理工程师职业道德守则的不同点。
13. 我国监理工程师执业资格考试是如何进行的？
14. 如何进行监理工程师注册？
15. 监理工程师为什么要进行继续教育？
16. 工程监理企业的资质是如何划分的？
17. 工程监理企业资质年检如何进行？
18. 工程监理企业经营活动的基本准则是什么？
19. 工程监理企业要建立健全哪些管理制度？

20. 我国的建设程序是如何划分的？

21. 建设程序与建设工程监理的关系如何？

22. 简述国外工程的建设程序。

23. 我国规定监理费如何计取？

24. 建设工程监理的发展趋势如何？

第2章　建设工程监理组织

2.1　组织的基本原理

监理企业要承担业主委托的建设工程监理或其他工程咨询服务任务，必须建立一定的组织机构及其相应的制度，以确保监理企业从事各种技术、经济和社会活动的有序进行。

2.1.1　组织的内涵

从管理学的角度分析，组织是管理的一项职能，人们常常将组织定义为：组织是人们为了实现一定的目标，互相结合、指定职位、明确责任、分工合作、协调行动的人工系统及其运转过程。其含义有四层：

1）组织必须有目标。目标是组织存在的前提。

2）组织内部必须有不同的层次与相应的责任制度，其成员在各自岗位上为实现共同目标而分工合作。

3）组织是一个人工系统。它是由领导人或一个领导集团决策组建起来的群体结构，带有一定的主观意识。

4）组织不仅要设置部门机构，而且要注意其运转过程。

从上述含义中可看出，现代组织学研究分两大部分内容：一是静态的组织结构学，研究组织原则、组织形式、组织效应等，着重于结构合理、精干高效；二是动态的组织行为学，研究组织对其成员心理状态及人际关系的影响，追求群体内个人心情舒畅、彼此和睦融洽。

组织是人们从事一切生产、技术、经济和社会活动的基础，也是建设工程监理企业从事建设工程监理的首要职能。建设工程监理企业要获得建设工程监理任务，并履行监理委托合同授权的监理职责，要依靠组织的职能。

组织包含有管理组织与组织管理的双重含义。管理组织是保证管理活动有序进行的基础，包括组织机构及组织制度；组织管理则是通过管理组织机构所开展的各项管理活动的职能与职权的总称，是保证组织总目标和各级分目标得以实现的根本。建设工程监理组织是指规划建设工程监理机构行为的组织机构和规章制度，以及项目监理机构行使对工程建设项目监理的职能和职权的总称。因此，建设工程监理组织有如下的内涵：

1）建设工程监理组织是实现建设工程监理委托合同目标和监理企业利益目标的首要职能。

2）建设工程监理组织是确保监理机构在实施工程建设项目监理实务过程中，实现人与人、人与事物之间相对稳定的协调关系的基本动因。

3）建设工程监理组织是保持建设工程监理高效行为，追求监理企业效益最大化的重要手段。

2.1.2 组织设计

组织设计就是对组织结构和组织活动的设计过程。它是管理者在系统中建立最有效相互关系的一种合理化的、有意识的过程。在该过程中既要考虑系统的外部要素，又要考虑系统的内部要素。组织设计的最终结果就是形成组织结构。

组织结构是指组织内部构成和各部分之间所确定的较为稳定的相互关系和联系方式。组织结构设计就是对组织活动和组织结构的设计过程。组织结构设计的任务是能简单而明确地指出各岗位的工作内容、职责、权力，以及与组织中其他部门和岗位的关系，明确担任该岗位工作者所必须具备的基本素质、技术知识、工作经验和处理问题的能力等条件。

建立建设工程监理组织的目的是实现监理工作人员与监理对象合理而有效的组合，以便形成一种组织系统，实施对人与监理对象的有效管理。建设工程监理组织的结构设计包括监理企业的组织结构设计和项目监理机构（组织）的结构设计两部分。

1. 组织的构成要素

组织构成一般是上小下大的形式，由管理层次、管理跨度、管理部门、管理职能四大因素组成。各因素是密切相关、相互制约的。

（1）管理层次 管理层次是指从组织的最高管理者到最基层的实际工作人员之间的等级层次的数量。

管理层次可分为决策层、协调层/执行层、操作层三个层次。决策层的任务是确定管理组织的目标、大政方针及实施计划，它必须精干、高效；协调层的任务主要是参谋、咨询职能，其人员应有较高的业务工作能力；执行层的任务是直接调动和组织人力、财力、物力等具体活动，其人员应有实干精神并能坚决贯彻管理指令；操作层的任务是从事操作和完成具体任务，其人员应有熟练的作业技能。这三个层次的职能和要求不同，标志着不同的职责和权限，同时也反映出组织机构中的人数变化规律。协调层和执行层又称为中间控制层。

从组织的最高管理者到最基层的实际工作人员权责逐层递减，而人数却逐层递增。

如果组织缺乏足够的管理层次，将使其运行陷入无序的状态。因此，组织必须形成必要的管理层次。不过，管理层次也不宜过多，否则会造成资源和人力的浪费，也会使信息传递慢、指令走样、协调困难。

（2）管理跨度 管理跨度是指一名上级管理人员所直接管理的下级人数。在组织中，某级管理人员的管理跨度的大小取决于这一级管理人员所需要协调的工作量。管理跨度越大，领导者需要协调的工作量越大，管理的难度也越大。因此，为了使组织能够高效地运行，必须确定合理的管理跨度。

管理跨度的大小受很多因素影响，它与管理人员性格、才能、个人精力、授权程度及被管理者的素质有关。此外，还与职能的难易程度、工作的相似程度、工作制度和程序等客观因素有关。确定适当的管理跨度需积累经验并在实践中进行必要的调整。

（3）管理部门 组织中各部门的合理划分对发挥组织效应是十分重要的。如果部门划分得不合理，会造成控制、协调困难，也会造成人浮于事，浪费人力、财力、物力。管理部门的划分要根据组织目标与工作内容确定，形成既有相互分工又有相互配合的组织机构。

（4）管理职能 组织设计确定各部门的职能，应使纵向的领导、检查、指挥灵活，达到指令传递快、信息反馈及时；使横向各部门间相互联系、协调一致，使各部门有职有责、尽职尽责。

2. 建设工程监理组织结构设计的原则

建设工程监理组织结构设计的总原则是：机构设置精简，功能配备齐全，部门权责分明，协调统一灵活。这样才有可能促成组织机构运行的高效率。因此，建设工程监理组织结构设计应坚持以下七项基本原则。

（1）组织的高效率原则 由于工程项目及其建设环境的复杂多变性，建设工程监理组织运行效率的高低将直接影响到建设工程监理任务的完成和建设工程监理目标的实现。因此，建设工程监理组织结构设计必须将高效率放在重要地位。组织结构中的每个部门、每个人为了一个统一的目标，应组合成最适宜的结构形式，实行最有效的内部协调，实现监理企业的经营目标。

（2）组织分工协调原则 在进行建设工程监理组织结构设计时，应正确地处理好组织内部人与人、上级与下级、部门与部门之间的各种错综复杂的关系，减少或避免组织内部产生的行为矛盾与冲突，使组织内部各种组织要素能充分地协调统一。

（3）管理跨度与管理层次统一的原则 在组织机构的设计过程中，管理跨度与管理层次成反比例关系。这就是说，当组织机构中的人数一定时，如果管理跨度加大，管理层次就可以适当减少；反之，如果管理跨度缩小，管理层次肯定就会增多。

一般来说，对于建设工程监理组织的高层管理人员，如总监理工程师，工作重心应是对工程项目建设工程监理的总体控制，其直接管辖的下级管理人员不宜过多，管理跨度宜小些；各专业监理工程师，或部门负责人，其直接管辖的项目监理人员可以多点，管理跨度可以大些。

管理层次的多少，与建设工程监理组织的规模、管理模式、监理业务范围、工程项目建设工程监理的复杂程度、管理人员的能力等有关。一般，如果管理层次越多，则机构越庞大，信息传递（或反馈）路线越长，信息失真的可能性越大，管理跨度越小。因此，常见的建设工程监理组织的管理层次一般分为 2~3 个。在实际运用中应当根据具体情况确定。

（4）集权与分权统一的原则 集权是指决策权在组织系统中较高层次的一定程度的集中；分权是指决策权在组织系统中较低管理层次的一定程度上的分散。建设工程项目监理组织中的集权是指总监理工程师掌握所有监理大权，各专业监理工程师只是其命令的执行者；分权是指各专业监理工程师在各自管理的范围内有足够的决策权，总监理工程师主要起协调作用。

在工程项目建设工程监理中实行总监理工程师负责制，所以要求建设工程监理组织采取一定的集权形式，以保证统一指挥。但也要根据建设工程项目的特点、监理工作的复杂程度、不同监理人员的具体情况实行适当的分权。

（5）权责对等、才职相称原则 在建设工程监理组织中的各级人员，都必须授予相应的职权，职权的大小应与承担的职责大小相适应。所谓职权，是指一定职位上的管理者所拥有的权力，主要是指执行任务的决定权；而职责是指组织内各级管理人员所承担的具体工作任务及其担负的相应责任。因此，在建设工程监理组织结构设计中，应坚持权责对等、才职相称的原则择优选择人才。

（6）组织协调原则 又称为组织平衡原则。建设工程监理企业和监理机构的组织协调，包含有组织内部协调和组织外部协调。通过组织内部的纵向协调和横向协调，能充分调动组织内部各成员的敬业精神和团结进取精神；通过组织外部协调能为建设工程监理企业创造良好的经营环境。

（7）组织弹性原则 组织机构应有相对的稳定性，不要轻易变动。但组织同时是一个开放的、复杂的、变化的系统，要根据组织内部和外部条件的变化，根据长远目标作出相应的调整和变化，以完善其自身的结构和功能，提高其灵活性和适应能力。

3. 组织机构活动的基本原理

组织的目标必须通过组织的活动来实现。组织活动必须遵循如下基本原理才能实现有效的组织目标。

（1）要素有用性原理 一个组织机构中的基本要素有人力、物力、财力、信息、时间等。按照要素有用性原理，组织中的一切要素都有作用，但是各个要素的作用并不完全相同。因此，运用要素有用性原理，就应当首先看到组织中各种要素在组织活动中的有用性，充分发挥各要素的作用，同时根据各要素的特点进行合理组合和安排，从而做到人尽其才、财尽其力、物尽其用，尽最大可能提高各要素的利用率。

（2）动态相关性原理 组织机构处于静止状态是相对的，处于运动状态是绝对的，因此组织机构中的各个要素之间既相互联系又相互制约，既相互依存又相互排斥。要素之间相互作用的结果，导致组织的整体效应不等于其各局部效应的简单相加，这就是动态相关性原理。因此，运用动态相关性原理，就是要使组织活动的整体效应大于其局部效应之和，也就是通过组织设计实现组织中各要素的正相关。

（3）主观能动性原理 在组织的各要素中，人是最重要的要素。然而，由于人是有思想、有感情、有创造力的，因此，人的积极性调动起来时才能最大限度地发挥其作用。主观能动性原理就是指组织管理者应当有效地激发人的主观能动性。

（4）规律效应性原理 按客观规律办事，才能实现组织的效应。组织管理者运用规律效应性原理，就是指在管理过程中要总结和研究规律，把注意力放在抓事物内部的、本质的、必然的联系上，严格按客观规律办事，从而实现组织的预期目标，取得良好的效应。

4. 组织设计的步骤

组织设计的步骤一般可以分为四步。

（1）岗位的形成 通过对组织目标的分析，明确组织任务，并且通过对任务的分解和综合，形成为完成任务所需的最小的组织单位，即岗位。进而明确每个岗位的任务范围、岗位承担者的责、职、权、利及应具备的素质要求等。所以，设计一个全新的组织结构需要从下而上进行。

（2）部门划分 根据各个岗位所从事的工作内容的性质及岗位职务间的相互关系，依照一定的原则，可以将各个岗位组合成被称为"部门"的管理单位。组织活动的特点、环境和条件不同，划分部门所依据的标准也是不一样的。对同一组织来说，在不同时期的背景中，划分部门的标准也可能会不断调整。

（3）机构设置 每个组织都需要一个组织，它是在岗位形成和部门设计的基础上，根据组织内外能够获取的人力资源，对初步设计的部门和岗位进行调整，并平衡各部门、各岗位的工作量，以使组织机构合理。一个组织的结构可以采用不同的形式清楚地加以表达，这些组织形式可以按模式进行选择。

（4）形成文件 文件是采用合适的表达方法对机构组织所作的书面表达。主要类型有：组织机构图、岗位责任书、岗位人员分配图、显示岗位和部门在完成总任务方面所占份额的职能图。

以上介绍的是组织结构设计的一般步骤，具体的组织结构设计过程应随组织的目标和实际环境的不同而有所差别。

2.2 建设工程项目组织管理的基本模式

工程项目承发包模式与监理模式对项目规划、控制、协调起着重要的作用。不同的承发包模式有不同的合同体系和不同的管理特点，应该选择与之相适应的监理模式。

2.2.1 平行承发包模式与监理模式

1. 平行承发包模式特点

所谓平行承发包，是建设单位（也称业主）将工程项目的设计、施工以及设备和材料采购的任务经过分解，分别发包给若干个设计单位、施工单位和材料设备供应厂商，并分别与各方签订合同。各单位之间的关系是平行的，如图 2-1 所示。

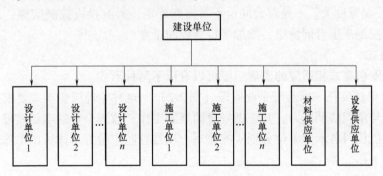

图 2-1 平行承发包模式

采用这种模式首先应合理地进行工程项目建设任务的分解，然后进行分类综合，确定每个合同的发包内容，有利于择优选择承建单位。

进行任务分解与确定合同数量、内容时应考虑以下因素：

（1）工程情况 工程项目的性质、规模、结构等是决定合同数量和内容的重要因素。规模大、范围广、专业多的项目往往比规模小、范围窄、专业单一的项目合同数量要多。项目实施时间的长短，计划的安排也对合同数量有影响。例如，对分期建设的两个单项工程，就可以考虑分成两个合同分别发包。

（2）市场情况 首先是市场结构。各类承建单位的专业性质、规模大小在不同市场的分布状况不同，项目的分解发包应力求使其与市场结构相适应。其次，合同任务和内容要对市场具有吸引力。中小合同对中小承建单位有吸引力，又不妨碍大承建单位参与竞争。另外，还应按市场惯例做法、市场范围和有关规定来决定合同内容和大小。

（3）贷款协议要求　对两个以上贷款人的情况，可能贷款人对贷款使用范围有不同要求，对贷款人资格有不同要求等，因此，需要在拟订合同结构时予以考虑。

2. 平行承发包模式优缺点

（1）优点　主要有以下几方面：

1）有利于缩短工期目标。由于设计和施工任务经过分解分别发包，设计与施工阶段有可能形成搭接关系，从而缩短整个项目工期。

2）有利于质量控制。整个工程经过分解分别发包给各承建单位，合同约束与相互制约使每一部分能够较好地实现质量要求。

3）有利于业主择优选择承建单位。在多数国家的建筑市场上，专业性强、规模小的承建单位均占较大的比例。平行承发包模式的合同内容比较单一、合同价值小、风险小，使这些承建单位有可能参与竞争。因此，无论大承建单位还是中小承建单位都有机会竞争。建设单位可以在一个很大的范围内进行选择，为建设单位择优创造了条件。

4）有利于繁荣建设市场。这种平行承发包模式给各种承建单位提供承包机会、生存机会，促进市场发展和繁荣。

（2）缺点　主要有以下几方面：

1）合同数量多，会造成管理困难。合同乙方多，使项目系统内结合部位数量增加，组织协调工作量大。因此，应加强合同管理的力度，加强部门间的横向协调工作，沟通各种渠道，使工程有条不紊地进行。

2）投资控制难度大。一是总合同价不易短期确定，影响投资控制实施；二是工程招标任务量大，需控制多项合同价格，增加了投资控制难度。

3. 监理模式

与平行承发包模式相适应的监理组织可以有以下两种形式：

（1）建设单位委托一家监理企业监理（图2-2）　这种监理组织模式要求监理企业有较强的合同管理与组织协调能力，并应做好全面规划工作。监理企业的项目监理组织可以组建多个监理分支机构对各承建单位分别实施监理。项目总监应做好总体协调工作，加强横向联系，保证监理工作一体化。

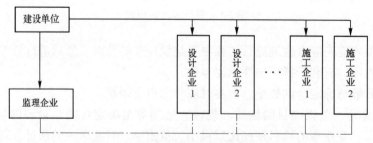

图2-2　业主委托一家监理企业监理

（2）建设单位委托多家监理企业监理（图2-3）　采用这种模式，建设单位分别委托几家监理企业针对不同的承建单位实施监理。由于建设单位分别与监理企业签订监理合同，所以应做好监理企业之间的协调工作。采用这种模式，监理企业对象单一，便于管理。但工程项目监理工作被肢解，不利于总体规划与协调控制。

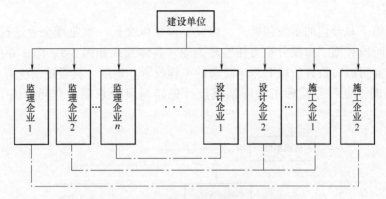

图 2-3　业主委托多家监理企业监理

2.2.2　设计或施工总分包模式与监理模式

1. 设计或施工总分包模式特点

所谓设计或施工总分包，就是建设单位将全部设计或施工的任务发包给一个设计单位或一个施工单位作为总包单位，总包单位可以将其任务的一部分再分包给其他单位，形成一个设计主合同或一个施工主合同及若干个分包合同的结构模式，如图 2-4 所示。

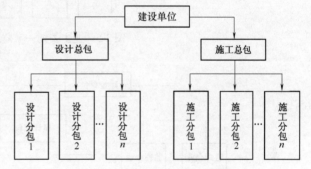

图 2-4　设计或施工总分包模式

2. 设计或施工总分包模式优缺点

（1）优点　主要有以下几方面：

1）有利于建设工程的组织管理。首先由于业主只与一个设计总包单位和一个施工总包单位签订合同，承包合同数量比平行承发包模式要少很多，有利于合同管理。其次，由于合同数量的减少，也使建设单位协调工作量减少，可发挥监理与总包单位多层次协调的积极性。

2）有利于投资控制。总包合同价格可以较早确定，并且使监理易于控制投资。

3）有利于质量控制。由于总包与分包建立了内部的责、权、利关系，有分包方的自控，有总包方的监督，有监理的检查认可，对质量控制有利。但监理工程师应严格控制总包单位"以包代管"，否则会对质量控制造成不利影响。

4）有利于工期控制。有利于总体进度的协调控制，总包单位具有控制的积极性，分包单位之间也有相互制约作用，有利于监理工程师控制进度。

（2）缺点　主要有以下几方面：

1）建设周期较长。由于设计图全部完成后才能进行施工总包的招标，不仅不能将设计阶段与施工阶段搭接，而且施工招标需要的时间也较长。

2）总包报价可能较高。对于规模较大的建设工程来说，通常只有大型承建单位才具有总包的资格和能力，竞争相对不甚激烈；另一方面，对于分包出去的工程内容，总包单位都要在向建设单位报价时，在分包报价的基础上加收管理费。

3. 监理模式

对设计或施工总分包的承发包模式，建设单位可以委托一家监理企业进行全过程监理，也可以按设计阶段和施工阶段分别委托监理企业。具体模式如图2-5、图2-6所示。前者的优点是监理企业可以对设计阶段和施工阶段的工程投资、进度、质量控制统筹考虑，合理进行总体规划协调，更可使监理工程师掌握设计思路与设计意图，有利于施工阶段的监理工作。

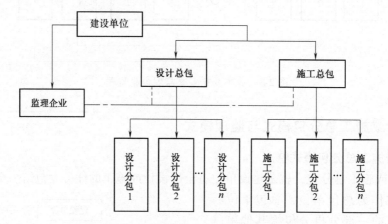

图2-5　业主委托一家监理企业的模式

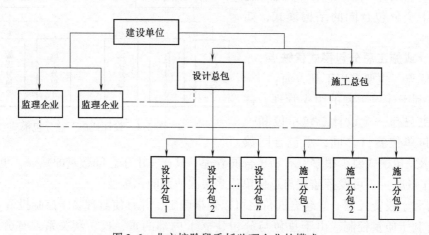

图2-6　业主按阶段委托监理企业的模式

总包单位对承包合同承担乙方的最终责任，但监理工程师必须做好对分包单位的确认工作。

2.2.3　工程项目总承包模式与监理模式

1. 工程项目总承包模式特点

所谓工程项目总承包，是指业主将工程设计、施工、材料和设备采购等一系列工作全部发包给一家公司，由其进行实质性设计、施工和采购工作，最后向业主交出一个已达到动用条件的工程项目。按这种模式发包的工程也称"交钥匙工程"，如图2-7所示。

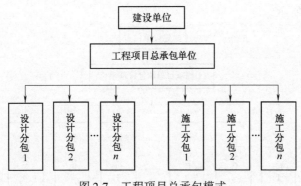

图 2-7　工程项目总承包模式

2. 工程项目总承包模式优缺点

（1）优点　主要包括：

1）合同关系简单，组织协调工作量小。建设单位与承包单位之间只有主合同，合同关系大大简化。监理工程师主要与总承包单位进行协调。相当一部分协调工作量转移给项目总承包单位内部以及它与分包方之间，这就使监理工程师的协调量大为减轻。

2）缩短建设周期。由于设计与施工由一个单位统筹安排，使两个阶段能够有机地融合，一般都能做到设计阶段与施工阶段相互搭接，因此对进度目标控制有利。

3）有利于投资控制。通过设计与施工统筹考虑可以提高项目的经济性，从价值工程全寿命周期费用的角度来看，会取得明显的经济效果，但这并不意味着项目总承包的价格低。

（2）缺点　主要包括：

1）招标发包工作难度大。合同条款不易准确确定，容易造成较多的合同争议。因此，虽然合同最少，但是合同管理的难度一般较大。

2）建设单位择优选择承包单位的范围小。择优性差的原因主要是由于承包量大，工作插入早，工程信息未知数大，因此承包单位要承担较大的风险，所以有此能力的承包单位数量相对较少。

3）质量控制难度大。一是质量标准和功能要求不易做到全面、具体、准确、明白，因而质量控制标准制约受到影响；二是"他人控制"机制薄弱。因此，对质量控制要加强力度。

4）建设单位主动性受到限制，处理问题的灵活性受到影响。

5）一般合同价格较高。这是由于这种模式承包方风险大的缘故。

3. 监理模式

在工程项目总承包模式下，建设单位与总承包单位只签订一份工程承包合同，一般宜委托一家监理企业进行监理。在这种委托模式下，监理工程师需具备较全面的知识，做好合同管理工作。

2.2.4　工程项目总承包管理模式与监理模式

1. 工程项目总承包管理模式特点

所谓工程项目总承包管理，是指业主将项目设计和施工的主要部分发包给专门从事设计与施工组织管理的单位，再由他分包给若干设计、施工和材料设备供应厂家，并对它们进行项目管理，如图 2-8 所示。

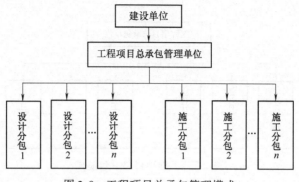

图 2-8 工程项目总承包管理模式

2. 工程项目总承包管理模式优缺点

（1）优点 这种模式与项目总承包类似，合同管理、组织协调比较有利，进度和投资控制也有利。

（2）缺点 主要包括：

1）由于总承包管理单位和设计、施工单位是总包与分包关系，后者才是项目实施的基本力量，所以监理工程师对分包的确认工作就成了十分关键的问题。

2）项目总承包管理单位自身经济实力一般比较弱，而承担的风险相对较大，因此工程项目采用这种承发包模式应持慎重态度。

3. 监理模式

采用工程项目总承包管理模式的总承包管理单位一般属管理型的"智力密集型"企业，并且主要的工作是项目管理。由于业主与总承包方只签订一份总承包管理合同，因此业主宜委托一家监理单位进行监理，这样便于监理工程师对总承包管理合同和总包单位进行分包等活动的管理。虽然总承包管理单位和监理单位均是进行工程项目管理，但两者的性质、立场、内容等均有较大的区别，不可互为取代。

2.3 项目监理组织

2.3.1 建立工程项目监理组织的步骤

监理企业在组织项目监理机构时，一般按以下步骤进行，如图 2-9 所示。

1. 确定建设工程监理目标

工程监理目标是项目监理组织设立的前提，项目监理组织的建立应根据工程监理合同中确定的监理目标，制定总目标并明确划分监理组织的分解目标。

2. 确定工作内容

根据监理目标和监理合同中规定的监理任务，明确列出监理工作内容，进行分类归纳及组合，这是一项重要的组织工作。对各项工作进行归纳及组合应以便于监理目标控制为目的，并考虑监理项目的规模、性质、工期、工程复杂程度，以及监理企业自身技术业务水平、监理人员数量、组织管理水平等。

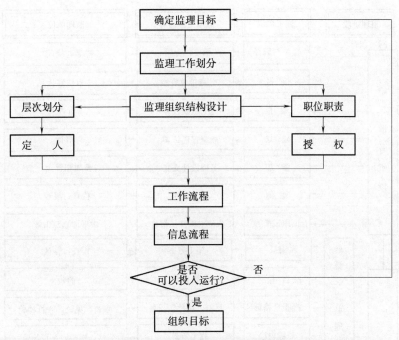

图 2-9 监理企业组织设置步骤

如进行全过程监理，监理工作可按设计阶段和施工阶段分别归纳和组合。如果进行施工阶段监理，可按投资、进度、质量目标进行归纳和组合，如图2-10所示。

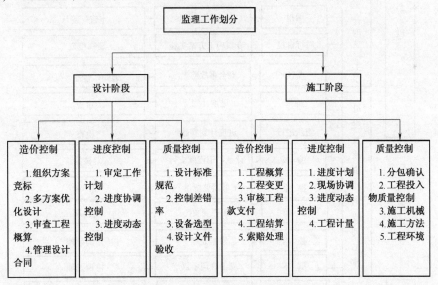

图 2-10 实施阶段监理工作划分

3. 组织结构设计

组织结构设计的具体过程详细介绍见2.3.2节。

4. 制定工作流程和信息流程

为使监理工作科学、有序进行，应按监理工作的客观规律制定工作流程和信息流程，规范化开展监理工作。图2-11所示为施工阶段监理工作流程。

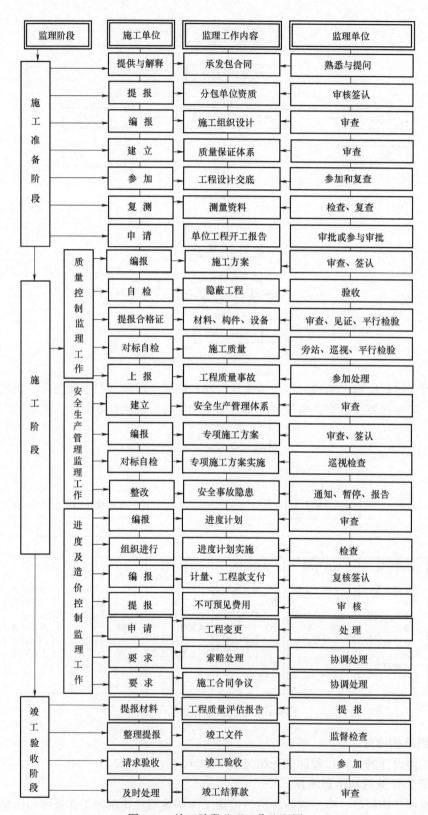

图 2-11　施工阶段监理工作流程图

2.3.2　项目监理组织的结构设计程序

项目监理组织结构设计程序如图 2-12 所示。

1. 调查研究，收集资料

在进行项目监理组织结构设计或调整时，主要应收集下述几方面的资料：

1）工程建设市场资料。

2）国内外项目监理组织结构设计资料。

3）对项目监理组织结构调整时，还应收集本监理单位过去运行状态的某些资料。

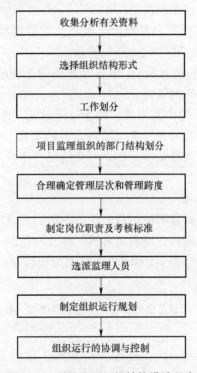

图 2-12　项目监理组织结构设计程序

2. 选择组织结构形式

由于建设工程规模、性质、建设阶段等的不同，设计项目监理组织的组织结构时应选择适宜的组织结构形式以适应监理工作的需要。组织结构形式选择的基本原则是：有利于工程合同管理，有利于监理目标控制，有利于决策指挥，有利于信息沟通。

3. 工作划分

工作划分是项目监理组织结构设计的一项基础工作，应根据工作划分来确定组织的组成结构、部门设置、管理层次、人员配备等。

建设工程监理工作可以划分为作业工作和管理工作两种基本类型。

作业工作是以工程项目建设工程监理实际作业来划分工作，如投资控制、质量控制、进度控制、合同管理、信息管理等。作业划分的目的是为了确定建设工程监理组织机构各部门的业务、性质、职能、职责、人员及配置等。

管理工作可以按建设工程监理企业所从事的管理职能及管理业务划分。一般，管理工作可以按管理内容、管理目标、管理专业、管理活动及工程项目建设工程监理模式划分出不同管理层次及其责权。

4. 项目监理组织的部门结构划分

工作划分后，按组织分工协作原则，将性质相同或相近的工作划归同一类型，再将相同或相近的类型划归同一部门。应依据监理组织目标、监理组织可利用的人力、物力资源及合同结构情况，将投资控制、进度控制、质量控制、合同管理、组织协调等监理工作按不同的职能活动形成相应的管理部门。

5. 合理确定管理层次和管理跨度

项目监理组织中一般应有三个层次：

（1）决策层　由总监理工程师和其他助手组成，主要根据建设工程委托监理合同的要求和监理活动内容进行科学化、程序化决策与管理。

（2）中间控制层(协调层和执行层)　由各专业监理工程师组成，具体负责监理规划的落实，监理目标控制及合同实施的管理。

（3）作业层(操作层)　主要由监理员、检查员等组成，具体负责监理活动的操作实施。

项目监理机构中管理跨度的确定应考虑监理人员的素质、管理活动的复杂性和相似性、监理业务的标准化程度、各项规章制度的建立健全情况、建设工程的集中或分散情况等，按监理工作实际需要确定。

6. 制定岗位职责及考核标准

岗位职务及职责的确定，要有明确的目的性，不可因人设事。根据责权一致的原则进行适当的授权，以承担相应的职责；并应确定考核标准，对监理人员的工作进行考核，包括考核内容、考核标准及考核时间。表 2-1 和表 2-2 分别为项目总监理工程师和专业监理工程师岗位职责考核一般性标准。

表 2-1　项目总监理工程师岗位职责考核一般性标准

项　目	职责内容	考核要求	
		标　准	时　间
工作目标	1. 项目造价控制	符合造价控制计划	每月（季）末
	2. 项目进度控制	符合合同工期及总控制进度计划	每月（季）末
	3. 项目质量控制	符合质量控制计划	工程各阶段末
基本职责	1. 根据监理合同，建立和管理项目监理组织	1. 监理组织机构科学合理 2. 监理机构有效运行	每月（季）末
	2. 主持编写与组织实施监理规划；审批监理实施细则	1. 对工程监理工作系统策划 2. 监理实施细则符合监理规划要求，具有可操作性	编写和审核完成后
	3. 审查分包单位资质	符合合同要求	一周内
	4. 监督和指导专业监理工程师对投资、进度、质量进行监理；审核、签发有关文件资料；处理有关事项	1. 监理工作处于正常状态 2. 工程处于受控状态	每月（季）末
	5. 做好监理过程中有关各方的协调工作	工程处于受控状态	每月（季）末
	6. 主持整理建设工程的监理资料	及时、准确、完整	按合同约定

7. 选派监理人员

根据监理工作的任务，选择适当的监理人员，包括总监理工程师、专业监理工程师和监理员，必要时可配备总监理工程师代表。监理人员的选择除考虑个人素质外，还应考虑人员总体构成的合理性与协调性。

我国《建设工程监理规范》规定，项目总监理工程师应由具有 3 年以上同类工程监理工作经验的人员担任；总监理工程师代表应由具有 2 年以上同类工程监理工作经验的人员担任；专业监理工程师应由具有 1 年以上同类工程监理工作经验的人员担任。并且项目监理机构的监理人员应在专业配备、数量上满足建设工程监理工作的需要。

8. 制定组织运行规划

制定组织运行规划，即建立组织运行的保证体系，并编制相应的工作计划。其主要工作内容：制定工作制度，建立岗位责任制度，建立监督与检查制度，建立组织运行档案和报告制度。

9. 组织运行的协调与控制

项目监理组织运行规划是组织结构设计的一种静态管理方法。由于各级监理组织正式投入运行，在各种内部或外部因素变化影响下，有可能出现组织结构矛盾、组织目标矛盾、组织职能矛盾、组织行为矛盾及组织与外部环境的矛盾等，将直接影响到组织的运行效率和效果。

组织控制与协调就是依据各种工作程序、标准、规程、制度、准则等，一旦发现组织运行中出现问题就立即解决，发生矛盾就立即化解，使矛盾的双方或多方通过协商达到共识。因此，控制与协调是保持组织平衡运行状态的重要手段。

表 2-2 专业监理工程师岗位职责考核一般性标准

项　目	职责内容	考核要求	
		标　准	时　间
工作目标	1. 项目造价控制	符合造价控制计划	每周（月）末
	2. 项目进度控制	符合合同工期及总控制进度计划	每周（月）末
	3. 项目质量控制	符合质量控制计划	工程各阶段末
基本职责	1. 熟悉工程情况，制订本专业监理工作计划和监理实施细则	反映专业特点，具有可操作性	实施前一个月
	2. 具体负责本专业的监理工作	1. 工程监理工作有序 2. 工程处于受控状态	每周（月）末
	3. 做到监理机构内各部门之间的监理任务的衔接、配合工作	监理工作各负其责，相互配合	每周（月）末
	4. 处理与本专业有关的问题；对投资、进度、质量有重大影响的监理问题应及时报告总监理工程师	1. 工程处于受控状态 2. 及时、真实	每周（月）末
	5. 负责与本专业有关的签证、通知、备忘录，及时向总监理工程师提交报告、报表资料等	及时、真实、准确	每周（月）末
	6. 管理本专业建设工程的监理资料	及时、准确、完整	每周（月）末

2.3.3　项目建设工程监理的组织形式

建设工程监理组织形式的确定，应遵循集中与分权统一、专业分工与协作统一、管理跨度与分层统一、权责一致、才职相称、效率和弹性的原则。同时，还应考虑工程项目的特点、工程项目承发包模式、建设单位委托的任务及监理企业自身的条件。常见的监理组织形式有直线制、职能制、直线职能制和矩阵制。

1. 直线制监理组织

直线制监理组织形式是最简单的，它的特点是组织中各种职位是按垂直系统直线排列的。它适用于能划分为若干相对独立子项的大、中型建设项目，如图 2-13 所示。总监理工程师负责整个项目的规划、组织和指导，并着重整个项目范围内各方面的协调工作。子项目监理组分别负责子项目的目标值控制，具体领导现场专业或专项监理组的工作。此外，还可按建设阶段分解设立直线制监理组织形式，如图 2-14 所示。此种形式适用于大、中型以上项目，且承担至少两个阶段以上的工程建设的监理任务。对于小型建设工程，监理企业也可以采用按专业内容分解的直线制监理组织形式，如图 2-15 所示。

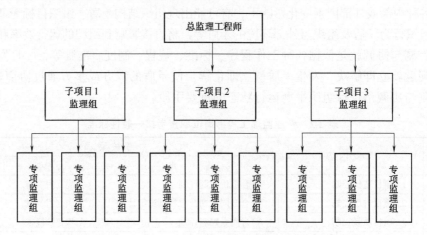

图 2-13　按子项目分解的直线制监理组织形式

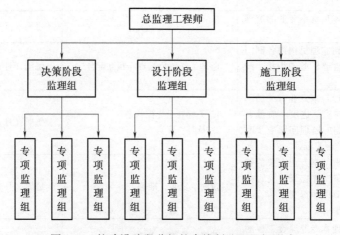

图 2-14　按建设阶段分解的直线制监理组织形式

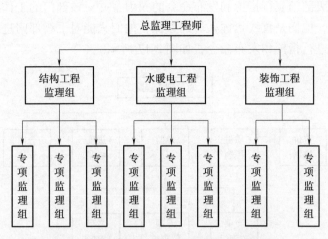

图 2-15　按专业内容分解的直线制监理组织形式

这种组织形式的主要优点是组织机构简单，权力集中，命令统一，职责分明，决策迅速，隶属关系明确。缺点是所实行的是没有职能机构的"个人管理"，这就要求总监理工程师通晓各种业务和多种知识技能，成为"全能"式人物。

2. 职能制监理组织

职能制的监理组织形式，是在总监理工程师下设一些职能机构，分别从职能角度对基层监理组进行业务管理，这些职能机构可以在总监理工程师授权的范畴内，就其主管的业务范围，向下下达命令和指示，如图 2-16 所示。此种形式适用于工程项目在地理位置上相对集中的工程。

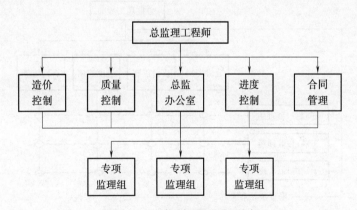

图 2-16　职能制监理组织形式

这种组织形式的主要优点是目标控制分工明确，能够发挥职能机构的专业管理作用，专家参加管理，提高管理效率，减轻总监理工程师负担。缺点是多头领导，易造成职责不清。

3. 直线职能制监理组织

直线职能制监理组织形式是吸收了直线制监理组织形式和职能制监理组织形式的优点而形成的一种组织形式。这种组织形式把管理部门和人员分为两类：一类是直线指挥部门的人员，他们拥有对下级部门实行指挥和发布命令的权力，并对该部门的工作全面负责；另一类是职能部门和人员，他们是直线指挥人员的参谋，他们只能对下级部门进行业务指导，而不能对下级部门直接进行指挥和发布命令，如图 2-17 所示。

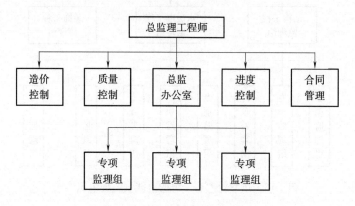

图 2-17 直线职能制监理组织形式

这种形式保持了直线制组织实行直线领导、统一指挥、职责清楚的优点，另一方面又保持了职能制组织目标管理专业化的优点；其缺点是职能部门与指挥部门易产生矛盾，信息传递路线长，不利于互通情报。

4. 矩阵制监理组织形式

矩阵制监理组织形式是由纵、横两套管理系统组成的矩阵式组织结构，一套是纵向的职能系统，另一套是横向的子项目系统，如图 2-18 所示。

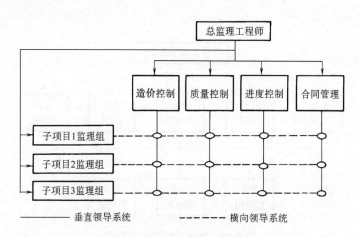

图 2-18 矩阵制监理组织形式

这种形式的优点是加强了各职能部门的横向联系，具有较大的机动性和适应性，把上下左右集权和分权实行最优的结合，有利于解决复杂难题，有利于监理人员业务能力的培养。缺点是纵横向协调工作量大，处理不当会造成扯皮现象，产生矛盾。

例如长江三峡（一期）工程中组织结构就采用了矩阵组织结构的模式，如图 2-19 所示。

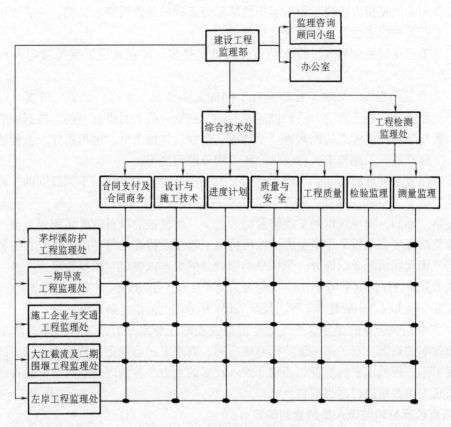

图 2-19　监理部组织结构图

2.4　监理组织的人员配备及职责分工

2.4.1　建设工程监理组织的人员配备

1. 监理人员配备应考虑的因素

监理组织人员的配备一般应考虑专业结构、人员层次、工程建设强度、工程复杂程度和监理企业的业务水平。

（1）专业结构　项目监理组织专业结构应针对监理项目的性质和委托监理合同进行设置。专业人员的配备要与所承担的监理任务相适应。在监理人员数量确定的情况下，应做适当调整，保证监理组织结构与任务职能分工的要求得到满足。

（2）人员层次　监理人员根据其技术职称分为高、中、初级三个层次。合理的人员层次结构有利于管理和分工。根据经验，一般施工阶段监理高、中、初级人员配备比例大约为10%、60%、20%，其余的10%左右为行政管理人员。

（3）工程建设强度　工程建设强度是指单位时间内投入的工程建设资金的数量。它是衡量一项工程紧张程度的标准。

$$工程建设强度 = 投资 / 工期$$

其中，投资和工期是指由监理单位所承担的那部分工程的建设投资和工期。一般投资额是按合同价，工期是根据进度总目标及分目标确定的。

显然，工程建设强度越大，投入的监理人员就越多。工程建设强度是确定人数的重要因素。

（4）工程复杂程度　每项工程都具有不同的复杂情况。地点、位置、气候、性质、空间范围、工程地质、施工方法、后勤供应等不同，则投入的人力也就不同。根据一般工程的情况，工程复杂程度要考虑的因素有：设计活动多少、气候条件、地形条件、工程地质、施工方法、工程性质、工期要求、材料供应和工程分散程度等。

根据工程复杂程度的不同，可将各种情况的工程分为若干级别，不同级别的工程需要配备的人员数量有所不同。例如，将工程复杂程度按五级划分为简单、一般、一般复杂、复杂、很复杂。显然，简单级别的工程需要的人员少，而复杂的项目就要多配置人员。

工程复杂程度定级可采用定量方法：将构成工程复杂程度的每一因素划分为各种不同情况，根据工程实际情况予以评分，累积平均后看分值大小以确定它的复杂程度等级。

如按十分制计评，则平均分值 1~3 分者为简单工程，平均分值为 3~5 分、5~7 分、7~9 分者依次为一般工程、一般复杂工程、复杂工程，9 分以上为很复杂工程。

（5）工程监理企业的业务水平　每个监理企业的业务水平有所不同，业务水平的差异影响监理效率的高低。对于同一份委托监理合同，高水平的监理企业可以投入较少的人力去完成监理工作，而低水平的监理企业则需投入较多的人力。各监理企业应当根据自己的实际情况对监理人员数量进行适当调整。

2. 项目监理机构监理人员数量的确定

配备足够数量的项目监理人员是保证监理工作能正常进行的重要环节。监理人员应配备的数量指标常以"监理人员密度"表示。所谓监理人员密度，是指能覆盖被监理工程范围，且能保证有效地开展监理活动所需要的监理人员数量。监理人员密度应根据工程项目类型、规模、复杂程度以及监理人员的素质和监理企业管理水平等因素决定。目前我国尚无公认的标准和定额，但可以参考世界银行的有关定额指标来估算监理人员的人数。

世界银行认为，监理人员数量可根据施工密度和工程复杂程度决定。所谓施工密度，可以用工程的建设强度即年造价（百万美元/年）来度量。工程复杂程度分为五级，按指标数 0~10 确定（表2-3）。工程复杂程度指标值及其评估，按 10 项指标的有利程度，分别以 0~10 分进行评定，取其平均值为工程复杂程度的值，评估示例如表2-3 所示。

表 2-3　工程复杂程度指标值

工程复杂程度等级		指　标　值
一级	简单	0~3
二级	低于一般复杂程度	3~5
三级	一般复杂程度	5~7
四级	较复杂	7~9
五级	很复杂	9~10

这 10 项指标所反映的工程特点是：设计活动由简单到复杂；工程位置方便或偏僻；工

地气候温和或恶劣、工地地形平坦或崎岖、工程地质简单或复杂；施工方法简单或复杂；工期紧迫或宽松；工程性质（专业项目数）简单或复杂；材料供应能够保证或不能保证；分散程度分散或集中等。

根据工程复杂程度分值的平均值和施工密度规定的每年支付 100 万美元的监理人数的定额标准，如表 2-4 所示；然后，再根据工程年度投资额计算出当年应配备各类监理人员数及监理人员总数。

表 2-4　监理人员配备定额指标

工程复杂程度	每年支付 100 万美元所需监理人员数		
	监理工程师	监理员/技术员	行政人员/秘书
一级	0.2	0.70	0.10
二级	0.25	0.80	0.20
三级	0.35	1.00	0.25
四级	0.45	1.35	0.30
五级	0.5	1.50	0.35

例：估算某工程建设项目监理人员配备。

某大厦建筑高度 188m，地上主楼 41 层，裙房 7 层，地下 3 层。总建筑面积约 7.1 万 m^2，主楼采用钢筋混凝土核心筒和钢结构外框架；裙楼采用全钢结构。整个大厦功能和设施先进，最大程度地运用当代先进信息技术。工程总造价约 8000 万美元，工期为 30 个月。该工程的复杂程度指标值如表 2-5 所示。平均分为 6.1 分。属于一般复杂程度。

由表 2-4 的定额指标，各类监理人员的配备人数分别为：

监理工程师：$0.35 \times (80/30) \times 12 = 11.2$，按 12 人计；

监理员或技术员：$1.00 \times (80/30) \times 12 = 32$；

行政人员或秘书：$0.25 \times (80/30) \times 12 = 8$；

故该建设项目监理人员可配备 52 人。

表 2-5　工程复杂程度指标及估算示例表

项　次	工程特征	复杂程度	估计分值
1	设计活动	较复杂	8
2	工程位置	较方便	4
3	气候条件	较温和	5
4	地形条件	平坦	4
5	工程地质	较复杂	7
6	施工方法	较复杂	7
7	工期要求	中等紧张	6
8	工程性质	项目多，集中	7
9	材料供应	较为紧张	7
10	分散程度	一般	6
平均分值		6.1	

2.4.2 项目监理组织各类人员的基本职责

监理人员的基本职责应按照工程建设阶段和建设工程的情况确定。

1. 总监理工程师

总监理工程师又称总监,是由监理企业法定代表人书面授权,全面负责委托监理合同的履行、主持项目监理机构工作的监理工程师。对项目监理应实行总监理工程师负责制,一方面总监作为监理企业的派出代表,应对监理企业承担全部责任;另一方面,总监是执行项目监理合同授权下的法定代表,应对建设单位承担全部责任。因此,在工程项目建设监理中,总监理工程师扮演着一个极为重要的角色。

(1) 总监理工程师的选择　总监理工程师应由具有 3 年以上同类工程监理工作经验的人员担任。选择总监理工程师直接关系到监理企业与建设单位的双重利益,对项目监理委托合同执行效果起着关键性的作用。因此,监理企业对总监理工程师人选的确定应引起高度的重视。一般应选择政治思想好,法纪意识强,技术水平高,管理经验丰富,具有高度的协调组织能力、综合知识能力和创新能力,且已取得了监理工程师执业资格证书和注册证书的高级建筑师、高级结构工程师和高级经济师等担任总监理工程师。

(2) 总监理工程师的主要职责　按照《建设工程监理规范》的规定,项目总监理工程师在主持施工阶段监理工作时应履行以下职责:

1) 确定项目监理机构人员及岗位职责。

2) 组织编制监理规划,审批监理实施细则。

3) 根据工程进展及监理工作情况调配监理人员,检查监理人员工作。

4) 组织召开监理例会。

5) 组织审核分包单位资格。

6) 组织审查施工组织设计、(专项)施工方案。

7) 审查开复工报审表,签发工程开工令、暂停令和复工令。

8) 组织检查施工单位现场质量、安全生产管理体系的建立和运行情况。

9) 组织审核施工单位的付款申请,签发工程款支付证书,组织审核竣工结算。

10) 组织审查和处理工程变更。

11) 调解建设单位与施工单位的合同争议,处理工程索赔。

12) 组织验收分部工程,组织审查单位工程质量检验资料。

13) 审查施工单位的竣工申请,组织工程竣工预验收,组织编写工程质量评估报告,参与工程竣工验收。

14) 参与或配合工程质量安全事故的调查和处理。

15) 组织编写监理月报、监理工作总结,组织质量监理文件资料。

2. 总监理工程师代表

总监理工程师代表是经监理企业法定代表人同意,由总监理工程师书面授权,代表总监理工程师行使其部分职责和权利的项目监理机构中的监理工程师,但其中涉及工程质量、安全生产管理和工程索赔等重要职责不得委托给总监理工程师代表。

按照《建设工程监理规范》的规定,总监理工程师不得将施工阶段下列工作委托总监理工程师代表：

1）组织编制监理规划，审批监理实施细则。

2）根据工程进展及监理工作情况调配监理人员。

3）组织审查施工组织设计、（专项）施工方案。

4）签发工程开工令、暂停令和复工令。

5）签发工程款支付证书，组织审核竣工结算。

6）调解建设单位与施工单位的合同争议，处理工程索赔。

7）审查施工单位的竣工申请，组织工程竣工预验收，组织编写工程质量评估报告，参与工程竣工验收。

8）参与或配合工程质量安全事故的调查和处理。

3. 专业监理工程师

专业监理工程师是根据项目监理岗位职责分工和总监理工程师的指令，负责实施某一专业或某一方面的监理工作，具有相应监理文件签发权的监理工程师。

（1）专业监理工程师职责　按照《建设工程监理规范》的规定，施工阶段专业监理工程师应履行以下职责：

1）参与编制监理规划，负责编制监理实施细则。

2）审查施工单位提交的涉及本专业的报审文件，并向总监理工程师报告。

3）参与审核分包单位资格。

4）指导、检查监理员工作，定期向总监理工程师报告本专业监理工作实施情况。

5）检查进场的工程材料、构配件、设备的质量。

6）验收检验批、隐蔽工程、分项工程，参与验收分部工程。

7）处置发现的质量问题和安全事故隐患。

8）进行工程计量。

9）参与工程变更的审查和处理。

10）组织编写监理日志，参与编写监理月报。

11）收集、汇总、参与整理监理文件资料。

12）参与工程竣工预验收和竣工验收。

（2）专业监理工程师履行职责应注意的问题　委派专业监理工程师及专业监理工程师履行职责应注意下列有关问题：

1）总监理工程师应及时将授予专业监理工程师的权限以书面形式通知承包各方，使工程承包各方都能了解专业监理工程师的职责，以免发生误会。对承包方来说，这份函件尤其重要，因为它是专业监理工程师所发布的指令是否具有有效性的判断标准；否则，承包方可以拒绝专业监理工程师的指令，产生的后果应由总监理工程师负责。

2）由于专业监理工程师在工程建设中的特殊地位，既拥有现场施工监理的重要职责，又无明确的法定地位，故专业监理工程师无权指令追加工程，无权指令承包方违约施工，无权签证任何支付给承包单位的款项。

3）对专业监理工程师的委派应坚持"德才兼备、才职相称"的原则，应具备在现场施工监理活动中处理各种复杂、多变事件的应变能力、开拓创新能力、果断决策分析能力、组织协调能力，还应具备较高的技术素质、思想素质、良好的心理和生理素质等。

4. 其他监理工作人员

其他监理工作人员是总监理工程师或专业监理工程师的助手，包括监理员、检查员、试验员、测量员、打字员、秘书及其他有关的技术、经济、管理人员。其他监理人员的配备数量、专业配置、业务能力等应根据监理项目的规模、工程特点、授权范围、项目监理机构等确定。

专业监理工程师在选定监理员或检查员时，应全面考核他们的思想品质、敬业精神、技术能力、组织能力、业务能力。一名优秀的监理员或检查员是专业监理工程师的得力助手；反之，一名不合格的监理员或检查员将给专业工程师造成极大的困难或负担。因此，专业监理工程师有权建议将不称职的监理员或检查员调离监理现场。

按照《建设工程监理规范》的规定，施工阶段监理员应履行以下职责：

1）检查施工单位投入工程的人力、主要设备的使用及运行状况。

2）进行见证取样。

3）复核工程计量有关数据。

4）检查工序施工结果。

5）发现施工作业中的问题，及时指出并向专业监理工程师报告。

2.5 建设工程组织协调

2.5.1 组织协调的基本概念

在建设工程实施监理过程中，为了实现项目目标，组织协调工作是必不可少的。所谓组织协调工作，是指为了实现项目目标，监理人员所进行的监理机构内部人与人之间，机构与机构之间及监理组织与外部环境组织之间的沟通、调和、联合和联结工作，以达到在实现项目总目标中，相互理解信任、步调一致、运行一体化地工作。组织协调工作最为重要，也最为困难，是监理工作能否成功的关键。只有通过积极的组织协调，才能实现整个系统全面协调控制的目的。

2.5.2 组织协调的分类

按监理人员与被协调对象之间的组织关系的"远、近"程度可分为组织内部协调、"近外层"协调、"远外层"协调三类。

1. 组织内部协调

组织的内部关系，主要有人际关系、组织关系、需求关系和配合关系等。项目组织内部关系的协调管理，就是对这几个关系进行及时有效的协调。

（1）组织内部人际关系的协调　组织是由人组成的工作体系。工作的效率如何，很大程度上取决于人际关系的协调程度。为提高工作效率，顺利实现项目目标，组织内部应首先抓好人际关系的协调。人际关系协调管理是多方面的：

1）在人员安排上要量才录用。组织内部需要各种专长的人员，应根据每个人的专长进行安排，做到人尽其才。人员的配搭应注意能力互补或性格互补。人员配置应尽可能少而精干，防止出现力不胜任或忙闲不均现象。这样可以减少由于人员安排使用不当而出现的人事矛盾。

2）在工作委任上要职责分明。对组织内的每一个岗位，都应明确目标和岗位职责。还应通过职能清理，使管理职能不重复、不遗漏；做到事事有人管，人人有专责。同时要按权责对等的原则，在明确岗位职责时，一并明确岗位职权。这样才能促使人人尽职尽责，减少人事摩擦。

3）在绩效评价上要实事求是。谁都希望自己的工作做出成绩，并得到组织肯定。但成绩的取得，不仅需要主观努力，而且需要一定的工作条件和互助配合。评价工作人员的绩效应实事求是，避免因评价不实而使一些人无功自傲，一些人有功受屈，奖罚时更要注意这一点。这样才能使工作人员热爱自己的工作，对自己的工作充满信心和希望。

4）在矛盾调解上要恰到好处。人员之间的矛盾是难免的，一旦发现矛盾就应进行调解。调解要恰到好处，一是要掌握大局，二是要注意方法。如果通过及时沟通、个别谈话、必要的批评还无法解决矛盾时，应采取必要的岗位变动措施。对上下级之间的矛盾要区别对待。是上级的问题，就应多做自我批评；是下级的问题，就应启发诱导；对无原则的纷争，就应批评制止。这样才能使监理组织中的人员始终处于团结、和谐、热情高涨的气氛之中。

（2）组织内部组织关系的协调　组织是由若干个子系统（部门）组成的工作体系。每个部门都有自己的目标和任务。如果每个部门都能从组织的整体出发，理解和履行自己的职责，那么整个系统就会处于有序的良性状态，确保顺利实施项目计划，实现项目目标。否则，整个系统将处于无序的紊乱状态，导致功能失调，效率低下。因此，要用相当的精力进行组织关系协调管理。

组织关系协调管理工作可从以下几个方面入手：

1）要在职能划分的基础上设置组织机构。职能划分是指对管理职能按相同或相近的原则进行分类，按分类结果设置承担相应职能的机构和岗位。这样可以避免机构重叠、职能不清、人浮于事、工作推诿的弊病。

2）要明确规定每个机构的目标职责、权限。最好以规章制度的形式作出明文规定，公布前应征求各部门的意见。这样才有利于消除在分工中的误解和工作上的推脱，有利于增强责任感和使命感，有利于执行、检查、考核和奖惩。

3）要事先约定各个机构在工作中的相互关系。管理中的许多工作不是由一个部门就可以全面完成的，其中有主办、牵头和协作、配合之分。事先约定，才不致于出现误事、脱节等贻误工作的现象。

4）要建立信息沟通制度。沟通方式可灵活多样，如召开工作例会，组织业务碰头会，散发会议纪要，采用工作流程图或信息传递卡等方式，倡导相互主动沟通，建立定期工作检查汇报制度等。这样可以使局部了解全局，主动使自己的工作达到相互配合、不误时机的要求，满足局部服从和适应全局的需要。

5）及时消除工作中的矛盾和冲突。消除方法应根据矛盾或冲突的具体情况灵活掌握。例如，配合不佳导致的矛盾或冲突，应从明确配合关系入手消除；争功诿过导致的矛盾或冲突，应从明确考核评价标准入手消除；奖罚不公导致的矛盾或冲突，应从明确奖罚原则入手消除；过高要求导致的矛盾或冲突，应从改进领导的思想方法和工作方法入手消除等。

（3）组织内部需求关系的协调　项目目标实施过程中随时都会产生某些特殊需求，如对人员的需求，对配合力量的需求等。因此，内部需求平衡至关重要。协调不好，既影响工程的进度，又影响工作人员的情绪。所以，需求关系的协调，也是协调管理的重要内容。

需求关系的协调可抓住几个关键环节来进行。

1）对人、财、物等资源的需求，要抓住计划环节。解决供求平衡和均衡配置的关键环节在于计划。按计划提前提出详细、准确的需求计划，才有可能满足供应和合理配置。抓计划环节，要注意抓住期限上的及时性，规格上的明确性，数量上的准确性，质量上的规定性。这样才能体现计划的严肃性，发挥计划的指导作用。

2）实施力量的平衡，要抓住瓶颈环节。一旦发现瓶颈环节，就要通过资源、力量的调整，集中力量打攻坚战，攻破瓶颈，为实现项目目标创造条件。

3）对专业工种的配合，要抓住调度环节。为使专业工种在项目监理过程中配合及时，步调一致，要特别注意抓好调度工作。通过调度，使配合力量及时到位，使配合工作密切进行。配合中可能出现某些矛盾和问题，监理组织应注意及时了解情况，采取有计划、有针对性的措施加以协调。

2. "近外层"协调

"近外层"协调主要是指监理组织（企业）与建设单位（业主）、设计单位、施工单位、材料设备供应等参与工程建设单位之间关系的协调。

（1）监理企业与业主之间关系的协调　工程项目业主责任制与建设工程监理制这两大体制的关系，决定了业主与监理企业这两类法人之间是一种平等的关系，是一种委托与被委托、授权与被授权关系，更是相互依存、相互促进、共兴共荣的紧密关系。

1）业主与监理企业之间是平等的关系。业主和监理企业都是建筑市场中的主体，不分主次，自然应当是平等的。这种平等的关系主要体现在，它们在经济社会中的地位和工作关系两个方面。第一，都是市场经济中独立的企业法人。不同行业法人，只有经营的性质不同、业务范围不同，而没有主仆之别。即使是同一行业，各独立的企业法人之间（子公司除外），也只有大小之别、经营种类的不同。第二，它们都是建筑市场中的主体。业主为了更好地搞好自己担负的工程项目建设，而委托监理企业替自己负责一些具体的事项。业主与监理企业之间是一种委托与被委托的关系。监理企业仅按照委托的要求开展工作，对业主负责，并不受业主的领导。业主对监理企业的人力、财力、物力等方面没有任何支配权、管理权。如果两者之间的委托与被委托关系不成立，那么，就不存在任何联系。

2）业主与监理企业之间是一种授权与被授权的关系。监理企业接受委托之后，业主就把一部分工程项目建设的管理权力授予监理企业。诸如工程建设的组织协调工作的主持权，设计质量和施工质量、建筑材料与设备质量的确认权与否决权，工程量与工程价款支付的确认权与否决权，工程建设进度和建设工期的确认权与否决权，以及围绕工程项目建设的各种建议权等。业主往往留有工程建设规模和建设标准的决定权、对承建商的选定权、与承建商签订合同的确认权，以及工程竣工后或分阶段的验收权等。

应当明确，监理企业并不是业主的代理人。监理企业既不是以业主的名义开展监理活动，也不能让业主对自己的监理行为承担民事责任。

3）业主与监理企业之间是一种社会主义市场经济体制下的经济合同关系。业主与监理企业之间的委托与被委托关系确立后，双方订立合同，即工程建设监理合同。双方的经济利益及各自的职责和义务都体现在签订的监理合同中。

但是，建设工程监理合同毕竟与其他经济合同不同。这是由于监理企业在建筑市场中的特殊地位所决定的。众所周知，业主、监理企业、承建商是建筑市场三元结构的三大主体。业主发包工程建设业务，承建商承接工程建设业务。在这项交易活动中，业主向承建商购买建筑商品（或阶段性建筑产品）。买方总是想少花钱买到好商品；卖方总是想在销售商品中获取较高的利润。监理企业的责任则是既帮助业主购买到合适的建筑商品，又要不损害承建商的合法权益。可见，监理企业在建筑市场的交易中处于建筑商品买卖双方之间，起着维系公平交易、等价交换的制衡作用。因此，不能把监理企业单纯地看成是业主利益的代表。这就是社会主义市场经济体制下，监理企业与业主之间经济关系的特点。

我国长期的计划经济体制使业主合同意识差，在一个建设工程上，业主的管理人员有时甚至要比监理人员还多，或者形成管理层次过多的局面。往往对监理工作干涉较多，甚至直接插手监理人员应做的具体工作。而且，有些业主经常不把合同中规定的相应权力交给监理单位，致使监理工程师有职无权，发挥不了作用。此外，有些业主的科学管理意识差，在建设工程目标确定上压工期、压造价，在建设工程实施过程中变更多，给监理工作的质量、进度、投资控制带来许多困难。因此，与业主的协调是监理工作的重点和难点。监理工程师应从以下几方面加强与业主的协调。

首先，监理工程师要清楚建设工程总目标，理解业主的建设意图。我国的实际情况是监理工程师一般不能参与项目决策过程，因此在开展监理工作之前必须了解项目构思的基础、起因和出发点，否则可能对监理目标及完成任务有不完整的理解，导致实际监理工作困难。

其次，监理工程师要利用工作之便做好监理宣传工作，增进业主对监理工作的理解，特别是对建设工程管理各方职能及监理程序的理解，以自己规范化、标准化、制度化的工作去影响和促进双方工作的协调一致。

最后，监理工程师要尊重业主，让业主一起投入到建设工程的全过程中，力求业主满意。对于业主提出的不适当要求，应寻求适当时机，以合适的方式进行说明和解释，以避免不必要的误解。

（2）监理企业与承建商之间关系的协调 这里所说的承建商，不单是指施工企业，而是包括承接工程项目规划的规划单位、承接工程勘察的勘察单位、承接工程设计业务的单位、承接工程施工的单位，以及承接工程设备、工程构件和配件的加工制造单位在内的大概念，也就是说，凡是承接工程建设业务的单位，相对于业主来说，都叫做承建商。

1）监理企业与承建商之间是平等的关系。如前所述，承建商也是建筑市场的主体之一。无论是监理企业，还是承建商，都是在工程建设的法规、规章、规范标准等条款的制约下开展工作，进行工程建设的，两者之间也不存在领导与被领导的关系。

2）监理企业与承建商之间是监理与被监理的关系。虽然监理企业与承建商之间没有签订任何经济合同，但是，监理企业与业主签订有监理合同，承建商与业主签订承发包建设合同，监理企业依据业主的授权，就有了监督管理承建商履行工程建设承发包合同的权利和义务。承建商不再与业主直接交往，而转向与监理企业直接联系，并接受监理企业对自己进行工程建设监理活动的监督管理。

与承建商之间的协调，监理工程师要注意以下几个方面：

首先，要坚持原则，实事求是，严格按规范、规程办事，讲究科学的态度。在监理工作中，监理工程师应强调各方面利益和建设工程总目标的一致性，鼓励承建商将工程的实际进展状况、实施结果和遇到的困难及意见及时向监理方汇报，以找出影响目标控制可能的干扰因素。双方了解得越多、越深刻，监理工作中的对抗和争执就会越少。

其次，要注意协调的方式和方法。与承建商的协调工作不仅是方法问题、技术问题，更是语言艺术、感情交流和用权适度的问题。如何用高超的协调能力，把正确的协调意见表达出来，使对方容易接受，使各方都能满意。这是监理工程师必须仔细研究的问题。

3. "远外层"协调

"远外层"协调是指监理组织（企业）与政府有关部门、社会团体等单位之间关系的协调。

（1）监理组织与政府有关部门之间关系的协调 政府有关部门负有管理工程建设工作的职能。为了保证工程项目的顺利实施，项目目标的实现，在建设工程监理过程中，监理组织应注意在以下几个主要阶段协调好与政府部门的关系。

1）施工准备阶段应注意协调的问题。监理组织必须严格遵守基本建设程序，配合建设单位做好建设前期准备工作。对列入国家计划的项目，对建设前期工作没有做好、不具备开工条件的项目，不得施工。施工准备期间，必须在施工现场明显处设置标有监理企业名称的标志牌，以利于有关单位和群众监督检查。还要注意现场消防设施的配置，并应得到当地公安防火部门的认可。若要分包工程，不得将工程分包给无证或不具备承接该项工程营业等级的施工单位，否则政府主管部门有权责令停止分包，并视情节予以处理。

2）正式施工阶段应注意协调的问题。项目在施工中应注重工程质量，保持文明施工。质检人员应经培训合格，持合格证上岗，否则建筑主管部门有权令其下岗，并宣布所提供的质检资料无效。工程质量指标完成情况，要经政府质量监督部门认证。若因管理不善造成工程质量不合格或建筑物倒塌、人身伤亡等重大事故，不得隐瞒，在采取急救、补救措施的同时，应立即向政府有关部门报告情况，接受检查和处理。施工中还应注意防止污染环境，特别要注意防止噪声污染，坚持做到施工不扰民。特殊情况下的短时骚扰，应与被扰单位或居委会取得联系，说明情况，求得谅解。

施工中少不了爆破作业，这涉及爆破器材的购买、运输、保管、使用权和销毁等一系列问题。国家对此有严格的管理要求，必须认真遵照执行。例如，购买、运输爆破器材前，应向公安部门申请领取爆破物品购买证和爆破物品运输证，运输中应严格按有关安全技术规定运输。储存爆破器材的仓库或储存室外应符合安全要求，并由向公安部门申请领取爆破员作业证的人员操作。爆破前应向公安部门申请领取爆破物品使用许可证。进行大型爆破作业，或在居民集中区、风景名胜区和重要市政、工业设施附近进行爆破作业，爆破作业方案必须经过批准，并征得所在地公安部门现场察看同意后才能施行。销毁变质、过期失效的爆破器材，也应提出方案，报经当地公安部门备案，在指定的地点妥善销毁。

（2）监理组织与社会团体关系的协调 社会团体很多，其性质、任务、权限各不相同。与项目有一定关系的社会团体主要有：金融组织、服务部门、新闻单位等。监理组织协调好和这些社会团体的关系，有助于工程项目的实施。

1）监理组织与金融组织关系的协调。监理组织与金融组织关系最密切的是开户建设银行。建设银行既是金融机构，又代行部分政府职能。建筑安装工程价款，甲乙双方都要通过建设银行进行结算。工程承包合同副本应报送开户银行审查，认为不符合有关规定的条款，甲乙双方应协商修改，否则银行可不予拨款。若遇在其他专业银行开户的建设单位拖欠工程款，监理组织可商请开户建设银行协助解决拨款问题。

2）监理组织与服务部门关系的协调。工程建设离不开社会服务部门的服务，监理组织应主动联系，求得他们对工程项目建设的支持和帮助。例如，为解决施工运输和当地交通部门争道路、争时间的问题，应主动上门协商，作出双方都能接受的统筹安排。为解决施工高峰期机具设备和周围作业用料不足，可提前与当地租赁服务单位取得联系，预约租赁，求得满意的租赁服务。为解决地方采购材料的货源问题，可和当地的建材生产、供应单位取得联系，请他们帮助落实货源，组织材料供应服务到现场。

3）监理组织与其他单位关系的协调。一个大中型工程项目建成后，不仅会给建设单位带来好处，而且会给一个地区的经济发展带来好处，同时会给当地人民生活的方便带来好处。因此建设期间会引起社会各界的关注。监理组织应把握气候，求得社会各界对工程项目建设的关心和支持。最好能选用报纸、广播、电视等大众传播媒介，宣传本项目的计划与组织、实施与进展、成绩与问题，以及项目攻关及先进人物事迹等。可组织人员向新闻单位提供与项目有关的宣传稿件和资料，也可主动邀请报社、电台、电视台的领导、记者到现场参观，向社会宣传本项目的有关情况。这样可以扩大项目的影响，得到社会的关注和支持。

2.5.3　组织协调的内容与方法

1. 组织协调的主要内容

目前，监理工程师在监理工作中，承包单位和建设单位的协调工作主要包括以下内容：

1）调解建设单位与承包单位的合同争议，处理索赔、审批工程延期。

2）在施工过程中，总监理工程师应定期召开工地例会，解决需协调的事项。

3）总监理工程师或专业监理工程师应根据需要及时组织专题会议，解决施工过程中的各种专项问题。

4）总监理工程师应从造价、项目的功能要求、质量和工期等方面审查工程变更方案，并且在工程变更实施前与建设单位、承包单位协商确定工程变更的价款。

5）项目监理机构应及时按施工合同的有关规定进行竣工结算，并应对竣工结算的价款总额与建设单位和承包单位进行协商。

6）总监理工程师就工程变更的费用及工期的评估情况与承包单位和建设单位进行协调。

7）项目监理机构在工程变更的质量、费用和工期取得建设单位授权后，应按施工合同规定与承包单位进行协商，经协商达成一致后，总监理工程师应将协商结果向建设单位通报，并由建设单位与承包单位在变更文件上签字。

8）总监理工程师进行费用索赔审查，并在初步确定一个额度后，与承包单位和建设单位进行协商。

9）由于承包单位的原因造成建设单位的额外损失，建设单位向承包单位提出费用索赔时，总监理工程师在审查索赔报告后，应公正地与建设单位和承包单位进行协商，并及时作出答复。

10）项目监理机构在作出临时工程延期批准或最终工程延期批准之前，均应与建设单位和承包单位进行协商。

11）合同争议的调解。

12）当建设单位违约导致施工合同最终解除时，项目监理机构应就承包单位按施工合同规定应得到的款项与建设单位和承包单位进行协商。

13）总监理工程师按照施工合同的规定，在与建设单位和承包单位协商后，书面提交承包单位应得款项或偿还建设单位款项证明。

2. 组织协调的方法

组织协调工作涉及面广，受主观和客观因素影响较大。所以监理工程师知识面要宽，要有较强的工作能力，能够因地制宜、因时制宜处理问题。监理工程师组织协调可采用如下方法：

（1）会议协调法　会议协调法是建设工程监理中常用的一种协调方法，实践中常用的会议协调法包括第一次工地会议、工地例会、专题性监理会议法等。

1）第一次工地会议。第一次工地会议由建设单位主持，监理工程师、承包商的授权代表必须出席会议，各方将在工程项目中担任主要职务的负责人及高级人员也应参加。第一次工地会议非常重要，是项目开展前的宣传通报会。总监理工程师阐述的要点有监理规划、监理程序、人员分工及业主、承包商和监理企业三方的关系等。

2）工地例会。项目实施期间应定期举行工地例会，会议由总监理工程师主持，参加者有监理工程师代表及有关监理人员、承包单位的授权代表及有关人员、建设单位及其有关人员。工地例会召开的时间根据工程进展情况安排，一般有旬、月度和半月例会等几种。工程监理中的许多信息和决定是在工地会议上产生和决定的，协调工作大部分也是在工地例会中进行的，因此开好工地例会是工程监理的一项重要工作。

工地例会决定同其他发出的各种指令性文件一样，具有等效作用。因此，工地例会的会议纪要是一个很重要的文件，要求记录应真实、准确。当会议上对有关问题有不同意见时，监理工程师应站在公正的立场上作出决定；但对一些比较复杂的技术问题或难度较大的问题，不宜在工地例会上详细研究讨论，可以由总监理工程师作出决定，另行安排专题会议研究。

工地例会由于定期召开，一般均按照一个标准的会议议程进行，主要是对进度、质量、投资的执行情况进行全面检查；交流信息；提出对有关问题的处理意见及今后工作中应采取的措施。此外，还要讨论延期、索赔及其他事项。

工地例会举行次数较多，要防止流于形式。监理工程师可根据工程进展情况确定分阶段的例会协调要点，保证监理目标控制的需要。例如：对于高层建筑工程，基础施工阶段主要是交流支护结构、桩基础工程、地下室施工及防水等工作质量监控情况；主体阶段主要是质量、进度、文明生产情况；装饰阶段主要是考虑土建、设备、装饰等多种工种协作问题及围绕质量目标进行工程预验收、竣工验收等内容。对工地例会要点应进行预先筹划，使会议内容丰富，针对性强，可以真正发挥协调的作用。

3）专题现场协调会。对于一些工程中的重大问题，以及不宜在工地例会上解决的问题，根据工程施工需要，可召开有相关人员参加的现场协调会，如设计交底、施工方案或施工组织设计审查、材料供应、复杂技术问题的研讨、重大工程质量事故的分析和处理、工程延期、费用索赔等进行协调，提出解决办法，并要求各方及时落实。

专题协调会一般由总监理工程师提出，或由承包单位提出后，由总监理工程师确定。参加专题协调会的人员应根据会议的内容确定，除建设单位、承包单位和监理企业的有关人员外，还可以邀请设计人员和有关部门人员参加。

由于专题协调会研究的问题重大，又较复杂，因此会前应与有关单位一起做好充分的准备，如进行调查、收集资料，以便介绍情况。有时为了使协调会达到更好的共识，避免在会议上形成冲突或僵局，或为了更快地达成一致，可以先将议程打印发给各位参加者，并可以就议程与一些主要人员进行预先磋商，这样才能在有限的时间内，让有关人员充分地研究并得出结论。会议过程中，主持人应能驾驭会议局势，防止不正常的干扰影响会议的正常秩序。应善于发现和抓住有价值的问题，集思广益，补充解决方案。应通过沟通和协调，使大家意见一致，使会议富有成效。会议的目的是使大家取得协调一致，同时要争取各方面心悦诚服地接受协调，并以积极的态度完成工作。对于专题协调会，应有会议记录和会议纪要，并作为监理工程师发出的相关指令文件的附件或存档备查的文件。

（2）书面文件协调法　监理工程师组织协调的方法除上述会议制度外，还可以通过一系列书面文件进行，书面文件形式可根据工程情况和监理要求制定。书面协调方法的特点是具有合同效力，一般常用于以下几个方面：

1）不需双方直接交流的书面报告、报表、指令和通知等。

2）需要以书面形式向各方提供详细信息和情况通报的报告、信函和备忘录等。

3）事后对会议记录、交谈内容或口头指令的书面确认。

（3）交谈协调法　在实践中，有时可采用"交谈"这一方法。交谈包括面对面的交谈和电话交谈两种形式。无论是内部协调还是外部协调，这种方法使用频率都是相当高的，其原因在于：

1）它是一条保持信息畅通的最好渠道。由于交谈本身没有合同效力而且方便及时，所以建设工程参与各方之间及监理机构内部都愿意采用这一方法进行。

2）它是寻求协作和帮助的最好方法。在寻求别人帮助和协作时，往往要及时听取对方的反应和意见，以便采取相应的对策。另外，相对于书面寻求协作，人们更难于拒绝面对面的请求。因此，采用交谈方式请求协作和帮助比采用书面方法实现的可能性要大。

3）它是正确及时地发布工程指令的有效方法。在实践中，监理工程师一般常采用交谈方式先发布口头指令，这样，一方面可以使对方及时地执行指令，另一方面可以和对方交流，了解对方是否正确理解了指令。随后，再以书面形式加以确认。表2-6为工程协调事项办理单。

表 2-6　工程协调事项办理单

提出协调事项的单位	
要求协调解决的时间	

需具体协调的事项及原因

提出协调事项的单位：

年　月　日

监理协调意见

监理工程师/总监理工程师：

年　月　日

协调落实情况

承办单位（盖章）：

负责人：

年　月　日

复习思考题

1. 组织的内涵是什么？
2. 建设工程监理组织结构设计的原则和步骤是怎样的。
3. 工程项目的承发包模式共有哪几种？其对应的监理模式应当是怎样的。
4. 简述建立工程项目监理组织的步骤。
5. 工程监理组织的形式有哪几类？各有什么特点？
6. 项目监理组织中的人员该如何配备？
7. 项目总监理工程师和项目监理工程师的岗位职责有什么不同？
8. 项目总监理工程师可以将哪些职责委托项目总监理工程师代表？
9. 项目监理员的主要职责有哪些？
10. 监理组织协调的目的是什么？
11. 监理组织协调的类型有哪些？
12. 监理组织协调包括哪些内容？
13. 监理组织协调有哪些方法？

第3章 建设工程目标控制

3.1 建设工程目标系统

3.1.1 建设工程目标系统的构成

1. 建设工程目标系统的特点

建设工程目标系统本质上是对工程项目所要达到的最终状态的描述系统。工程项目都有明确的目标，它是项目实施过程中的一条主线。建设工程目标系统具有如下特点。

（1）层次性 通常我们把一组意义明确的目标按其意义和内容表示为一个递阶层次结构。最高层为总体目标，最下层为具体目标。上层目标是下层目标的目的，下层目标是上层目标的手段。层次越低，目标的操作性越强。

（2）完整性 项目目标因素之和应完整地反映业主对项目的要求，特别要保证强制性目标因素，所以项目通常是由多目标构成的一个完整的系统。目标系统的缺陷会导致工程技术系统的缺陷，计划的失误和实施控制的困难。

（3）均衡性 目标系统应是一个稳定均衡的目标体系。片面、过分地强调某一个目标，常常以牺牲或损害另一些目标为代价，这会造成项目的缺陷。特别要注意工期、成本、工程质量目标之间的平衡。

（4）动态性 目标系统有一个动态的发展过程，它是在项目目标设计、可行性研究、技术设计和计划中逐步建立起来，并形成一个完整的目标保证体系。由于环境不断变化，业主对项目的要求也会变化，项目的目标系统在实施中也会产生变更，从而导致设计方案的变化、合同的变更、实施方案的调整等。

2. 建设工程目标系统的构成

任何建设工程项目都有投资、进度、质量三大目标，这三大目标构成了建设工程项目的目标系统。为了有效地进行目标控制，必须正确认识和处理投资、进度、质量三大目标之间的关系，并且合理确定和分解这三大目标。

3. 建设工程三大目标之间的关系

建设工程投资、进度、质量三大目标两两之间存在既对立又统一的关系。

　　首先来看建设工程三大目标之间的对立关系。一般来说，如果对建设工程的功能和质量要求较高，需要采用较好的工程设备和建筑材料，需要投入较多的资金，同时，还需要精工细作，严格管理，一方面增加人力的投入（人工费相应增加），另一方面需要较长的建设时间。如果要加快进度，缩短工期，则需要加班加点或适当增加施工机械和人力，这将直接导致施工效率下降，单位产品的费用上升，从而使整个工程的总投资增加；另外，加快进度往往会打乱原有的计划，使建设工程实施的各个环节之间产生脱节现象，增加控制和协调的难度，有时不但不能达到加速的目的，而且会对工程质量带来不利影响或留下工程质量隐患。如果要降低投资，就需要考虑降低功能和质量要求，采用较差或普通的工程设备和建筑材料；同时，只能按费用最低的原则安排进度计划，整个工程需要建设时间就较长。因此，不能奢望投资、进度、质量三大目标同时达到"最优"。

　　其次来看建设工程三大目标之间的统一关系。在三大目标之间，如果要加快进度、缩短工期虽然需要增加一定的投资，但是可以使整个建设工程提前投入使用，从而提早发挥投资效益，还能在一定程度上减少投资利息支出，如果提早发挥的投资效益超过因加快进度所增加的投资额度，则加快进度从经济角度来说就是可行的。如果提高功能和质量要求，虽然需要增加一次性投资，但是可降低工程投入使用后的运行费用和维修费用，从全寿命费用分析的角度则是节约投资的。另外，在不少情况下，功能好、质量优的工程投入使用后的收益往往较高。此外，从质量控制的角度，如果在实施过程中进行严格的质量控制，保证实现工程预定的功能和质量要求，则不仅可以减少实施过程中的返工费用，而且可以大大减少投入使用后的维修费用。另一方面，严格控制质量还能起到保证进度的作用。如果在工程实施过程中发现质量问题及时进行返工处理，虽然需要耗费时间，但可能只影响局部工作的进度，不影响整个工程的进度；或虽然影响整个工程的进度，但是比不及时返工而酿成重大工程质量事故对整个工程进度的影响要小，也比留下工程质量隐患到使用阶段才发现而不得不停止使用进行修理所造成的时间损失要小。

　　在确定建设工程目标时，应当对投资、进度、质量三大目标之间的统一关系进行客观的且尽可能定量的分析。在分析时要注意以下几方面的问题。

　　（1）充分考虑制约因素　一般来说，加快进度、缩短工期所提前发挥的投资效益都超过加快进度、缩短工期所需要增加的投资，但不能由此而导出工期越短越好的错误结论，因为加快进度、缩短工期会受到技术、环境、场地等因素的制约，同时还要考虑对投资和质量的影响，不可能无限制地缩短工期。

　　（2）合理预期未来可能的收益　当前的投入是当时实际发生的，其数额也是较为确定的，而未来的收益却是预期的，建立在预测的基础上。今后的收益将受到市场供求关系的影响，是不确定的。如果届时同类工程供大于求，则预期收益就难以实现。

　　（3）目标规划和计划相结合　如前所述，建设工程所确定的目标要通过计划的实施才能实现。如果建设工程进度计划制订得既可行又优化，使工程进度具有连续性、均衡性，不但可以缩短工期，而且有可能获得较好的质量且耗费较低的投资。从这个意义上讲，优化的计划是投资、进度、质量三大目标统一的计划。

　　在确定建设工程目标时，不能将投资、进度、质量三大目标割裂开来，分别孤立地分析和论证，更不能片面强调某一目标而忽略其对其他两个目标的不利影响，而必须将投资、进度、质量三大目标作为一个系统统筹考虑，反复协调和平衡，力求实现整个目标系统最优。

在对建设工程三大目标对立统一关系进行分析时，同样需要将投资、进度、质量三大目标作为一个系统统筹考虑，同样需要反复协调和平衡，力求实现整个目标系统最优也就是实现投资、进度、质量三大目标的统一。

3.1.2　建设工程目标的确立和分解

1. 建设工程目标的确立

对项目目标的描述应力求反映项目本质目标，应该清楚明确。

1）能定量描述的，不定性描述。

2）应使每个项目组成成员都明确目标。

3）目标应该是现实的，不应是理想化的。

4）目标的描述应尽量简化。

建设工程目标系统具有动态性，在建设工程的不同阶段都要进行相应目标的确定。由于建设工程不同阶段所具备的条件不同，目标确定的依据自然也就不同。一般来说，在施工图设计完成之后，目标规划的依据比较充分，目标规划的结果也比较准确和可靠。但是，对于施工图设计完成以前的各个阶段来说，合理确定拟建工程的目标，应该充分利用已建工程的数据资料。

要确定某一拟建工程的目标，首先必须大致明确该工程的基本技术要求，如工程类型、结构体系、基础形式、建筑高度、主要设备、主要装饰要求等。然后选择尽可能相近似的已建工程（包括在建工程或已完工程，可能有多个），将其作为确定该拟建工程目标的参考对象。由于建设工程具有多样性和单件生产的特点，有时很难找到与拟建工程基本相同或相似的同类工程。因此，往往要对其中的数据进行适当的综合处理，必要时可将不同类型工程的不同分部工程加以组合。

同时，要认真分析拟建工程的特点，找出拟建工程与已建类似工程之间的差异，并定量分析这些差异对拟建工程目标的影响，从而确定拟建工程的各项目标。另外，类似已建工程的数据资料都是历史数据，由于拟建工程与已建工程之间存在"时间差"，因而对已建工程的有些数据不能直接应用，而必须考虑时间因素和外部条件的变化，采取适当的方式加以调整。例如，对于投资目标，可以采用线性回归分析法或加权移动平均法进行预测分析，还可能需要考虑技术规范的发展对投资的影响；对于工期目标，需要考虑施工技术、方法及施工机械的发展，还需要考虑法规变化对施工时间的限制，如不允许夜间施工等；对于质量目标，要考虑强制性标准的提高，如城市规划、环保、消防等方面的最新规定。

因此，充分利用已建类似工程的资料，关键在于客观分析拟建工程的特点和具体条件，并采用适当的方式加以调整，这样才能充分发挥已建类似工程项目数据资料对合理确定拟建工程目标的作用，大大提高目标确定的准确性和合理性。

在项目实施开始前，对项目目标要进行描述。项目目标的描述应该具体明确并尽可能量化。项目目标的确定应针对以下三个方面：

1）工作范围，即可交付成果、交付物的描述，主要是针对项目实施的结果或产品。

2）进度计划，说明实施项目的周期、开始及完成时间。

3）成本或投资，说明完成项目的总费用。

如果没有目标，就无所谓控制；而如果没有计划，就无法实施控制。因此，要进行目标控制，首先必须确立建设工程的目标，也就是对目标进行合理的规划并制订相应的计划。目标规划和计划越明确、越具体、越全面，目标控制的效果就越好。事实上，从某种角度来讲，从目标的规划阶段就已经开始目标控制工作了。

（1）建设工程各阶段目标规划与计划　图 3-1 所示的是建设工程各阶段的投资目标规划与计划的关系。

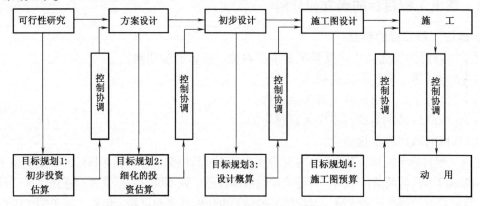

图 3-1　建设工程各阶段的投资目标规划与计划的关系

由图 3-1 可知，建设一项工程，首先要根据业主的建设意图进行可行性研究并制订目标规划 1，即确定建设工程总体投资、进度、质量目标。就投资目标而言，目标规划 1 就表现为投资估算，同时要确定实现建设工程目标的总体计划和下阶段工作的实施计划。然后，按照目标规划 1 的要求进行方案设计。在方案设计的过程中要根据目标规划 1 进行控制，力求使方案设计符合目标规划 1 的要求。同时，根据输出的方案设计还要对目标规划 1 进行必要的调整、细化，以解决目标规划 1 中不适当的地方。在这些基础上，制订目标规划 2，即细度和精度均较目标规划 1 有所提高的新的投资估算。然后根据目标规划 2 进行初步设计，在初步设计过程中进行控制，即进行限额设计，使设计不超过投资估算的限额。根据初步设计的结果制订目标规划 3，即设计概算。根据目标规划 3 进行施工图设计，在施工图设计过程中对投资目标进行控制，使设计的限额不超过设计概算的额度。施工图设计完成后，在施工图设计基础上制订目标规划 4。其最初表现为施工图预算，经过招标投标后则表现为标底价和合同价。最后，在施工过程中，要根据目标规划 4 进行控制，直到整个工程建成。

从投资目标规化与计划的过程可以看出，目标规划需要反复进行多次，目标规划和计划与目标的动态性是相一致的。建设工程的实施要根据目标规划和计划进行控制，力求使之符合目标规划和计划的要求。另一方面，随着建设工程的进展，工程内容、功能要求、外界条件等都可能发生变化，工程实施过程中的反馈信息可能表明目标和计划出现偏差，这都要求目标规划与之相适应，需要在新条件和新情况下不断深入、细化，并可能对前一阶段的目标规划作出必要的修正或调整，真正成为目标控制的依据。

（2）目标规划和计划的质量与目标控制的效果　应当说，目标控制的效果直接取决于目标控制的措施是否得力，是否将主动控制与被动控制有机地结合起来，以及采取控制措施的时间是否及时等。但是，目标控制的效果虽然是客观的，人们对目标控制效果的评价却是主观的，通常是将实际结果与预定的目标和计划进行比较。如果出现较大的偏差，一般就认为控制效果较差；反之，则认为控制效果较好。从这个意义上讲，目标控制的效果在很大程度上取决于目标规划和计划的质量。如果目标规划和计划制订得不合理，甚至根本不可能实现，则不仅难以客观地评价目标控制的效果，而且可能使目标控制人员丧失信心，难以发挥他们在目标控制工作方面的主动性、积极性和创造性，从而严重降低目标控制的效果。因此，为了提高并客观评价目标控制的效果，需要提高目标规划和计划的质量。

为了在建设工程实施过程中有效地进行目标控制，仅有总目标还不够，还需要将总目标进行适当的分解。

2. 建设工程三大目标

（1）建设工程投资控制的目标　建设工程投资控制的目标，就是通过有效的投资控制工作和具体的投资控制措施，在满足进度和质量要求的前提下，力求使工程实际投资不超过计划投资。实际投资不超过计划投资可能表现为以下几种情况：

1）在投资目标分解的各个层次上，实际投资均不超过计划投资。这是最理想的情况，是投资控制追求的最高目标。

2）在投资目标分解的较低层次上，实际投资在有些情况下超过计划投资，在大多数情况下不超过计划投资，因而在投资目标分解的较高层次上，实际投资不超过计划投资。

3）实际总投资未超过计划总投资，在投资目标分解的各个层次上，都出现实际投资超过计划投资的情况，但在大多数情况下实际投资未超过计划投资。

后两种情况虽然存在局部的超投资现象，但建设工程的实际总投资未超过计划总投资，因而仍然是令人满意的结果。有时出现这种现象，除了投资控制工作和措施存在一定的问题，有待改进和完善之外，还可能是由于投资目标分解不尽合理所造成的，而投资目标分解绝对合理又是很难做到的。

（2）建设工程进度控制的目标　建设工程进度控制的目标，是通过有效的进度控制工作和具体的进度控制措施，在满足投资和质量要求的前提下，力求使工程实际工期不超过计划工期。因为进度控制往往更强调对整个建设工程计划总工期的控制，因而工程实际工期不超过计划工期可以理解为整个建设工程按计划的时间动用，对于工业项目来说，就是要按计划时间达到负荷联动试车成功，而对于民用项目来说，就是要按计划时间交付使用。

由于进度计划的特点，进度控制的目标能否实现，主要取决于处在关键线路上的工程内容能否按预定的时间完成。

（3）建设工程质量控制的目标　建设工程质量控制的目标，就是通过有效的质量控制工作和具体的质量控制措施，在满足投资和进度要求的前提下，实现工程预定的质量目标。

这里，建设工程的质量首先必须符合国家现行的关于工程质量的法律、法规、技术标准和规范等有关规定，尤其是强制性标准的规定。这实际上也就明确了对设计、施工质量的基本要求。从这个角度讲，同类建设工程的质量目标具有共性，不因其业主、建造地点及其他建设条件的不同而不同。

同时，建设工程的质量目标又是通过合同加以约定的，其范围更广、内容更具体。任何建设工程都有其特定的功能和使用价值。由于建设工程都是根据业主的要求而兴建的，不同的业主有不同的功能和使用价值要求，即使是同类建设工程，具体的要求也不同。因此，建设工程的功能与使用价值的质量目标是相对于业主的需要而言的，并无固定和统一的标准。从这个角度讲，建设工程的质量目标都具有个性。

因此，建设工程质量控制的目标就是要实现以上两方面的工程质量目标。由于工程共性质量目标一般都有严格、明确的规定，因而质量控制工作的对象和内容都比较明确，也可以比较准确、客观地评价质量控制的效果。而工程个性质量目标具有一定的主观性，有时没有明确、统一的标准，因而质量控制工作的对象和内容较难把握，对质量控制效果的评价与评价方法和标准密切相关。因此，在建设工程质量控制工作中，要注意对工程个性质量目标的控制，最好能预先明确控制效果定量评价的方法和标准。另外，对于合同约定的质量目标，必须保证其不得低于国家强制性质量标准的要求。

3. 建设工程目标的分解

（1）目标分解的原则　建设工程目标分解应遵循以下几个原则：

1）能分能合。这要求建设工程的总目标能够自上而下逐层分解，也能够根据需要自下而上逐层综合。这一原则实际上是要求目标分解要有明确的依据并采用适当的方式，避免目标分解的随意性。

2）按工程部位分解，而不按工种分解。这是因为建设工程的建造过程也是工程实体的形成过程，这样分解比较直观，而且可以将投资、进度、质量三大目标联系起来，也便于对偏差原因进行分析。

3）区别对待，有粗有细。根据建设工程目标的具体内容、作用和所具备的数据，目标分解的粗细程度应当有所区别。例如，在建设工程的总投资构成中，有些费用数额大，占总投资的比例大，而有些费用则相反。从投资控制工作的要求来看，重点在于前一类费用。因此，对前一类费用应当尽可能分解得细一些、深一些；而对后一类费用则分解得粗一些、浅一些。另外，有些工程内容的组成非常明确、具体（如建筑工程、设备等），所需要的投资和时间也较为明确，可分解得很细；而有些工程内容则比较笼统，难以详细分解。因此，对不同工程内容目标分解的层次或深度，不必强求一致，要根据目标控制的实际需要和可能来确定。

4）有可靠的根据来源。目标分解是为目标控制服务的。目标分解的结果是形成不同层次的分目标，这些分目标就成为各级目标控制组织机构和人员进行目标控制的依据。如果数据来源不可靠，分目标就不可靠，就不能作为目标控制的依据。因此，目标分解所达到的深度应当以能够取得可靠的数据为原则，并非越深越好。

5）目标分解结构与组织分解结构相对应。目标控制必须要有组织加以保障，要落实到具体的机构和人员，因此要进行一定的目标控制组织结构分解。只有使目标分解结构与组织分解结构相对应，才能进行有效的目标控制。当然，一般而言，目标分解结构较细、层次较多，而组织分解结构较粗、层次较少，目标分解结构在较粗的层次上应当与组织分解结构一致。

（2）目标分解的方式　建设工程的总目标可以按照不同的方式进行分解。对于建设工程投资、进度、质量三个目标来说，目标分解的方式并不完全相同，其中，进度目标和质量目标分解方式较为单一，而投资目标的分解方式较多。

按工程内容分解建设工程目标是最基本的方式，适用于投资、进度、质量三个目标的分解，但是，三个目标分解的深度不一定完全一致。一般来说，将投资、进度、质量三个目标分解到单项工程和单位工程是比较容易办到的，其结果也是比较合理和可靠的。在施工图设计完成之前，目标分解至少都应达到这个层次。至于是否分解到分部工程和分项工程，一方面取决于工程进度所处的阶段、资料的详细程度、设计所达到的深度等，另一方面还取决于目标控制工作的需要。

4. 制订可行且优化的计划

计划是对实现总目标的方法、措施和过程的组织和安排，是建设工程实施的依据和指南。通过计划，可以分析目标规划所确定的投资、进度、质量总目标是否平衡、能否实现。如果发现不平衡或不能实现，则必须修改目标。从这个意义上讲，计划不仅是对目标的实施，也是对目标的进一步论证。通过计划，可以按分解后的目标落实责任体系，调动和组织各方面的人员为实现建设工程总目标共同工作，这表明，计划是许多更细、更具体的目标的组合。通过计划，通过科学的组织和安排，可以协调各单位、各专业之间的关系，充分利用时间和空间，最大限度地提高建设工程的整体效益。

制订计划首先要保证计划的可行性，即保证计划的技术、资源、经济和财务的可行性，保证建设工程的实施能够有足够的时间、空间、人力、物力和财力。为此，首先必须了解并认真分析拟建工程自身的客观规律性，在充分考虑工程规模、技术复杂程度、质量水平、主要工作的逻辑关系等因素的前提下制订计划，切不可不合理地缩短工期和降低投资。其次，要充分考虑各种风险因素对计划实施的影响，留有一定的余地，例如，在投资总目标中预留风险费或不可预见费，在进度总目标中留有一定的机动时间等。此外，还要考虑业主的支付能力（资金筹措能力）、设备供应能力、管理和协调能力等。

在确保计划可行的基础上，还应根据一定的方法和原则力求使计划优化。对计划的优化实际上是作多方案技术经济分析和比较。当然，限于时间和人们对客观规律认识的局限性，最终制订的计划只是相对意义上最优的计划，而不可能是绝对意义上最优的计划。计划制订得越明确、越完善，目标控制的效果就越好。

3.2 建设工程目标控制原理

3.2.1 目标控制基本概念

控制是建设工程监理的重要管理活动。在管理学中，控制通常是指管理人员按计划标准来衡量所取得的成果，纠正所发生的偏差，使目标和计划得以实现的管理活动。管理开始于确定目标和制订计划，继而进行组织和人员配备，并进行有效的领导，一旦计划付诸实施或运行，就必须进行控制和协调，检查计划实施情况，找出偏离目标和计划的误差，确定应采取的纠正措施，以实现预定的目标和计划。

1. 建设工程目标控制的流程

建设工程目标控制的流程如图 3-2 所示。

由于建设工程的建设周期长，在工程实施过程中所受到的风险因素很多，因而实际状况偏离目标和计划的情况是经常发生的，往往出现投资增加、工期拖延、工程质量和功能未达到预定要求等问题。这就需要在工程实施过程中，通过对目标、过程和活动的跟踪检查，全面、及时、准确地掌握有关信息，将工程实际状况与目标和计划进行比较。如果偏离了目标和计划，就需要采取纠正措施，或改变投入，或修改计划，使工程能在新的计划状态下进行。而任何控制措施都不可能一劳永逸，原有矛盾和问题解决了，还会出现新的矛盾和问题，需要不断地进行控制，因此控制工作具有动态性，是一个动态控制的过程。上述控制流程是一个不断循环的过程，直到工程建成交付使用，因而建设工程的目标控制是一个有限循环过程。

对于建设工程目标控制系统来说，由于收集实际数据、偏差分析、制定纠偏措施都主要是由目标控制人员来完成，都需要时间，这些工作不可能同时进行并在瞬间内完成，因而其

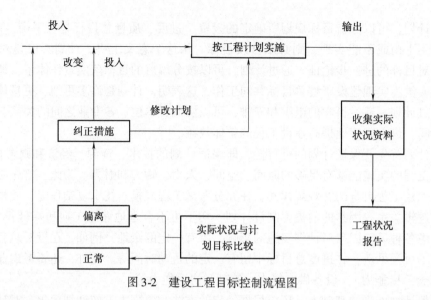

图 3-2 建设工程目标控制流程图

控制实际上表现为周期性的循环过程。通常，在建设工程监理的实践中，投资控制、进度控制和常规质量控制问题的控制周期按周或月计，而严重的工程质量问题和事故，则需要及时加以控制。

由于系统本身的状态和外部环境是不断变化的，相应地就要求控制工作也随之变化。目标控制人员对建设工程本身的技术经济规律、目标控制工作规律的认识也是在不断变化的，他们的目标控制能力和水平也是在不断提高的，因而，即使在系统状态和环境变化不大的情况下，目标控制工作也可能发生较大的变化。这表明，目标控制也可能包含着对已采取的目标控制措施的调整或控制。

2. 控制类型

控制根据划分依据的不同可以划分为不同的类型。

按照控制措施作用于控制对象的时间，可分为事前控制、事中控制和事后控制。

按照控制信息的来源，可分为前馈控制和反馈控制。

按照控制措施制定的出发点，可分为主动控制和被动控制。

各种不同的控制类型的划分是对同一控制措施从不同的角度，人为的、主观的不同表述。不同划分依据和不同控制类型之间存在内在的同一性。

（1）主动控制 主动控制是在预先分析各种风险因素及其导致目标偏离的可能性和程度的基础上，拟订和采取有针对性的预防措施，从而减少乃至避免目标偏离。主动控制必须在计划实施之前就采取控制措施，以降低目标偏离的可能性或其后果的严重程度，起到防患于未然的作用。因此，主动控制是一种事前控制，或者说是一种前馈控制。它主要是根据已建同类工程实施情况的综合分析结果，结合拟建工程的具体情况的特点将教训上升为经验，用以指导拟建工程的实施，起到避免重蹈覆辙的作用。

所以说，主动控制是面对未来的，它可以解决传统的控制过程中存在的，在问题发生以后再寻求解决所带来的时滞影响，尽最大可能避免偏差已经成为现实的被动局面，降低偏差发生的概率及其严重程度，从而使目标得到有效控制。

（2）被动控制 被动控制是从计划的实际输出中发现偏差，通过对产生偏差的原因进行分析，研究制定纠偏措施，并通过措施的执行使偏差得以纠正，工程实施恢复到原来的状态，或者减少偏差的严重程度。

被动控制是在计划实施过程中或者施工完成后，对已经出现的偏差采取相应的控制措施，它虽然不能降低目标偏离的可能性，但可以降低目标偏离的严重程度，并将偏差控制在尽可能小的范围内。被动控制是一种事中控制和事后控制，或者说是一种反馈控制。它是根据控制对象工程实施情况（即反馈信息）的综合分析结果进行的控制，其控制效果在很大程度上取决于反馈信息的全面性、及时性和可靠性。

被动控制表现为一个循环过程：发现偏差，分析产生偏差的原因，研究制定纠偏措施并预计纠偏措施的成效，落实并实施纠偏措施，产生实际成效，收集实际实施情况，对实施的实际效果进行评价，将实际效果与预期效果进行比较，发现偏差，……，直至整个工程建成。

所以说，被动控制是面对现实的，虽然目标偏离已成为客观事实，但是，通过被动控制措施，仍然可能使工程实施恢复到计划状态，至少可以减少偏差的严重程度。事实上，虽然采取主动控制措施非常重要，可以防患于未然，但被动控制仍然是一种有效的控制，也是十分重要而且经常运用的控制方式，对被动控制应当予以足够的重视，并努力提高其控制效果。

3. 目标控制的前提

由于建设工程目标控制的所有活动及计划的实施都是由目标控制人员来实现的，因此，组织是目标控制的前提。如果没有明确的控制机构和人员，目标控制就无法进行；或者虽然有了明确的控制机构和人员，但其任务和职能分工不明确，目标控制就不能有效地进行。因此，合理而有效的组织是目标控制的重要保障。目标控制的组织机构和任务分工越明确、越完善，目标控制的效果就越好。

为了有效地进行目标控制，需要做好以下几方面的组织工作：

（1）设置目标控制机构。

（2）配备合适的目标控制人员。

（3）落实目标控制机构和人员的任务和职能分工。

（4）合理组织目标控制的工作流程和信息流程。

4. 控制流程的基本理念

项目实施是一个具有动态性、系统性、非确定性、多目标性的一次性的复杂系统。为实现项目的目标，参与项目的各个部门和项目组成员，必须在系统控制理论的指导下，围绕项目的周期、质量和成本，对项目实施状态进行周密的、全面的控制。在项目过程控制中，主要运用的基本控制理论为：

1）控制是一个主体为实现其目标而采取的一种行为。要实现最优化控制，必须满足两个条件，一是要有合格的控制主体，二是要有明确的控制目标。

2）控制是按事先确定的标准和计划进行的。控制活动就是要检查实际发生的情况与标准的偏差并加以纠正。

3）控制方法是检查、分析、监督、引导和纠正。控制是针对被控制系统而言的。既要对被控制系统进行全过程控制，又要对其所有要素进行全面控制。全过程控制有事先控制、事中控制和事后控制；要素控制包括人力、物力、财力、信息、技术、组织、时间和信誉等。

4）控制是动态的。

5）提倡主动控制，就是在偏离发生之前预先分析偏离的可能性，采取预防措施，防止发生偏离。

6）控制是一个系统工程，包括组织、程序、手段、措施、目标和信息等分系统。

5. 控制流程的基本环节

图3-2 所示的控制流程可以进一步划分为输入、输出、反馈、对比、纠正五个基本环节，如图3-3 所示。对于每个控制循环来说，如果缺少某一环节或某一环节出现问题，会导致循环障碍，降低控制的有效性，不能发挥循环控制的整体作用。因此，必须明确控制流程各个基本环节的有关内容并做好相应的控制工作。

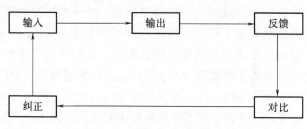

图3-3 控制流程基本环节

（1）输入 建设工程的目标控制流程是一个循环的过程，每一循环从输入开始，首先涉及的是主要的生产要素，包括人员、建筑材料、工程设备、施工机具、资金、施工方法、信息等。工程实施计划本身就包含着有关输入的计划。要使计划能够正常实施并达到预定的目标，就应当保证将质量、数量符合计划要求的资源按规定时间和地点输入到建设工程实施过程中去。

（2）输出 所谓输出，是指由投入到产出的转换过程，如建筑物的建造过程，设备购置等活动。通过人员（管理人员、技术人员、工人）运用劳动资料（如施工机具）将劳动对象（如建筑材料、工程设备等）转变为预定的产出品，如设计图样、分项工程、分部工程、单位工程、单项工程，最终输出完整的建设工程，完成一个转换过程。转换过程就是计划执行的过程，计划的运行往往受到来自外部环境和内部系统的多因素干扰，从而造成实际状况偏离预定的目标和计划。或者由于计划本身不可避免地存在一定问题，例如，计划没有经过科学的资源、技术、经济和财务可行性分析，从而造成实际输出与计划输出之间发生偏差。对输出过程的控制是实现有效控制的重要工作。在建设工程实施过程中，监理工程师应当跟踪了解工程进展情况，掌握第一手资料，为分析偏差原因、确定纠偏措施提供可靠依据。同时，对于可以及时解决的问题，应及时采取纠偏措施，避免"积重难返"。

（3）反馈 在计划实施过程中，实际情况的变化是绝对的，不变是相对的，每个变化都会对目标和计划的实现带来一定的影响。所以，即使是一项制订得相当完善的计划，其运行结果也未必与计划一致。控制部门和控制人员需要全面、及时准确地了解计划的执行情况及其结果，而这就需要通过信息反馈来实现。

反馈信息是反映出计划的实际执行情况，包括工程实际状况、环境变化等信息，如投资、进度、质量的实际状况，现场条件，合同履行条件，经济、法律环境变化等。控制部门和人员需要什么信息，取决于监理工作的需要及工程的具体情况。为了使信息反馈能够有效配合控制的各项工作，使整个控制过程流畅地进行，需要设计信息反馈系统，预先确定反馈信息的内容、形式、来源、传递等，使每个控制部门和人员都能及时获得他们所需要的信息。

信息反馈方式可以分为正式和非正式两种。正式信息反馈是指书面的工程状况报告之类的信息，它是控制过程中应当采用的主要反馈方式；非正式信息反馈主要指口头方式，如口头指令，口头反映的工程实施情况，对非正式信息反馈也应当予以足够的重视，非正式信息反馈应当适时转化为正式信息反馈，才能更好地发挥其对控制的作用，如口头指令的确认等。

（4）对比　对比是将目标的实际值与计划值进行比较，以确定是否发生偏离。目标的实际值来源于反馈信息。

在对比工作中，首先要明确目标实际值与计划值的内涵。目标的实际值与计划值是两个相对的概念。随着建设工程实施过程的进展，计划和目标的实施一般都将逐渐深化、细化，往往还要作适当的调整。从目标形成的时间来看，在前者为计划值，在后者为实际值。如投资目标有投资估算、设计概算、施工图预算、标底、合同价、结算价等表现形式，其中，投资估算相对于其他的投资值都是目标值；施工图预算相对于投资估算、设计概算为实际值，而相对于标底、合同价、结算价则为计划值；结算价则相对于其他的投资值均为实际值。

其次，要合理选择比较的对象。在实际工作中，最为常见的是相邻两种目标值之间的比较。如在许多建设工程中，业主往往以批准的设计概算作为投资控制的总目标，这时，合同价与设计概算、结算价与设计概算的比较也是必要的。另外，结算价以外各种投资值之间的比较都是一次性的，而结算价与合同价（或设计概算）的比较则是经常性的，一般是定期（如每月）比较。

再次，要建立目标实际值与计划值之间的对应关系。建设工程的各项目标都要进行适当的分解，一般来讲，目标的计划值分解较粗，目标的实际值分解较细。例如，建设工程初期制订的总进度计划中的工作可能只达到单位工程，而施工进度计划中的工作却达到分项工程；投资目标的分解也有类似问题。因此，为了保证能够切实地进行目标实际值与计划值的比较，并通过比较发现问题，必须建立目标实际值与计划值之间的对应关系。这就要求目标的分解深度、细度可以不同，但分解的原则、方法必须相同，从而可以在较粗的层次上进行目标实际值与计划值的比较。

最后还要确定衡量目标偏离的标准。要正确判断某一目标是否发生偏差，就要预先确定衡量目标偏离的标准。例如，某建设工程的某项工作的实际进度比计划要求拖延了一段时间，判断实际进度是否发生了偏差，就要考虑该项工作对整个工程项目进度计划的影响。如果这项工作是关键工作，或者虽然不是关键工作，但该项工作拖延的时间超过了它的总时差，则应当判断为发生偏差，即实际进度偏离计划进度。反之，如果该项工作不是关键工作，且其拖延的时间未超过总时差，则虽然该项工作本身偏离计划进度，但从整个工程的角度来看，则实际进度并未偏离计划进度。

（5）纠正　对于目标实际值偏离计划值的情况要采取相应措施加以纠偏。根据偏差的具体情况，可以分为以下三种情况进行纠偏。

1）直接纠偏。直接纠偏是在轻度偏离的情况下，不改变原定目标的计划值，基本不改变原定的实施计划，通过增加投入等方法，在下一个控制周期内，使目标的实际值控制在计划值范围内。如果某建设工程某月的实际进度比计划进度拖延了很少的几天，则在下个月中适当增加人力、施工机械的投入量即可使实际进度恢复到计划状态。

2）调整后期实施计划。如果某建设工程施工实际工期比计划工期拖延时间比较多，目标实际值偏离计划值的情况已经比较严重，单靠适当增加人力和施工机械的投入量等直接纠偏措施，已经无法使工程恢复到计划状态。这时，通过调整后期施工计划，若最终能按计划工期建成该工程，应当说仍然是令人满意的结果。这是在中度偏离情况下所采取的对策。

3）确定新的目标计划，并据此重新制订实施计划。这是在重度偏离情况下，由于目标实际值偏离计划值的情况已经很严重，已经不可能通过调整后期实施计划来保证原定目标计划值的实现，因而必须重新确定目标的计划值。

6. 主动控制与被动控制相结合

在建设工程实施过程中，如果仅仅采取被动控制措施，出现偏差是不可避免的，而且偏差可能有累积效应，即虽然采取了纠偏措施，但偏差可能越来越大，从而难以实现预定的目标。另一方面，主动控制的效果虽然比被动控制的好，但是，仅仅采取主动控制措施也是不现实的，或者说是不可能的。因为建设工程实施过程中有相当多的风险因素是不可预见甚至是无法防范的，如政治、社会、自然等因素。而且，采取主动控制措施往往要付出一定的代价，耗费一定的资金和时间，对于那些发生概率小且发生后损失也较小的风险因素，采取主动控制措施有时可能是不经济的。这表明，是否采取主动控制措施及究竟采取什么主动控制措施，应在对风险因素进行定量分析的基础上，通过技术经济分析和比较来决定。在某些情况下，被动控制倒可能是较佳的选择。因此，对于建设工程目标控制来说，主动控制和被动控制两者缺一不可，都是实现建设工程目标所必须采取的控制方式，应将主动控制与被动控制紧密结合起来。

要做到主动控制与被动控制相结合，关键在于处理好以下两方面问题：一是要扩大信息来源，即不仅要从本工程获得实施情况的信息，而且要从外部环境获得有关信息，包括已建同类工程的有关信息，这样才能对风险因素进行定量分析，使纠偏措施有针对性；二是要把握好输入这个环节，即要输入两类纠偏措施，不仅有纠正已经发生的偏差的措施，而且有预防和纠正可能发生的偏差的措施，这样才能取得较好的控制效果。

需要说明的是，虽然在建设工程实施过程中仅仅采取主动控制是不可能的，有时是不经济的，但不能因此而否定主动控制的重要性。实际上，牢固确立主动控制的思想，认真研究并制定多种主动控制措施，尤其要重视那些基本上不需要耗费资金、时间的主动控制措施，如组织、经济、合同方面的措施，并力求加大主动控制在控制过程中的比例，对于提高建设工程目标控制的效果，具有十分重要而现实的意义。

3.2.2　目标控制的思想与措施

1. 系统控制思想

系统控制思想就是要实现目标规划与目标控制之间的统一，实现三大目标控制的统一。

建设工程投资控制是针对整个建设工程目标系统所实施的控制活动的一个组成部分，在实施投资控制的同时需要满足预定的进度目标和质量目标。因此，在投资控制的过程中，要协调好与进度控制和质量控制的关系，做到三大目标控制的有机配合和相互平衡，而不能片面强调投资控制。在目标规划时对投资、进度、质量三大目标要进行反复协调和平衡，力求实现整个目标系统最优。如果在投资控制的过程中破坏了这种平衡，也就破坏了整个目标系统，即使投资控制的效果看起来较好或很好，但其结果肯定不是目标系统最优。

从这个基本思想出发，当采取某项投资控制措施时，如果某项措施会对进度目标和质量目标产生不利的影响，就要考虑多种措施，慎重决策，如有必要可以采用价值工程等方法进行分析决策。例如，当发现实际投资已经超过计划投资之后，为了控制投资，可能会采取删减工程内容或降低设计标准的方法。但是在确定删减工程内容或降低设计标准时，要慎重选择被删减或降低设计标准的具体工程内容，力求使减少投资对工程质量的影响减少到最低程度。这种协调工作在投资控制过程中是绝对不可缺少的。

同样，在采取进度控制措施时，也要尽可能采取可能对投资目标和质量目标产生有利影响的进度控制措施，例如，完善施工组织设计、优化进度计划等。相对于投资控制和质量控制而言，进度控制措施可能对其他两个目标产生直接的有利作用，这一点显得尤为突出，应当予以足够的重视并加以充分利用，以提高目标控制的总体效果。

当然，采取进度控制措施也可能对投资目标和质量目标产生不利影响。因此，当采取进度控制措施时，不能仅仅保证进度目标的实现而不顾投资目标和质量目标，应当综合考虑三大目标。根据工程进展的实际情况、要求及进度控制措施选择的可能性，有以下处理方式：在保证进度目标的前提下，将对投资目标和质量目标的影响减少到最低程度；适当调整进度目标（延长计划总工期），不影响或基本不影响投资目标和质量目标；或者同时采用这两种方法。

建设工程质量控制的系统控制应从以下几方面考虑：

1）要合理确定质量目标。由于建设工程的建设周期较长，新设备、新工艺、新材料等会不断涌现，因此在工程建设早期确定质量目标时要有一定的前瞻性，对质量目标要有一个理性的认识，不要盲目追求"最新""最高""最好"等目标，作为业主也最好不要经常随市场变化改变质量目标。如果确实要提高质量目标，要定量分析提高质量目标后对投资目标和进度目标的影响，把对投资目标和进度目标的不利影响减少到最低程度。

2）要确保基本质量目标的实现。建设工程的质量目标关系到生命安全、环境保护等社会问题，国家有相应的强制性标准。必须保证建设工程安全可靠、质量合格的目标予以实现。

3）建设工程都有预定的功能，若无特殊原因，也应确保实现。还要尽可能发挥质量控制对投资目标和进度目标的积极作用。

2. 全过程控制思想

所谓全过程，主要是指建设工程实施的全过程，也可以是工程建设全过程。建设工程的实施阶段包括设计阶段（含设计准备）、招标阶段、施工阶段以及竣工验收和保修阶段。

（1）投资的全过程控制思想 建设工程的实施过程，是实物形成过程，也是价值形成过程，在建设工程实施过程中，虽然建设工程的实际投资主要发生在施工阶段，但节约投资的可能性却主要在施工以前的阶段，尤其是在设计阶段。因此，全过程控制要求从设计阶段就开始进行投资控制，并将投资控制工作贯穿于建设工程实施的全过程，直至整个工程建成且延续到保修期结束。在明确全过程控制的前提下，还要特别强调早期控制的重要性，越早进行控制，投资控制的效果越好，节约投资的可能性越大。如果能实现工程建设全过程投资控制，效果应当更好。

（2）进度全过程控制思想 关于进度控制的全过程控制，要注意以下三方面问题：

1）在工程建设的早期就应当编制进度计划。业主方整个建设工程的总进度计划包括的内容很多，除了施工之外，还包括前期工作（如征地、拆迁、施工场地准备等）、勘察、设计、材料和设备采购、动用前准备等。工程建设早期所编制的业主方总进度计划不可能也没有必要达到承包商施工进度计划的详细程度，但也应达到一定的深度和细度，而且应当掌握"远粗近细"的原则，即对于远期工作，如工程施工、设备采购等，在进度计划中显得比较粗略，可能只反映到部分工程，甚至只反映到单位工程或单项工程；而对于近期工作，如征地、拆迁、勘察设计等，在进度计划中就显得比较具体。随着工程的进展，进度计划也应当相应地深化和细化。事实上，越早进行控制，进度控制的效果越好。

2）在编制进度计划时要充分考虑各阶段工作之间的合理搭接。建设工程实施各阶段的工作是相对独立的，但不是截然分开的，在内容上有一定的联系，在时间上有一定的搭接。例如，设计工作与征地、拆迁工作搭接，设计与施工准备工作的搭接等。搭接时间越长，建设工程的总工期就越短。因此，合理确定具体的搭接工作内容和搭接时间，也是进度计划优化的重要内容。

3）抓好关键线路的进度控制。进度控制的重点对象是关键线路上的各项工作，包括关键线路变化的各项关键工作，这样可以取得事半功倍的效果。由此也可以看出工程建设早期编制进度计划的重要性。如果没有进度计划，就不知道哪些工作是关键工作，进度控制工作就没有重点，精力分散，甚至可能对关键工作控制不力，而对非关键工作却全力以赴，结果是事倍功半。当然，对于非关键线路的各项工作，要确保其不要由于延误而变为关键工作。

（3）质量全过程控制思想　建设工程的每个阶段都对工程质量的形成起着重要的作用。在设计阶段，主要是通过设计工作使建设工程总体质量目标具体化；在施工招标阶段，主要是将工程质量目标的实现落实到具体的承包商；在施工阶段，通过施工组织设计等文件，通过具体的施工过程，使建设工程形成实体，将工程质量目标物化地体现出来；在竣工验收阶段，主要是解决工程实际质量是否符合预定质量的问题；而在保修阶段，则主要是解决已发现的质量缺陷问题。因此，应当根据建设工程各阶段质量控制的特点和重点，确定各阶段质量控制的目标和任务，以便实现全过程质量控制。

在建设工程的各个阶段中，设计阶段和施工阶段的持续时间较长，这两个阶段工作的"过程性"也尤为突出。设计工作分为方案设计、初步设计、技术设计、施工图设计，设计过程就表现为设计内容不断深化和细化的过程。如果等施工图设计完成后才进行审查，一旦发现问题，造成损失的后果就很严重。因此，必须对设计质量进行全过程控制，也就是将对设计质量的控制落实到设计工作的过程中。施工阶段一般又分为基础工程、上部结构工程、安装工程和装饰工程等几个阶段，各阶段的工程内容和质量要求有明显区别，相应地对质量控制工作的具体要求也有所不同。因此，对施工质量也必须进行全过程控制，要把对施工质量的控制落实到施工各阶段的过程中。建设工程竣工检验时难以发现工程内在的、隐蔽的质量缺陷，因而必须加强施工过程中的质量检验。而且，在建设工程施工过程中，由于工序交接多、中间产品多、隐蔽工程多，若不及时检查，就可能将已经出现的质量问题被下道工序掩盖，将不合格产品误认为合格产品，从而留下质量隐患。这都说明对建设工程质量进行全过程控制的必要性和重要性。

3. 全方位控制思想

（1）投资全方位控制思想　对投资目标进行全方位控制，包括两种含义：一是对按工程内容分解的各项投资进行控制，即对单项工程、单位工程，乃至分部分项工程的投资进行控制；二是对按总投资构成内容分解的各项费用进行控制，即对建筑安装工程费用、设备和工器具购置费用及工程建设其他费用等都要进行控制。

在对建设工程投资进行全方位控制时，要认真分析建设工程及其投资构成的特点，了解各项费用的变化趋势和影响因素。这些变化非常值得引起投资控制人员重视，而且这些费用相对于结构工程费用而言，有较大的节约投资的"空间"。只要思想重视且方法适当，往往能取得较为满意的投资控制效果。不同建设工程的各项费用占总投资的比例不同，要抓主要矛盾，要有所侧重。按照不同工程的特点分别确定工程投资控制的重点。而且要根据各项费用的特点选择适当的控制方式。例如，建设工程费用的计划值一般较为准确，而其实际投资是连续发生的，因而需要经常定期地进行实际投资与计划投资的比较；设备购置费用有时需要较长的订货周期和一定数额的定金，必须充分考虑利息的支付等。因此要有针对性的采取相应的控制方式。

（2）进度全方位控制思想　对进度目标进行全方位控制即对整个建设工程所有工程内容，除了单项工程、单位工程之外，还包括区内道路、绿化、配套工程等的进度和工作内容的进度，诸如征地、拆迁、勘察、设计、施工招标、材料和设备采购、施工、动用前准备等都要进行控制。这些工程内容和工作内容都有相应的进度目标，应尽可能将他们的实际进度控制在进度目标之内。同时也要对影响进度的各种因素进行控制。例如，施工机械数量不足或出现故障；技术人员和工人的素质和能力低下；建设资金缺乏，不能按时到位；材料和设备不能按时、按质、按量供应；施工现场组织管理混乱，多个承包商之间施工进度不够协调；出现异常的工程地质、水文、气候条件；还可能出现政治、社会等风险。要实现有效的进度控制，必须对这些影响进度的各种因素都进行控制，采取措施减少或避免这些因素对进度的影响。

各方面的工作进度对施工进度都有影响。施工进度作为一个整体，肯定是在总进度计划中的关键线路上，任何导致施工进度拖延的情况，都将导致总进度的拖延。因此，要考虑围绕施工进度的需要来安排其他方面的工作进度。这并不是否认其他工作进度计划的重要性，而恰恰相反，这正说明全方位进度控制的重要性，说明业主方总进度计划的重要性。

进度控制中尤其要注意的是，在建设工程三大目标控制中，组织协调对进度控制的作用最为突出且最为直接，有时甚至能取得常规控制措施难以达到的效果。因此，为了有效地进行进度控制，必须做好与有关单位的协调工作。

（3）质量全方位控制思想　要对建设工程所有工程内容的质量进行控制。建设工程是一个整体，其总体质量是各个组成部分质量的综合体现，也取决于具体工程内容的质量。如果某项工程内容的质量不合格，即使其余工程内容的质量都很好，也可能导致整个建设工程的质量不合格。因此，对建设工程质量的控制必须落实到其每一项工程内容，只有确实实现了各项工程内容的质量目标，才能保证实现整个建设工程的质量目标。

对建设工程质量进行全方位控制还要对建设工程质量目标的所有内容进行控制。建设工程的质量目标包括外在质量、工程实体质量、功能和使用价值质量等方面都有具体的目标。这些具体质量目标之间有时也存在对立统一的关系，在质量控制工作中要注意加以妥善处理。这些具体质量目标是否实现或实现的程度如何，又涉及评价方法和标准。此外，对功能和使用价值质量目标要予以足够的重视，因为该质量目标很重要，而且其控制对象和方法与对工程实体质量的控制不同。为此，要特别注意对设计质量的控制，要尽可能作多方案的比较。

另外，影响建设工程质量目标的因素很多，可以从不同的角度加以归纳和分类。例如，可以将这些影响因素分为人、机械、材料、方法和环境五个方面。质量控制的全方位控制，就是要对这五方面因素都进行控制。

4. 目标控制的措施

为了取得目标控制的理想效果，应当从多方面采取措施实施控制，通常可以将这些措施归纳为组织措施、技术措施、经济措施、合同措施四个方面。这四个方面措施在建设工程实施的各个阶段的具体运用不完全相同。

（1）组织措施　组织措施是从目标控制的组织管理方面采取的措施，如落实目标控制的组织机构和人员，明确各级目标控制人员的任务和职能分工、权利和责任、改进目标控制的工作流程等。组织措施是其他各类措施的前提和保障，而且一般不需要增加什么费用，运用得当可以收到良好的效果。尤其是对由于业主原因所导致的目标偏差，这类措施可以成为首选措施，故应予以足够的重视。

（2）技术措施　技术措施不仅对解决建设工程实施过程中的技术问题是不可缺少的，而且对纠正目标偏差也有相当重要的作用。任何一个技术方案都有基本确定的经济效果，不同的技术方案就有着不同的经济效果。因此，运用技术措施纠偏的关键，一是要能提出多个不同的技术方案，二是要对不同的技术方案进行技术经济分析。

（3）经济措施　经济措施是最容易为人接受和采用的措施。但经济措施绝不仅仅是审核工程量及相应的付款和结算报告，还需要从一些全局性、总体性的问题上加以考虑，不要仅仅局限在已发生的费用上。通过偏差原因分析和未完工程投资预测，可发现一些现有和潜在的问题将引起未完工程的投资增加，对这些问题应以主动控制为出发点，及时采取预防措施。因此，经济措施的运用绝不仅仅是财务人员的事情。

（4）合同措施　合同措施除了拟订合同条款、参加合同谈判、处理合同执行过程中的问题、防止和处理索赔等措施之外，还要协助业主确定对目标控制有利的建设工程组织管理模式和合同结构，分析不同合同之间的相互联系和影响，对每一个合同作总体和具体分析等。由于投资控制、进度控制和质量控制均要以合同为依据，因此合同措施就显得尤为重要。这些合同措施对目标控制更具有全局性的影响。另外，在采取合同措施时要特别注意合同中所规定的业主和监理工程师的义务和责任。

3.3　建设工程各阶段特点和对目标控制的影响

3.3.1　设计阶段的特点及对目标控制的影响

1. 设计工作表现为创造性的脑力劳动

设计工作是因时、因地，根据实际情况解决具体的技术问题。在设计阶段，所消耗主要是设计人员的活劳动，而且主要是脑力劳动。设计劳动投入量与设计产品的质量之间并没有必然的联系。不能简单以设计工作的时间消耗量作为衡量设计产品价值量的尺度，也不能以此作为判断设计产品质量的依据。由于这个特点，监理工程师在设计阶段应协助业主选择有能力的设计单位，并在设计监理过程中重视设计方案的审定。

2. 设计阶段是决定设计工程价值和使用价值的主要阶段

在设计阶段，通过设计工作使建筑工程的规模、标准、组成、结构、构造等各方面都确定下来，从而也就基本确定了建设工程的价值。其精度取决于设计所达到的深度和设计文件的完善程度。由于这个特点，监理工程师在设计阶段质量控制的重点应放在项目的功能和使用价值的质量上。

3. 设计阶段是影响建设工程投资的关键阶段

建设工程实施各个阶段影响投资的程度是不同的。总的趋势是随着各阶段设计工作的进展，建设工程范围、组成、功能、标准、结构形式等内容一步步明确，可以优化的内容越来越少，优化的限制条件越来越多，各阶段设计工作对投资的影响程度逐步下降。其中方案设计阶段影响最大，初步设计阶段次之，施工图设计阶段影响已明显降低，到了施工开始时，影响投资的程度只有10%左右。与施工阶段相比，设计阶段是影响建设工程投资的关键阶段；与施工图设计阶段相比，方案设计阶段和初步设计阶段是影响建设工程投资的关键阶段。因此，在设计阶段监理工程师投资控制的重点是要满足业主对建设工程投资的经济性要求，对项目的总投资进行控制，而不是单纯控制设计费用的支付。

4. 建设工程的设计工作需要进行多方面的反复协调

首先，建设工程的设计涉及许多不同的专业领域，需要进行专业化分工和协作，同时又要求高度的综合性和系统性，因而需要在各专业设计之间进行反复协调，以避免和减少设计上的矛盾。其次，还要在不同设计阶段之间进行纵向的反复协调。建设工程的设计是由方案设计到施工图设计的不断深化，各阶段设计的内容和深度要求都有不同。下一阶段设计要符合上一阶段设计的基本要求，而随着设计内容的进一步深入，可能会发现上一阶段设计中存在某些问题，需要进行必要的修改。在设计过程中，从设计内容上看，这种纵向协调可能是同一专业之间的协调，也可能是不同专业之间的协调。另外，在设计工作开始之前，业主对建设工程的需求通常是比较笼统、比较抽象的。随着设计工作的不断深入，已完成的阶段性设计成果可能使业主的需求逐渐清晰化、具体化，而其清晰、具体的需要可能与已完成的设计内容发生矛盾，从而需要在设计与业主之间进行反复协调。从为业主服务的角度应当尽可能通过修改设计满足和实现业主变化了的需求，需要与业主反复协调。还有与政府有关部门审批工作的协调。这相对比较简单，因为在这方面都有明确的规定，比较好把握。但是也可能存在对审批内容或规定理解的分歧、对审批程序执行不规范、审批工作效率不高等问题，从而也需要进行反复协调。因此，监理工程师在设计阶段进度控制中要加强组织协调工作。

5. 设计质量对建设工程总体质量有决定性影响

在设计阶段，通过设计工作将建设工程的总体质量目标进行具体落实，工程实体的质量要求、功能和使用价值质量要求等都已确定下来，工程内容和建设方案也都十分明确。从这个角度讲，设计质量在相当程度上决定了整个建设工程的总体质量。

在已建成的建设工程中，质量问题突出且造成巨大损失的主要表现当属功能不齐全、使用价值不高，不能满足业主和使用者对建设工程功能和使用价值的要求。另一方面，建设工程实体质量的安全性、可靠性在很大程度上取决于设计的质量。在那些发生严重工程质量事故的建设工程中，由于设计不当或错误所引起的事故占有相当大的比例。对于普通的工程质量问题，也存在类似情况。由此可见，监理工程师在设计阶段进行的质量控制非常重要。监理工程师必须认真验收设计阶段的设计文件，确保工程实体的质量要求、功能和使用价值质量要求均满足国家和业主的要求。

3.3.2 施工阶段特点及对目标控制的影响

1. 施工阶段以执行计划为主

进入施工阶段，建设工程目标规划和计划的制订工作基本完成，余下的主要工作是伴随着控制而进行的计划调整和完善。因此，施工阶段是以执行计划为主的阶段。监理工程师在这个阶段重点应当是检查与控制施工单位按照施工图样的要求进行施工活动。

2. 施工阶段是实现建设工程价值和使用价值的主要阶段

施工是形成建设工程实体、实现建设工程使用价值的过程。设计所完成的建设工程只是阶段产品，只是为施工提供了施工图并确定了施工的具体对象。施工就是根据设计图和有关设计文件的规定，将施工对象由概念变为可供使用的建设工程物质生产活动。在施工过程中，各种建筑材料、构配件的价值，固定资产的折旧价值随着其自身的消耗而不断转移到建设工程中去，构成其总价值中物化劳动的转移价值；另一方面，劳动者通过活劳动为自己和社会创造出新的价值，构成建设工程总价值中的活劳动价值或新增价值。虽然建设工程的使用价值从根本上说是由设计决定的，但是如果没有正确的施工，就不能完全按设计要求实现其使用价值。因此，监理工程师在施工阶段重点应放在工程实体质量的控制上。

3. 施工阶段是资金投入量最大的阶段

建设工程价值的形成过程就是资金不断投入的过程。施工阶段是实现建设工程价值和使用价值的主要阶段，大部分的资金都是在这个阶段投入的。因而要合理确定资金筹措的方式、渠道、数额、时间等问题，在满足工程资金需要的前提下，尽可能减少资金占用的数量和时间，从而降低资金成本。在实践中往往把施工阶段作为投资控制的重要阶段。因此，监理工程师在施工阶段投资控制的重点是工程款的支付及工程款的变动（工程变更、索赔处理）。

4. 施工阶段需要协调的内容多

在施工阶段，既涉及直接参与工程建设的单位，而且还涉及不直接参与工程建设的单位，需要协调的内容很多。例如，设计与施工的协调，材料和设备供应与施工的协调，结构施工与安装和装修施工的协调，总包商与分包商的协调等；还可能需要协调与业主和政府有关管理部门、工程毗邻单位之间的关系。在工作中与这些单位和工作之间的关系不协调一致经常会使建设工程的施工不能顺利进行，不仅直接影响施工进度，而且影响投资目标和质量目标的实现。因此，在施工阶段与这些不同单位之间的协调显得特别重要。因此，组织协调工作成为监理工程师进行工程监理的一项重要的工作。

5. 施工质量对建设工程总体质量起保证作用

设计质量能否真正实现，实现程度如何，取决于施工质量的好坏。施工质量低劣，不仅不能真正实现设计所规定的功能，有些应有的具体功能可能完全没有实现，而且可能增加使用阶段的维修难度和费用，缩短建设工程的使用寿命，直接影响建设工程的投资效益和社会效益。因此，施工质量不仅对设计质量的实现起到保证作用，也对整个建设工程的总体质量起到保证作用。由此，施工过程的质量控制成为监理工程师目标控制的重要内容。

此外，施工阶段还有持续时间长、风险因素多；合同关系复杂、合同争议多等特点。因此，合同管理和索赔处理成为监理工程师在施工阶段监理的重要内容。

复习思考题

1. 建设工程目标系统有哪些特点？
2. 建设工程目标系统由几部分构成？各部分之间的关系是怎么样的？
3. 什么是主动控制？什么是被动控制？两者之间的关系如何？
4. 以投资控制为例，如何理解目标规划的动态性？
5. 建设工程目标的分解要遵循哪些原则？
6. 建设工程目标控制有哪些方面的措施？
7. 如何理解目标控制的全过程思想？
8. 如何理解目标控制的全方位思想？
9. 建设工程各阶段目标控制的特点是什么？

第4章 建设工程投资控制

4.1 建设工程投资控制概述

4.1.1 建设工程投资的概念

建设工程投资，又称为建设工程总投资，一般是指进行某项建设工程花费的全部费用。生产性建设工程总投资包括建设投资和铺底流动资产投资两部分，即由该工程项目有计划地进行固定资产再生产和形成相应无形资产及建设工程其他投资组成。非生产性建设工程总投资则只包括建设投资。

建设工程投资一般应包括设备及工器具购置费用、建筑安装工程费用、建设工程其他费用、预备费、建设期利息、固定资产投资方向调节税等，如果是生产性建设工程投资，还应当包括铺底流动资金部分，如图4-1所示。

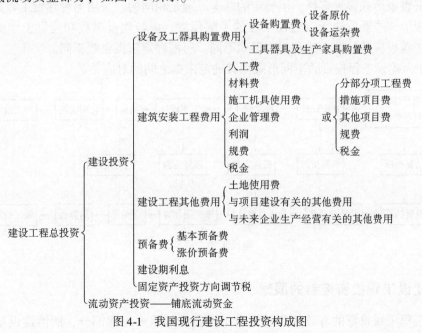

图4-1 我国现行建设工程投资构成图

一般把建筑安装工程费用、设备及工器具购置费用、预备费中的基本预备费和建设工程其他费用（不含建设期投资贷款利息）之和，称为静态投资。而动态投资部分，是指在建设期内，因建设期利息、建设工程需缴纳的固定资产投资方向调节税和国家新批准的税费、汇率、利率变动及建设期价格变动引起的建设投资增加额，包括涨价预备费、建设期利息和固定资产投资方向调节税三部分。

设备及工器具购置费用是指按照建设工程设计文件要求，建设单位（或其委托单位）购置或自制达到固定资产标准的设备和新、扩建项目配置的工器具及生产家具所需的费用。它由设备原价、工器具原价和运杂费用（包括成套设备公司服务费）组成。

建筑安装工程费用是指建设单位用于建筑和安装工程方面的投资，它由建筑工程费和安装工程费两部分组成。

建设工程其他费用是指未纳入以上两项的，根据设计文件要求和国家有关规定应由项目投资支付的，为保证建设工程顺利完成和交付使用后能够正常发挥作用而发生的一些费用。

基本预备费是指在初步设计及概算内难以预料的工程费用。涨价预备费是指在建设期间由于价格等变化引起工程造价变化的预测预留费用。

建设期利息是建设项目投资中分年度使用银行贷款部分，在建设期内应归还的贷款利息。

固定资产投资方向调节税是指按照相关税法规定，应缴纳的固定资产投资方向调节税。目前国家对各类建设项目暂停征收投资方向调节税。

铺底流动资金是指生产性建设工程为保证生产和经营正常进行，按规定应列入建设工程总投资的铺底流动资金。一般按流动资金的30%计算。

4.1.2 建设工程投资的确定

在建设工程开始施工之前，应预先对建设工程投资进行计算和确定。建设工程投资在不同阶段的具体表现形式为投资估算、设计概算、施工图预算、投标报价、工程合同价等。建设工程投资表现形式多种多样，但确定的基本原理是相同的。采用何种建设工程投资的计算方法和表现形式主要取决于对建设工程的了解程度，应与建设工程和建设工作的深度相适应。建设工程投资的计算方法和表现形式不同，所需确定依据也就不同。

图 4-2 为建设工程投资的不同形式同其确定依据之间的对应关系。

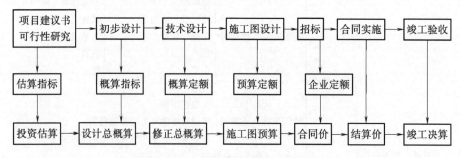

图 4-2 建设工程投资确定示意图

4.1.3 建设工程投资控制的原理

建设工程项目投资的有效控制是建设工程管理的重要组成部分，所谓建设项目投资控制，是指在投资决策阶段、设计阶段、发包阶段、施工阶段及竣工阶段，把建设工程投资控制在批准的投资限额以内，随时纠正发生的偏差，保证项目投资管理目标的实现，以期在建设工程中能合理使用人力、物力、财力，取得较好的投资效益和社会效益。

1. 工程监理在项目投资控制方面的目标和业务内容

控制是为确保目标的实现服务的。一个系统若没有目标，就无法进行控制。目标的设置是有科学依据的。就建设项目投资控制来说，要认识到工程项目建设是一个周期长、数量大的生产消费过程，建设项目多次计价，投资控制目标的设置也是个动态的过程，它随着建设项目的进程，分阶段进行目标的控制。具体而言，投资估算是初步设计阶段投资控制的目标；设计概算是技术设计投资控制的目标；修正概算是施工图设计投资控制的目标；施工图预算或建安工程承包合同价格则是施工阶段建安工程投资控制的目标。

我国项目监理机构在建设工程投资控制中的主要工作有：

1）在工程勘察设计阶段，协助建设单位编制工程勘察设计任务书和选择工程勘察设计单位，并协助签订工程勘察设计合同；审核勘察单位提交的勘察费用支付申请表，签发勘察费用支付证书；审核设计单位提交的设计费用支付申请表，签发设计费用支付证书；审查设计单位提交的设计成果，并提出评估报告；审查设计单位提交的新材料、新工艺、新技术、新设备在相关部门的备案情况，并协助建设单位组织专家评审；审查设计单位提出的设计概算、施工图预算，提出审查意见；分析可能发生索赔的原因，制定防范对策；协助建设单位组织专家对设计成果进行评审；根据勘察设计合同，协助处理勘察设计延期、费用索赔等事宜。

2）在工程施工阶段，进行工程计量，签发工程款支付证书；对每月完成工程量进行偏差分析；审核竣工结算款，签发竣工结算支付证书；处理施工单位提出的工程变更费用；处理费用索赔事宜。

3）在工程保修阶段，对建设单位或使用单位提出的工程质量缺陷，进行检查和记录，并要求施工单位予以修复，同时监督实施，合格后予以签认；对工程质量缺陷原因进行调查，并与建设单位、施工单位协商确定责任归属；对非施工单位原因造成的工程质量缺陷，核实施工单位申报的修复工程费用，并签认工程款支付证书。

综上所述，可以看出，项目的投资控制是工程监理的一项主要任务，它贯穿于建设工程的各个阶段，贯穿于监理工作的各个环节，起到了对项目投资进行系统管理控制的作用。其目的是尽力实现实际投资不超过计划投资的目标。因监理工作过失而造成重大事故的监理企业，要对事故的损失承担一定的经济补偿，补偿办法由监理合同事先约定。

2. 投资控制的一般程序

建设工程项目投资控制的一般程序如图 4-3 所示，这种控制过程是动态的，贯穿于项目建设全过程。

3. 投资控制的措施

投资控制的措施包括组织、技术、经济、合同与信息管理等多方面的措施。组织上的措施包括明确项目的组织结构，明确项目投资控制者及其任务，以使项目投资控制有专人负责，明确各职能人员及职能分工等；技术上的措施包括重视设计多方案的选优，严格审查监督初步设计、技术设计、施工图设计、施工组织设计，深入技术领域研究节约投资的可能性等；经济上的措施包括动态地比较项目投资的实际值和计划值，严格审核各种费用支出，采取节约投资的奖励措施等；合同与信息管理方面的措施包括设立专门的合同管理小组或合同管理人员，建立合同实施保证体系，建立文档管理系统等。

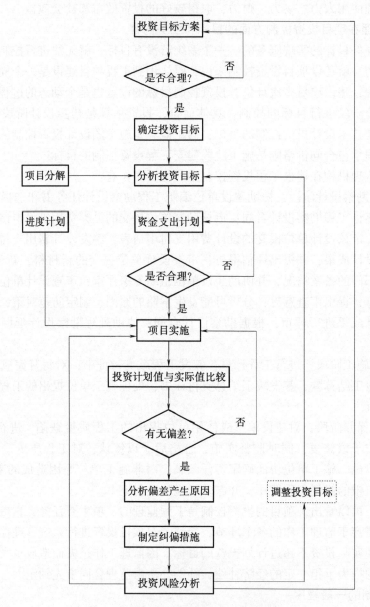

图 4-3　建设工程投资控制一般程序图

4. 投资控制的重点

国内外对建设工程项目投资失控的大量资料分析表明，项目在设计阶段可节约投资约 25%；在施工阶段可节约投资 10% 以下。经进一步分析发现，建设工程项目建设程序的各阶段活动，对建设工程项目投资影响程度是各不相同的。投资前期决策阶段，对项目投资影响程度最大，可达到 95% ~ 100%；初步设计阶段对项目投资影响为 75% ~ 95%；技术设计阶段的影响为 35% ~ 75%；施工图设计阶段的影响为 5% ~ 35%，而施工阶段对项目投资的影响程度在 10% 以下。图 4-4 表示了不同建设阶段对项目投资的影响程度。

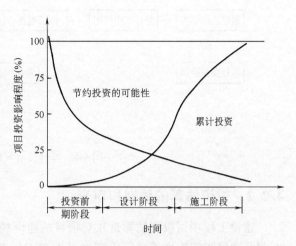

图 4-4　不同建设阶段对项目投资的影响程度

由图 4-4 可以看出，只要对工程项目建设前期进行精心的策划，就可以在投入少量资金的情况下收到最为显著的节约投资的效果；设计阶段虽然费用投入有所增加，但只要精心设计、优化设计，节约项目投资也存在着极大的可能性；在施工阶段，由于工程实体的形成，需要投入大量的人力、物力、设备、资金等，是工程项目建设费用消耗最多的时期。虽然工程项目规模、功能、效用等使用价值已在设计阶段形成，但因施工阶段资金流通量大，只要精心组织施工，挖掘各方面潜力，降低资源消耗，仍然可以收到节约投资的明显效果。

5. 投资控制的方法

工程监理投资控制的方法较多，针对建设工程的不同阶段，其投资控制方法也不相同，主要方法有：投资估算方法、概算和预算方法、建设工程项目经济评价方法、技术经济分析方法、偏差分析法、投资控制点法等。

4.2　建设工程决策阶段的投资控制

在投资决策阶段，监理工程师在投资控制方面的主要任务是：协助建设单位编制（或审核）可行性研究报告；对拟建项目进行财务评价和国民经济评价，选择最优方案；编制（或审核）投资估算。

4.2.1　可行性研究

所谓可行性研究，是运用多种科学手段综合论证一个工程项目在技术上是否先进、实用和可靠，在财务上是否盈利；作出环境影响、社会效益和经济效益的分析和评价，及工程项目抗风险能力等的结论，为投资决策提供科学的依据。可行性研究是项目建设前期工作的重要组成部分，项目主管机关主要是根据项目可行性研究的评价结果，并结合国家财政经济条件和国民经济发展的需要，作出项目是否应该投资和如何进行投资的决定。可行性研究的根本目的是，避免投资决策上的失误，减少项目投资的风险，力争达到最好的经济效果。

一般将可行性研究分为机会研究、初步可行性研究和可行性研究（也称为详细可行性研究）三个阶段，其基本工作步骤大致可以概括为：签订委托协议；组建工作小组；制订工作计划；市场调查与预测；方案编制与优化；项目评价；编写可行性研究报告；与委托单位交换意见，如图 4-5 所示。

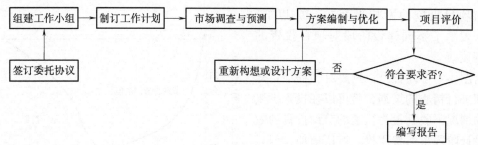

图 4-5　可行性研究的基本工作步骤

4.2.2　投资估算的编制和审查

建设工程项目投资估算是在对项目的建设规模、产品方案、工艺技术及设备方案、工程方案及项目实施进度等进行研究并基本确定的基础上，估算项目所需资金总额（包括建设投资和流动资金）并测算建设期分年度资金使用计划。投资估算是可行性研究阶段编制的费用性文件，它是项目主管部门审批项目，进行项目投资决策的重要依据。当可行性研究报告被批准之后，其投资估算额就作为设计任务书中下达的投资限额，即作为建设工程项目投资的最高限额，不得随意突破。

投资估算包括项目从筹建、设计、施工直至竣工投产所需全部费用，分为建设投资和流动资产投资两部分。按投资项目的不同，前期研究阶段分为项目建议书阶段的投资估算、初步可行性研究阶段的投资估算、详细可行性研究阶段的投资估算等。

1. 投资估算的编制

投资估算的编制方法有多种，在投资项目的不同前期研究阶段，允许采用详简不同、深度不同的估算方法。估算方法主要有：生产能力指数法、资金周转率法、比例估算法、综合指标投资估算法等。综合指标投资估算法在进行建设投资估算时经常用到。

综合指标投资估算法又称概算指标法，是依据国家有关规定，国家或行业、地方的定额、指标和取费标准，以及设备和主材价格等，从工程费用中的单项工程入手，来估算初始投资。这种方法的精确度相对较高，但需要相关专业进行配合。其估算的内容包括：

1）设备和工器具购置费估算。

2）安装工程费估算。

3）建筑工程费估算。

4）其他费用的估算。

5）基本预备费估算。

6）涨价预备费估算。

对于流动资金的估算，一般是参照现有同类企业的状况采用分项详细估算法，个别情况或者小型项目可采用扩大指标法。

2. 投资估算的审查

为了保证项目投资估算的准确性和估算质量，以便确保其能真正起到控制投资的作用，必须加强对项目投资估算的审查工作。监理工程师在进行投资估算的审查时，应注意审查以下几点：

（1）审查投资估算编制依据的可信性　主要审查估算项目投资所需的数据资料和各种规定的时效性、准确性，同时要根据工艺水平、规模大小、自然条件、环境因素等对已建项目与拟建项目在投资方面形成的差异进行调整。

（2）审查投资估算的编制内容与规划要求的一致性　主要审查项目投资估算所包括的工程内容与规划要求是否一致，是否漏掉了某些辅助工程、室外工程等的建设费用；审查项目投资估算中生产装置的先进水平和自动化程度等是否符合规划要求的先进程度。

（3）审查投资估算的费用项目、费用数额的符合性　审查费用项目与规定要求、实际情况是否相符，有无漏项或多算现象，估算的费用项目是否符合国家规定，是否针对具体情况作了适当的增减；审查"三废"处理所需投资是否进行了估算，其估算是否符合实际；审查是否考虑了物价上涨和汇率变动对投资额的影响，考虑的波动变化幅度是否合适；审查项目投资主体自有的稀缺资源是否考虑了机会成本，沉没成本是否剔除；审查是否考虑了采用新技术、新材料及现行标准和规范比已运行项目的要求提高所需增加的投资额，考虑的额度是否合适。

（4）审查选用的投资估算方法的科学性、适用性　审查所选用的投资估算方法与项目的客观条件和情况是否相适应，是否超出了该方法所适用的范围。

4.2.3　建设工程项目经济分析

1. 经济分析

任何建设工程项目投资，都存在其所投入的资源与工程完成后产生的效益之间关系的问题，投资活动的经济效果，可以从两个方面分析。

1）从效率概念上讲，衡量投资活动的有效性：

$$\eta_1 = 产出/投入 > 1.0$$

2）从效益概念上讲，衡量投资活动的收益：

$$\eta_2 = 产出 - 投入 > 0$$

投资的效益与效率应该是一致的，当 $\eta_1 > 1.0$，$\eta_2 > 0$ 时，说明投资活动达到了一定的经济效果。

2. 方案比较

（1）方案的可比性　表现在以下几方面：

1）满足需要上可比。

2）消耗费用上可比。

3）价格指标上可比。

4）时间上可比。

（2）方案比较

1）独立方案：实际上是与"零"方案相比，即一个方案与什么都不做的方案比较，判断其在经济上是否合理。

2）互斥方案：几个可行性方案，比较的结果是选择一个，比较的过程就是按经济合理性的要求，排斥掉经济效果差的方案。

3）相关方案：常表现为投资排队问题。

不同的方案比较，应采用不同的分析方法。方案比较的主要方法有：

1）无形因素分析。

2）经济分析。

3）筹资、还款的财务分析。

不管比较结果最终依据的是哪个方法,首先和最基本的是方案的经济分析与比较。方案在经济上是合理的,其他方面分析、比较的地位才上升;如果方案在经济上不合理,除非出于特定要求,该方案即不再参加比较。

4.2.4 建设工程项目的经济评价

建设工程项目的经济评价是可行性研究的核心,是对拟建项目推荐方案进行环境影响评价、财务评价、国民经济评价、社会评价及风险分析,以判别项目的环境可行性、经济可行性、社会可行性和抗风险能力,从而确定项目投资效果的一系列分析、计算和研究的工作。其目的在于避免或最大限度地减少项目投资的风险,明确项目投资的效益水平和项目对国家经济发展及对社会福利的贡献大小,最大限度地提高项目投资的综合经济效益,为项目投资决策提供科学的依据。

1. 环境影响评价

环境影响评价是在研究确定场址方案和技术方案中,调查研究环境条件,识别和分析拟建项目影响环境的因素,研究提出治理和保护环境的措施,比选和优化环境保护方案。

环境影响评价主要包括环境条件调查、环境影响因素分析、环境保护措施等。

2. 财务评价

(1) 财务评价的概念　财务评价是在国家现行财税制度和市场价格体系下,分析预测项目的财务效益与费用,计算财务评价指标,考察拟建项目的盈利能力、偿债能力,据以判断项目的财务可行性。

财务评价一般包括对项目的盈利能力分析、偿债能力分析和不确定性分析三部分内容。

(2) 财务评价的基本报表　主要包括:项目财务现金流量表、投资各方财务现金流量表、损益和利润分配表、资金来源与运用表、借款偿还计划表。

(3) 财务评价指标体系　财务评价效果的好坏,一方面取决于基础数据的可靠性,另一方面则取决于选择的评价指标体系的合理性。

1) 根据建设工程项目财务评价指标体系是否考虑资金时间价值,可分为静态评价指标和动态评价指标,如图4-6所示。

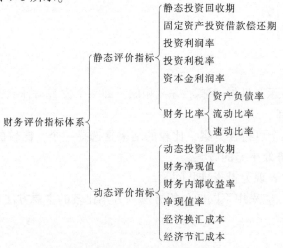

图4-6　财务评价指标分类之一

2）项目财务评价指标按评价内容的不同，还可分为盈利能力分析指标和偿债能力分析指标两类，如图 4-7 所示。

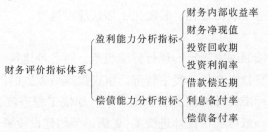

图 4-7　财务评价指标分类之二

3. 国民经济评价

国民经济评价是按照经济资源合理配置的原则，用影子价格和社会折现率等进行国民经济评价，从国民经济整体角度考察项目所耗费的社会资源和对社会的贡献，评价投资项目的经济合理性。其主要方法是效益、费用分析，采用影子价格、影子工资、影子汇率、社会折现率等经济参数，计算项目需要国家付出的代价和项目对促进国家经济发展的战略目标及对社会效益的贡献大小，分析建设工程项目的赢利性，从而评价项目的经济合理性。

4. 社会评价

社会评价是分析拟建项目对当地社会的影响和当地社会条件对项目的适应性和可接受程度，评价项目的社会可行性。

社会评价适用于那些社会因素较为复杂、社会影响较为久远、社会效益较为显著、社会矛盾较为突出、社会风险较大的投资项目。其主要内容包括：社会影响分析、互适性分析、社会风险分析。

5. 风险分析

风险分析是在市场预测、技术方案、工程方案、融资方案和社会评价论证中已进行的初步风险分析的基础上，进一步综合分析识别拟建项目在建设和运营中潜在的主要风险因素，提示风险来源，判别风险程度，提出规避风险对策，降低风险损失。

4.3　建设工程设计阶段的投资控制

设计阶段是建设工程项目做出投资决策后投资控制的重点。在设计阶段主要是通过增强设计标准和标准设计的意识，采取限额设计方法，应用价值工程进行优化设计以及对设计概算的审查等手段和方法，使设计在满足质量和功能的前提下，实现投资的控制目标。

4.3.1　执行设计标准和推行标准设计

1. 设计标准

设计标准是对设计所作的统一规定，它以科学试验及实践经验为基础，经国家有关部门批准，以特定的形式发布执行。设计标准规范一经颁布，就是技术法规，在设计工作中必须执行。

设计标准与项目投资控制密不可分。优秀的设计标准规范有利于对建设工程规模、内容、建造标准进行控制，保证工程的安全性和预期的使用功能，提供设计所必要的指标、定额、计算方法和构造措施，为降低工程造价、控制工程投资提供方法和依据，减少设计工作量，提高设计效率，促进建筑工业化、装配化，加快建设速度。

2. 标准设计

工程标准设计是指按照国家规定的现行标准规范，对各种建筑、结构和构配件等编制的具有重复使用性质的整套技术文件，经主管部门审查批准后颁发的国家标准或部标或地方标准。在工程设计中采用标准设计可促进工业化水平、加快工程进度、节约材料和建设投资。据统计，采用标准设计一般可加快设计进度 1~2 倍，节约建设投资 10%~15%。

4.3.2 推行限额设计

1. 限额设计的概念

限额设计就是按批准的投资估算控制初步设计，按批准的初步设计总概算控制施工图设计。即将上阶段设计审定的投资额和工程量先行分解到各专业，然后再分解到各单位工程和分部工程。各专业在保证使用功能的前提下，按分配的投资限额控制设计，严格控制技术设计和施工图设计的不合理变更，以保证总投资限额不被突破。

2. 限额设计的控制内容

限额设计的控制内容包括限额设计的纵向控制和横向控制。

（1）限额设计的纵向控制 限额设计纵向控制的主要工作是将限额设计贯穿于项目可行性研究、初步勘察、初步设计、详细勘察、技术设计、施工图设计各个阶段，而在每一个阶段中贯穿于各个专业的每一道工序。在每个专业、每项设计中都应将限额设计作为重点工作内容，明确限额目标，实行工序管理。各专业限额设计的实现是限额目标得以实现的重要保证。限额设计纵向控制工作包括如下内容：

1）初步设计阶段要重视方案的选择，按照批准的投资估算进一步落实投资的可能性。

2）把施工图预算严格控制在批准的概算以内。

3）加强设计变更管理工作，对非发生不可的变更，应尽量提前实现。

4）考虑时间因素对投资的影响，树立动态管理的观念。

（2）限额设计的横向控制 限额设计横向控制的主要工作是健全和加强设计单位对建设单位及设计单位内部的经济责任制，而经济责任制的核心是处理责权利三者之间的关系。横向控制是各阶段控制措施的保证，是围绕纵向控制进行的。为了保证限额设计目标的实现，必须明确设计单位及设计人员对限额设计所负有的责任，同时建立相应的考核制度和实行限额设计节奖超罚的制度。

4.3.3 设计方案的优选

设计方案优选就是通过对工程设计方案的分析比较，从若干设计方案中选出最佳方案的过程。由于设计方案的经济效果不仅取决于技术条件，而且还受不同地区的自然条件和社会条件的影响，设计方案选择时，须综合考虑各方面因素，对方案进行全方位技术经济分析与比较，结合当时当地的实际条件，在批准的设计概算限额内，选择功能完善、技术先进、经济合理的设计方案。

4.3.4　设计概算的编制

设计概算是在初步设计或扩大初步设计阶段，由设计单位按照设计要求概略地计算拟建工程从立项开始到交付使用为止全过程所发生的建设费用的文件，它是设计文件的组成部分。

设计概算分为单位工程概算、单项工程综合概算、建设工程项目总概算三级。

设计概算的编制是从单位工程概算开始，经过单位工程、单项工程、建设工程项目三级汇总而成建设工程项目总概算。其中单位工程概算分建筑单位工程概算和设备及安装单位工程概算。

1. 单位工程概算的主要编制方法

（1）建筑单位工程概算的编制方法　建筑单位工程概算编制的方法主要有扩大单价法、概算指标法和类似工程预算法。

（2）设备及安装单位工程概算的编制　设备及安装单位工程概算由设备购置费和安装工程费两部分组成。设备购置概算的编制一般按设备原价和设备运杂费进行计算。设备及安装工程概算可按预算单价法、扩大单价法和概算指标法等方法进行编制。

2. 单项工程综合概算的编制

综合概算是以单项工程为编制对象，确定建成后可独立发挥作用的建筑物或构筑物所需全部建设费用的文件，由该单项工程内各单位工程概算书汇总而成。

综合概算书是工程项目总概算书的组成部分，是编制总概算书的基础文件，一般由编制说明和综合概算表两个部分组成。编制说明主要包括：编制依据，编制方法，主要材料和设备的数量，其他有关问题。

综合概算表是根据单项工程内的各个单位工程概算等基本资料，按照统一规定的表格进行编制的。

3. 总概算的编制

总概算是确定整个建设工程项目从筹建到建成全部建设费用的总文件，它是根据所包括的各个单项工程综合概算及建设工程其他费用和预备费用汇总编制而成的。

总概算书一般主要包括编制说明和总概算表。有的还列出单项工程综合概算表、单位工程概算表等。编制说明主要包括工程概况、编制依据、编制范围、编制方法、投资分析、主要设备和材料数量及其他有关问题等。

总概算表中的项目，按工程性质分成三部分：第一部分为工程费用，第二部分为其他费用，第三部分为预备费用。

初步设计概算应根据概算定额（概算指标）、费用定额等，以概算编制时的价格进行编制，并按照有关规定合理地预测概算编制至竣工期间的价格、利率、汇率等动态因素，打足建设工程项目投资。

4.3.5　监理工程师对设计概算的审查

审查设计概算，有利于合理分配投资基金，加强投资计划管理；促进概算编制单位严格执行国家有关概算的编制规定和费用标准，从而提高概算的编制质量；促进设计的技术先进性与经济合理性；使建设工程项目总投资做到准确、完整，防止任意扩大投资规模或出现漏项，从而减少投资资金缺口，缩小概算与预算之间的差距，避免初始故意压低概算投资，在实施过程中却不断要求增加投资，最后导致实际造价大幅度地突破概算。

1. 设计概算的审查内容

（1）审查设计概算的编制依据 重点审查编制依据的合法性、时效性和适用范围。

（2）审查设计概算的构成 包括对单位工程概算的审查，设备及安装工程概算的审查，综合概算和总概算的审查。

2. 审查方式和步骤

审查设计概算一般采用会审方式。可先由会审单位分头审查，然后集中共同研究方案；也可组织有关部门，组成专门班子，分专业进行审查，然后集中讨论。

审查步骤如下：

（1）掌握有关情况 要熟悉设计概算的组成内容，弄清编制的依据和编制的方法，弄清建设工程项目的规模、设计能力和工艺流程、设计图样说明书的主要内容，弄清概算所列的建设工程项目费用的构成，弄清概算各表和设计文字说明相互之间的关系，同时还要收集概算定额或指标等有关规定文件资料。

（2）进行分析对比 利用规定的概算定额或指标及有关技术经济指标与设计概算进行分析对比，根据设计和概算列明的工程性质、结构类型、建设条件、费用构成、投资比例、占地面积、生产规模、建筑面积、设备数量、造价指标、劳动定员等与国内外同类型工程进行对比分析，从大的方面找出和同类型工程的差距，为审查提供线索。

（3）处理概算中的问题 在审查概算中，对遇到的一些新问题、新情况，要在技术经济指标分析找出差距的基础上，深入现场进行调查研究，弄清工程建设的内外条件，了解设计是否经济合理，概算采用的定额、指标、价格、费用标准是否符合现行规定和施工现场实际，了解有无扩大规模、多估投资或预留缺口等情况。根据调查资料，按照国家的规定核实概算投资。对于当地没有同类型的企业而不能进行对比分析时，可向同类型企业进行调查，收集资料，作为审查的参考。

（4）研究、定案，调整概算 对概算审查过程中发现的问题，应分部分整理清楚，向上级主管部门报告，以便研究、定案。按会审决定的定案及时调整概算，并由原批准单位下达文件。

4.3.6 施工图预算的编制与审查

施工图预算是根据批准的施工图设计、预算定额和单位计价表、施工组织设计文件以及各种费用定额等有关资料，进行计算和编制的单位工程预算造价文件。

施工图预算是拟建工程设计概算的具体化文件，也是单项工程综合预算的基础文件。施工图预算的编制对象为单位工程，因此也称为单位工程预算。

施工图预算通常分为建筑工程预算和设备安装工程预算两大类。根据单位工程和设备的性质、用途的不同，建筑工程预算可分为一般土建工程预算、卫生工程预算、工业管道工程预算、特殊构筑物工程预算和电气照明工程预算；设备安装工程预算又可分为机械设备安装工程预算、电气设备安装工程预算。

1. 施工图预算的编制

施工图预算的编制方法有单价法和实物法两种。

用单价法编制施工图预算，就是根据地区统一单位估价表中的各分项工程综合单价，乘以相应的各分项工程的工程量，并相加，得到单位工程的人工费、材料费和施工机械使用费之和，再加上其他直接费、现场经费、间接费、计划利润和税金，即可得到单位工程的施工图预算。

用实物法编制施工图预算，就是先用计算出的各分项工程的实物工程量，分别套取预算定额，按类相加求出单位工程所需的各种人工、材料、施工机械台班的消耗量，然后分别乘以当时当地各种人工、材料、机械台班的实际单价，求得人工费、材料费和施工机械使用费用并汇总求和。对于其他直接费、现场经费、间接费、计划利润和税金等费用的计算，则根据当时当地建筑市场供求情况予以确定。实物法编制施工图预算的步骤与单价法基本相似，但在具体计算人工费、材料费和施工机械使用费及汇总三种费用之和方面有一定区别。

2. 监理工程师对施工图预算的审查

施工图预算完成后，需要监理工程师认真审查。加强对施工图预算的审查工作，有利于提高预算的准确性，降低工程造价。

（1）审查的内容　审查的重点是施工图预算的工程量计算是否准确，定额或单价套用是否合理，各项取费标准是否符合现行规定等方面。

1）审查工程量。根据施工图、预算定额、工程量计算规则和施工组织设计的要求进行审查。

2）审查预算单价的套用。审查预算单价套用是否正确，是审查预算工作的主要内容之一。在审查时应注意以下几个方面：

① 预算中所包括的工程预算单价是否与预算定额的预算单价相符，其名称、规格、计量单位和所包括的工程内容是否与单位估价表一致。

② 对换算的单价，首先要审查换算的分项工程是否是定额中允许换算的，其次审查换算是否正确。

③ 对补充定额和单位估价表要审查补充定额的编制是否符合编制原则，单位估价表计算是否正确。

3）审查其他相关费用。其他相关费用包括的内容各地不同，具体审查时应注意是否符合当地的规定和定额的要求。

间接费计取的审查，要注意以下几个方面：有无高套取费标准；间接费的计取基础是否符合规定；预算外调增的材料差价是否计取了间接费；直接费或人工费增减后，有关费用是否相应作了调整；有无将不需要安装的设备计取为安装工程的间接费；有无巧立名目、乱摊费用现象。

计划利润和税金的审查，重点放在计取基础和费率是否符合当地有关部门的现行规定上，有无多算或重算的现象。

（2）审查的步骤　具体如下：

1）做好审查前的准备工作。

2）选择合适的审查方法，按相应内容审查。

3）综合整理审查资料，并与编制单位交换意见，定案后编制调整预算。

（3）审查的方法　预算审查的方法运用是否得当，将直接关系到审查质量和速度。因此，在预算审查中，除了注意审查内容外，还必须采用有效的审查方法，以提高审查质量，加快审查速度。主要审查方法有以下几种。

1）逐项审查法。逐项审查法又称全面审查法，即按定额顺序或施工顺序，对各个分项工程的工程细目从头到尾逐项详细审查的一种方法。其优点是全面、细致，审查质量高、效果好。缺点是工作量大、时间较长。这种方法适合于一些工程量较小、工艺比较简单的工程。

2）标准预算审查法。标准预算审查法就是对利用标准图样或通用图样施工的工程，先集中力量编制标准预算，以此为准来审查工程预算的一种方法。按标准设计图样或通用图样施工的工程，一般上部结构的做法相同，只是根据现场施工条件或地质情况不同，仅对基础部分做局部改变。凡这样的工程，以标准预算为准，对局部修改部分单独审查即可，不需逐一详细审查。该方法的优点是时间短、效果好、易定案。其缺点是适用范围小，仅适用于采用标准图样的工程。

3）分组计算审查法。分组计算审查法就是把预算中有关项目划分为若干组，利用同组中一个数据审查分项工程量的一种方法。采用这种方法，首先把若干分部分项工程，按相邻且有一定内在联系的项目进行编组。利用同组中分项工程间具有相同或相近计算基数的关系，审查一个分项工程数量，就能判断同组中其他几个分项工程的准确程度。

4）对比审查法。对比审查法是当工程条件相同时，用已建工程的预算或未完但已经过审查修正的工程预算对比审查拟建的同类工程预算的一种方法。采用该方法一般须符合下列条件：

① 拟建工程与已建或在建工程采用同一施工图，但基础部分和现场施工条件不同，则相同部分可采用对比审查法。

② 工程设计相同，但建筑面积不同，两工程的建筑面积之比与两工程各分部分项工程量之比大体一致。此时可按分项工程量的比例，审查拟建工程各分部分项工程的工程量，或用两个工程每平方米建筑面积造价、每平方米建筑面积的各分部分项工程量对比进行审查。

③ 两工程面积相同，但设计图样不完全相同，则对相同的部分，如厂房中的柱子、屋架、屋面、砖墙等，可进行工程量的对照审查。对不能对比的分部分项工程可按图样计算。

5）用筛选法审查。筛选法是统筹法的一种。这种方法的原理同样可用在审查施工图预算上。因为建筑工程虽然有面积的大小和高度的不同，但是它们的各分部分项工程的单位建筑面积的数字变化却不大。因此，把这样的一些分部分项工程加以汇集、优选，找出这些分部分项工程在每单位建筑面积上的工程量、价格、用工的基本数值，归纳为工程量、价格、用工三个单位基本值表，并注明基本值适用的建筑标准。这些基本值犹如"筛子孔"，用来筛各分部分项工程，筛下去的就不审了。没有筛下去的就意味着此分部分项工程的单位建筑面积数值不在基本值范围之内，那么就要对该分部分项工程详细审查。如果所审查的预算的建筑标准与基本值所适用的标准不同，就要对其进行调整。

筛选法的优点是简单易懂，便于掌握，审查速度快，发现问题快。但解决差错问题，尚需继续审查。因此，此法适用于住宅工程或不具备全面审查条件的工程。

6）重点审查法。重点审查法就是抓住工程预算中的重点进行审核的方法。审查的重点一般是工程量大或者造价较高的各种工程、补充定额、计取的各项费用（计取基础、取费标准）等。重点审查法的优点是突出重点、审查时间短、效果好。

7）利用手册审查法。利用手册审查法就是把工程中常用的构件、配件等，事前整理成预算手册，按手册对照审查的方法。例如把几乎每个工程都有的洗涤池、大便器、检查口等预制构配件，按标准图计算出工程量，套上单价，编制成预算手册使用。

4.4　建设工程招标投标阶段的投资控制

在建设工程招标投标阶段，监理工程师主要通过协助业主拟定招标方式、准备和发送招标文件、确定合同计价形式、编制标底、协助评审投标文件等具体工作，控制建设工程合同价不突破预期的目标。

4.4.1　建设工程招标投标计价方法

建设工程合同根据计价方式的不同分为总价合同、单价合同和成本加酬金合同等多种。

招标标底和投标报价由成本、利润和税金构成。其编制可以采用工料单价法和综合单价法两种计价方法。

1. 工料单价法

工料单价法，采用分部分项工程量乘以单价后的合计为直接工程费。直接工程费以人工、材料、机械的消耗量及其相应价格确定。直接工程费汇总后另加措施费、利润、税金、生成招标标底和投标报价（工程发承包价）。

2. 综合单价法

工程量清单的单价，即分部分项工程量的单价为全费用单价，它综合了工程直接费、间接费、利润、税金等一切费用。全费用单价综合计算完成单位分部分项工程所发生的所有费用，包括直接费、间接费、利润和税金，现行取费中有关费用、材料价差，以及采用固定价格的工程所测算的风险金等全部费用。工程量乘以综合单价就得到分部分项工程的造价费用，再将各个分部分项工程的造价费用加以汇总就得到整个工程的总建造费用，即工程标底价格或投标报价。不过，我国目前推行的工程量清单招投标中，综合单价仅综合了直接工程费、管理费和利润。因此，各清单费用汇总后，还需要加上规费和税金才能得到总建造费用。

4.4.2　建设工程施工评标和定标

监理工程师在招标投标阶段除具有编制招标文件和标底的能力和技巧外，还必须掌握正确的评标定标的原则和科学的评标定标方法；正确地选择中标单位。

对一个投标商在技术能力、管理能力和资金来源等方面的综合评价一般分为两个阶段进行。第一阶段是在投标邀请书发出以前，业主寻找对本工程有兴趣的并对本工程的特殊方面有经验的承包企业或公司，然后对每一个公司进行评估，以确定它是否是合适的"预定投标商"。第二阶段是从投标书的递交到评价结束。这一阶段是真正对承建商目前履行合同的能力进行最终的彻底的评价。不仅要对单个的公司进行评价，还应包括对指定或批准使用的分包公司进行评价，并且要考虑与其相关的子公司或下属单位之间的合同关系或工作关系。

1. 投标期间对投标人的非技术审查

（1）投标人资格审查　对投标人资格审查包括：生产能力保证程度、施工质量保证程度、建筑物竣工使用的质量保证水平和资金周转的保证程度。

（2）投标文件的审查　内容包括：开标后，检查投标文件有无计算错误，核对计算上的准确性，以合计大写为准；分析报价构成的合理性和可行性；对不满足招标文件的实质性要求、缺乏竞争力的投标，监理工程师可以拒绝；对投标人的资格补审有针对性地检查。

2. 施工投标的评标和定标过程

（1）评标的一般原则

评标活动应遵循"公平、公正、科学、择优"的原则，招标人应当采取必要的措施，保证评标在严格保密的情况下进行，不受任何不当因素的干扰。具体评标时必须严格执行招标文件中的评标标准。

（2）评标定标的方法及步骤　评标定标实际上是一个方案多目标决策过程，这里根据以往评标定标的做法和系统工程原理提出一个多指标综合评价方法，分以下几个步骤进行：

1）确定评标定标目标。报价合理是评标定标的主要依据之一，选择报价最佳的承包单位是评标定标的主要目标之一，但并非是唯一的目标，还应该包括按照评标定标中选择中标单位的标准确立保证质量、工期适当、企业信誉良好等若干目标。在具体项目中究竟要确定几个评标定标目标，要根据具体项目的实际情况由专家研究确定。评标定标的目标应在招标时事先明确，并写在招标文件中。

2）实现评标定标目标的量化。有些评标定标目标过于原则、笼统（尤其某些目标是定性的），在评标定标中很难把握，可以用一个或几个指标把这样的评标定标目标进行量化。

3）确定各评标定标目标（指标）的相对权重。各评标定标目标（指标）对不同的工程项目或发包单位选择承包单位的影响程度是不同的。盈利性的建筑和生产用户（厂房、车间、旅馆、商店等），一般侧重在工期上，如果能比国家规定的工期或标底工期提前竣工交付使用，则可给招标单位带来经济效益。对无营业收入的建筑工程造价（如行政办公楼、学生宿舍、职工住宅、医院等）则可能侧重造价，以节约投资。而对一些公共建筑如展览馆、礼堂、体育馆可能是偏重质量，保证工程结构安全、美观，因此就需要给出各评标定标目标（指标）的相对权数。相对权数根据各目标（指标）对工程项目重要性的影响程度来组织专家确定。

4）用单个评标定标目标（指标）对投标单位进行初选。在实践中，往往是为了工作简便，先用单个评标定标目标（指标）对投标单位进行初选。首先给出某个评标定标目标（指标）上下界限。若哪个投标单位超出这个界限就被剔除。

5）对投标单位进行多指标综合评价。经初选后，即可对未被剔除的投标单位进行多指标综合评价。

（3）评价报告　经过以上步骤以后，监理工程师要编制评价报告，向建设方推荐合理的报价和投标商。

评价报告通常由三部分组成：

1）评价总情况。包括：

① 投标工程规模概述。

② 邀请投标或购买招标文件单位的清单。

③ 提出报价书单位清单。

④ 授予合同的推荐意见。

2）对每份报价书的技术经济分析。

3）作为分析依据的各种计算明细表等资料。

4.4.3　工程量清单计价

1. 工程量清单概述

（1）工程量清单的概念　工程量清单是指由工程建设招标人发出的，将招标工程的全部项目，按照统一的项目划分与编码、工程量计算规划、计量单位计算出的工程数量列出的表格。它以拟建工程为描述对象，内容涉及清单项目的性质、数量等，并以表格为主要表现形式。工程量清单可以由具备编制招标文件能力的招标人编制。工程量清单是招标文件的重要组成部分，一旦中标并签订合同后，又将成为合同的组成部分。

（2）工程量清单的作用　工程量清单作为信息的重要载体，可以为潜在的投标者提供全面、必要的信息。而且，它还具有以下作用：

1）为投标者提供客观、公正、公平的竞争环境。

2）是投标计价和评标、定标的基础。

3）为支付工程进度款、办理工程结算提供依据。

4）为处理工程变更与索赔提供依据。

5）为可能的标底编制提供依据。

（3）工程量清单的内容　就比较普遍的国际工程的工程量清单而言，它通常由以下两大部分组成：

1）工程量清单说明。它也称为工程量清单序言，主要通过说明工程量清单的编制依据、重要作用、计量方法等提示投标人重视并合理使用工程量清单。例如，工程量清单中的工程量是招标人估算得出的，仅为投标报价的依据，将来结算时应以监理工程师核准的实际完成的工程数量为依据。

2）工程量清单表。工程量清单表可以载明清单的项目、工程数量及投标人所填报的单价、合价等，是工程量清单最重要的组成部分。它可以包括一般项目表、单位工程工程量清单表、计日工表及工程量清单汇总表等。其中，单位工程工程量表是工程量清单表的重点。

（4）建设工程工程量清单计价规范　适用于我国建设工程工程量清单计价活动的《建设工程工程量清单计价规范》（GB 50500—2013，以下简称《清单计价规范》）已经颁布和实施。它追求计价活动的客观、公正、公平，并要求全部使用国有资金投资或国有资金投资为主的大中型建设工程必须执行此规范。

2013 版《清单计价规范》由总则、术语、一般规定、工程量清单编制、招标控制价、投标报价、合同价款约定、工程计量、合同价款调整、合同价款期中支付、竣工结算与支付、合同解除的价款结算与支付、合同价款争议的解决、工程造价鉴定、工程计价资料与档案、工程计价表格。规范条文共 16 章。附录分为 A、B、C、D、E、F、G、H、J、K、L 共11 个。除附录 A 外，其余为工程计价表格。附录分别对招标控制价、投标报价、竣工结算的编制等使用的表格作出了明确规定。

2. 工程量清单的编制

由具备编制招标文件能力的招标人，或受其委托具有相应资质的中介机构编制的工程量清单由分部分项工程量清单、措施项目清单和其他项目清单组成。

分部分项工程量清单应包括项目编码、项目名称、计量单位和工程量。其中，分部分项工程量清单应根据《清单计价规范》规定的项目编码规则、项目名称、项目特征、计量单位和工程量计算规则进行编制。

措施项目清单分为通用项目、建筑工程、装饰装修工程、安装工程和市政工程五部分，并根据拟建工程的具体情况加以调整。其中，通用项目包括环境保护、文明施工、安全施工、临时设施、夜间施工、二次搬运、大型机械设备进出场及安拆、混凝土和钢筋混凝土模板及支架、脚手架、已完工程及设备保护、施工排水和降水等共11项。

其他项目清单通常包括预留金、材料购置费、总承包服务费、零星工作项目费等，并可根据拟建工程的具体情况进行调整、补充。

3. 工程量清单计价

由投标人编制的工程量清单计价表应采用综合单价的形式进行计价。其中，分部分项工程量清单的综合单价，应根据综合单价的组成，按照设计文件或《清单计价规范》的工程内容确定；措施项目清单的金额，应根据拟建工程的施工方案和施工组织设计，参照综合单价的组成确定；其他项目清单的金额，招标人部分的金额按估算金额确定，投标人部分的总承包服务费根据招标人要求的费用确定，零星工程项目费按零星工作项目计价表确定。

4.5　建设工程施工阶段的投资控制

4.5.1　施工阶段投资控制的原理和措施

1. 施工阶段投资控制的基本原理

监理工程师在施工阶段进行投资控制的基本原理是，把计划投资额作为投资控制的目标值，在工程施工过程中定期地进行投资实际值与目标值的比较，通过比较发现并找出实际支出额与投资控制目标之间的偏差，分析产生偏差的原因，并采取有效措施加以控制，以保证投资控制目标的实现。

2. 施工阶段投资控制的措施

建设工程项目的投资主要发生在施工阶段。在这一阶段，除了控制工程款的支付外，还要从组织、经济、技术、合同等多方面采取措施，控制投资。

（1）组织措施　组织措施包括在项目管理班子中落实投资控制的人员、任务分工和职能分工，以及编制本阶段投资控制工作计划和详细的工作流程图。

（2）经济措施　经济措施包括：编制资金使用计划，确定、分解投资控制目标；进行工程计量；复核工程付款账单，签发付款证书；在施工过程中进行投资跟踪控制，定期地进行投资实际支出值与计划目标值的比较，发现偏差并分析偏差产生的原因，采取一定的纠偏措施；对工程施工过程中的投资支出做好分析与预测，经常或定期向业主提交项目投资控制及其存在问题的报告。

（3）技术措施　技术措施包括：对设计变更进行技术经济分析，严格控制设计变更，继续寻找通过设计挖潜节约投资的可能性；审核承包商编制的施工组织计划，对主要施工方案进行技术经济分析。

（4）合同措施　合同措施包括：做好工程施工记录，保存各种文件图样，特别是注意有实际施工变更情况的图样，注意积累材料，为正确处理可能发生的索赔提供依据，处理索赔事宜；参与合同修改、补充工作，着重考虑对投资控制的影响。

3. 施工阶段投资控制的工作流程

施工阶段投资控制的工作流程如图4-8所示。

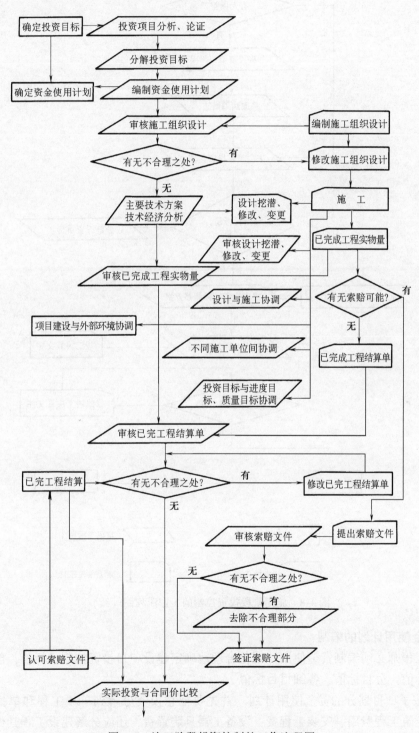

图 4-8　施工阶段投资控制的工作流程图

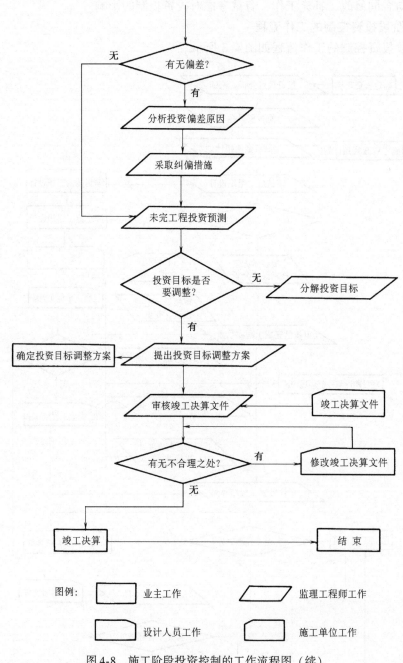

图例：
业主工作　　　　　　监理工程师工作

设计人员工作　　　　施工单位工作

图 4-8　施工阶段投资控制的工作流程图（续）

4. 资金使用计划的编制

监理工程师必须编制资金使用计划，合理地确定建设项目投资控制目标值，包括建设项目的总目标值、分目标值、各细目目标值。

（1）按子项目划分的资金使用计划　首先要把总投资分解到单项工程和单位工程，不仅仅分解建筑工程费用、安装工程费，设备工器具购置费，还应分解建设工程其他费。对各单位工程的建筑安装工程费用等还需要进一步分解，在施工阶段一般可分解到分部分项工程。在完成投资项目分解工作之后，要具体分配投资，编制工程分项的投资支出预算。

详细的资金使用计划表，其栏目有：工程分项编码、工程内容、计量单位、工程数量、计划综合单价及本分项总价等。

（2）按时间进度编制的资金使用计划　将总投资目标按使用时间进行分解，确定分目标值。编制按时间进度的资金使用计划，通常可利用控制项目进度的网络图进一步扩充而得。即在建立网络图时，一方面确定完成某项施工活动所花的时间，另一方面也要确定完成这一工作的合适的支出预算。在实践中，将工程项目分解为既能方便地表示时间，又能方便地表示支出预算的活动是不容易的，通常如果项目分解程度对时间控制合适的话，则对支出预算分配过细，以致不可能对每项活动确定其支出预算，反之亦然。因此，在编制网络计划时，既要考虑时间控制对项目划分的要求，又要考虑确定支出预算对项目划分的要求。

通过对项目进行活动分解，进而编制网络计划。利用确定的网络计划便可计算各项活动的最早开工以及最迟开工时间，获得项目进度计划的甘特图。在甘特图的基础上便可编制按时间进度划分的投资支出预算。其表达方式有两种：一种是在总体控制时标网络图上表示；另一种是利用时间—投资累计曲线（S 形曲线）表示。可视项目投资额大小及施工阶段时间的长短按月或旬分配投资。

4.5.2　工程计量

工程计量是指根据设计文件及承包合同中关于工程量计算的规定，项目监理机构对承包商申报的已完成工程的工程量进行的核验。经过项目监理机构计量所确定的数量是向承包商支付款项的凭证。

1. 工程计量的程序

《建设工程施工合同（示范文本）》（GF—2013—0201）中的有关规定如下：

1）承包人应于每月 25 日向监理人报送上月 20 日至当月 19 日已完成的工程量报告，并附具进度付款申请单，已完成工程量报表和有关资料。

2）监理人应在收到承包人提交的工程量报告后 7 天内完成对承包人提交的工程量报表的审核并报送发包人，以确定当月实际完成的工程量。监理人对工程量有异议的，有权要求承包人进行共同复核或抽样复测。承包人应协助监理人进行复核或抽样复测，并按监理人要求提供补充计量资料。承包人未按监理人要求参加复核或抽样复测的，监理人复核或修正的工程量视为承包人实际完成的工程量。

3）监理人未在收到承包人提交的工程量报表后的 7 天内完成审核的，承包人报送的工程量报告中的工程量视为承包人实际完成的工程量，据此计算工程价款。

《建设工程工程量清单计价规范》（GB 50500—2013）中有关规定如下：

1）发包人认为需要进行现场计量核实时，应在计量前 24 小时通知承包人，承包人应为计量提供便利条件并派人参加。双方均同意核实结果时，则双方应在上述记录上签字确认。承包人收到通知后不派人参加计量，视为认可发包人的计量核实结果。发包人不按照约定时间通知承包人，致使承包人未能派人参加计量，计量核实结果无效。

2）当承包人认为发包人核实后的计量结果有误时，应在收到计量结果通知后的 7 天内向发包人提出书面意见，并附上其认为正确的计量结果和详细的计算资料。发包人收到书面意见后，应在 7 天内对承包人的计量结果进行复核后通知承包人。承包人对复核计量结果仍有异议的，按照合同约定的争议解决办法处理。

3）承包人完成已标价工程量清单中的每个项目的工程量并经发包人核实无误后，发承包人应对每个项目的历次计量报表进行汇总，以核实最终结算工程量，并应在汇总表上签字确认。

2. 计量的依据

计量依据一般有质量合格证书、工程量清单前言、技术规范中的"计量支付"条款和设计图。修订的工程量清单及工程变更指令，及后文提到的索赔审批文件。

3. 计量的方法

监理工程师一般只对如下三方面的工程项目进行计量：

1）工程量清单中的全部项目。

2）合同文件中规定的项目。

3）工程变更项目。

根据 FIDIC 合同条件的规定，一般可按照以下方法进行计量：

（1）均摊法　就是对清单中某些项目的合同价款，按合同工期平均计量。如：为监理工程师提供宿舍和一日三餐，保养测量设备，保养气象记录设备，维护工地清洁和整洁等。这些项目都有一个共同的特点，即每月均有发生。所以可以采用均摊法进行计量支付。

（2）凭据法　就是按照承包单位提供的凭据进行计量支付。如提供建筑工程险保险费、提供第三方责任险保险费、提供履约保证金等项目，一般按凭据法进行计量支付。

（3）估价法　就是按合同文件的规定，根据监理工程师估算的已完成的工程价值支付。如为监理工程师提供办公设施和生活设施，为监理工程师提供用车，为监理工程师提供测量设备、天气记录设备、通信设备等项目。这类清单项目往往要购买几种仪器设备，当承包单位对于某一项清单项目中规定购买的仪器设备不能一次购进时，则需采用估价法进行计量支付。其计量过程如下：

1）按照市场的物价情况，对清单中规定购置的仪器设备分别进行估价。

2）按下式计量支付金额：

$$F = A \times (B/D)$$

式中　F——表示计算支付的金额；

　　　A——表示清单所列的合同金额；

　　　B——表示该项实际完成的金额（按估算价格计算）；

　　　D——表示该项全部仪器设备的总估算价格。

从上式可知：

1）该项实际完成金额 B 必须按估算各种设备的价格计算，它与承包单位购进的价格无关。

2）估算的总价与合同工程量清单的款额无关。当然，估价的款额与最终支付的款额无关，最终支付的款总额是合同清单中的款额。

（4）断面法　断面法主要用于取土坑或填筑路堤土方的计量。对于填筑土方工程，一般规定计量的体积为原地表线与设计断面所构成的体积。采用这种方法计量，在开工前承包单位需测绘出原地形的断面，并需经监理工程师检查，作为计量的依据。

（5）图纸法　在工程量清单中，许多项目都采取按照设计图所示的尺寸进行计量。如混凝土构件的体积、钻孔桩的桩长等。按设计图进行计量的方法，称为图纸法。

（6）分解计量法　就是将一个项目，根据工序或部位分解为若干子项，对完成的各子项进行计量支付。这种计量方法主要是为了解决一些包干项目或较大的工程项目的支付时间过长，影响承包单位的资金流动的问题。

4.5.3　工程变更与索赔

在工程项目的实施过程中，由于多方面的情况变化，经常出现工程量变化、进度计划变更，以及发包方与承包方在执行合同中的争执等问题，有可能使项目投资超出原来的预算投资，监理工程师必须严格予以控制，密切注意其对未完工程投资支出的影响及对工期的影响。

1. 工程变更的管理

监理机构应按下列程序处理工程变更：

1）总监理工程师组织专业监理工程师审查承包方提出的工程变更申请，提出审查意见。对涉及工程设计文件修改的工程变更，应由发包方转交原设计单位修改工程设计文件。必要时，项目监理机构应建议发包人组织设计、施工等单位召开论证工程设计文件修改方案的专题会议。

2）总监理工程师必须根据实际情况、设计变更文件和其他有关资料，按照施工合同的有关款项，在指定的专业监理工程师完成下列工作后，对工程变更的费用和工期作出评估。

① 确定工程变更项目与原工程项目之间的类似程度和难易程度。

② 确定工程变更项目的工程量。

③ 确定工程变更的单价或总价。

3）总监理工程师应就工程变更费用及工期的评估情况与承包单位进行协调。

4）总监理工程师签发工程变更单。工程变更单应包括工程变更要求、工程变更说明、工程变更费用和工期、必要的附件等内容，有设计变更文件的工程变更应附设计变更文件。

5）项目监理机构根据项目变更单监督承包单位实施。在建设单位和承包单位未能就工程变更的费用等方面达成协议时，项目监理机构应提出一个暂定的价格，作为临时支付工程款的依据。该工程款最终结算时，应以建设单位与承包单位达成的协议为依据。在总监理工程师签发工程变更单之前，承包单位不得实施工程变更。未经总监理工程师审查同意而实施的工程变更，项目监理机构不得予以计量。

2. 工程变更价款的确定方法

合同价款的变更。在一定的时间内，由承包方提出变更价格，报监理工程师批准后调整合同价款和竣工日期。监理工程师审核承包方所提出的变更价款是否合理时可考虑以下原则：

1）合同中有适用于变更工程的价格，按合同已有的价格变更合同价款。

2）合同中只有类似于变更工程的价格，可以参照类似价格变更合同价款。

3）合同中没有适用或类似于变更工程的价格，由承包方提出适当的变更价格，经监理工程师确认后执行。

实际工作中，可以采用合同中工程量清单的单价和价格来确定变更价款，也可通过协商来确定单价和价格。

3. 索赔控制

索赔是工程承包合同履行中，当事人一方因对方不履行或不完全履行约定的义务，或者由于对方的行为使权利人受到损失时，要求对方补偿损失的权利。索赔在工程项目实施过程中经常发生，其结果是导致项目的投资发生变化。因此，索赔的控制也是建设工程施工阶段投资控制的重要手段。

4.5.4　工程结算

1. 工程价款的结算

（1）工程价款的主要结算方式　按现行规定，建安工程价款结算可根据不同情况采用不同形式。

1）按月结算。

2）竣工后一次结算。

3）分段结算。

4）双方商定的其他方式结算。

（2）工程价款支付的方法与时间　具体如下：

1）工程预付款。支付工程预付款，双方应在合同条款内约定发包人向承包人预付工程款的时间和数额，开工后按约定时间和比例逐次扣回。

2）工程款（进度款）支付。在确认计量结果后 14 天内，发包人应向承包人支付工程款（进度款）。按约定时间发包人应扣回的预付款，与工程款同期结算。法律、法规、政策变化和价格调整确定的合同价款，工程变更调整的合同价款及其他条款中约定的追加合同价款，应与工程款同期调整支付。

3）竣工结算。工程竣工验收报告经发包人认可后 28 天内，承包人向发包人递交竣工结算报告及完整的结算资料，双方按照协议书约定的合同价款及专用条款约定的合同价款调整内容进行竣工结算。

4）保修金的返还。工程保修金由甲乙双方协商按照合同价款的一定比例或一笔固定数额在合同专用条款中约定，发包人在工程保修期满后的 14 天内，将剩余保修金返还承包人。

2. 工程价款结算的审查工作

工程价款结算过程中，审查工作包括对支付依据的审查工作、施工过程中的支付工作、意外情况下的支付的工作、竣工支付和最终支付的工作等。竣工结算中的审查工作一般从以下几个方面入手：

（1）核对合同条款　首先，应核对竣工工程内容是否符合条件要求，工程是否竣工验收合格，只有按合同要求完成全部工程并验收合格才能进行竣工结算；其次，应按合同规定的结算方法、计价定额、取费标准、主材价格和优惠条款等，对工程竣工结算进行审核，若发现合同开口或有漏洞，应请建设单位认真研究，明确结算要求。

（2）检查隐蔽验收记录　所有隐蔽工程均需进行验收并经监理工程师签证确认。审核竣工结算时应核对隐蔽工程施工记录和验收签证，手续完整、工程量与竣工图一致方可列入结算。

（3）落实设计变更签证　设计变更应有原设计单位出具变更通知单和修改的设计图、校审人员签字并加盖公章，经建设单位和监理工程师审查同意并签证；重大设计变更应经原审批部门审批，否则不应列入结算。

（4）按图核实工程数量　竣工结算的工程量应依据竣工图、设计变更单和现场签证等进行核算，并按国家统一规定的计算规则计算工程量。

（5）审查执行定额单价 结算单价应按合同约定或招标文件规定的计价定额与计价原则执行。

（6）防止各种计算误差 工程竣工结算子项目多、篇幅大，往往有计算误差，应认真核算，防止因计算误差多计或少算。

4.5.5 偏差分析

1. 投资偏差的概念

在投资控制中，把投资的实际值与计划值的差异叫投资偏差，即：

$$投资偏差 = 已完工程实际投资 - 已完工程计划投资$$

结果为正表示投资增加，结果为负表示投资节约。但是，必须特别指出，进度偏差对投资偏差分析的结果有重要影响，如果不加考虑就不能正确反映投资偏差的实际情况，如：某一阶段的投资超支，可能是由于进度超前导致的，也可能是由于物价上涨导致的。所以，必须引入进度偏差的概念，即：

$$进度偏差 = 已完工程实际时间 - 已完工程计划时间$$

为了与投资偏差联系起来，进度偏差也可表示为：

$$进度偏差 = 拟完工程计划投资 - 已完工程计划投资$$

所谓拟完工程计划投资，是指根据进度计划安排在某一确定时间内所应完成的工程内容的计划投资。

进度偏差为正值，表示工期拖延；结果为负值，表示工期提前。

在进行投资偏差分析时，要同时对局部偏差和累计偏差进行分析。所谓局部偏差，有两层含义：一是相对于总项目的投资而言，指各单项工程、单位工程和分部分项工程的偏差。二是相对于项目实施的时间而言，指每一项目控制周期产生的偏差。累计偏差是局部偏差的累加，最终的累计偏差就是项目投资的偏差。

2. 投资偏差产生的原因

偏差分析的一个重要目的，就是要寻求产生偏差的原因，经对产生偏差原因的系统分析，抓住主要原因，以便制定纠偏措施，控制投资目标。

工程项目建设是一项复杂的投资活动。由于参与建设各方主体对投资控制的力度不同，建设各个阶段所处的建设环境不同，都会造成投资偏差的产生。因此，投资偏差产生的原因是多方面的、复杂的。为了便于对投资偏差分析及制定纠偏措施，投资偏差产生的原因可按图4-9所示进行分类。

3. 偏差分析的方法

偏差分析方法有横道图法、表格法和曲线法。在工程投资控制中，可以选择1~2种，或者三种方法组合应用。

（1）横道图法 横道图法是借用进度计划横道图来对投资偏差进行分析。该法的基本特点是，用不同的横道标识来表示已完工程计划投资、拟完工程计划投资和已完工程实际投资，横道的长度与其金额成正比例。横道图法的优点是形象、直观、一目了然。但是，这种方法反映的信息量少，一般用于项目的较高层次。

（2）表格法 表格法是进行偏差分析最常用的一种方法，它具有灵活、适用性强、信息量大、便于计算机辅助投资控制等特点。

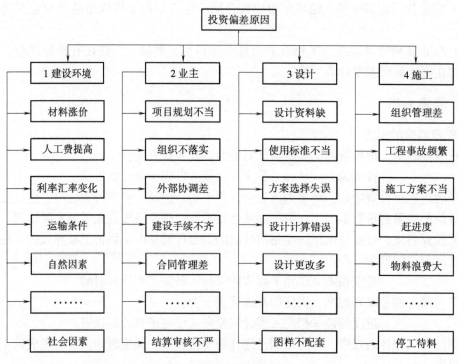

图 4-9 投资偏差原因分类

（3）曲线法 曲线法是用投资曲线（S形曲线）来进行投资偏差分析的一种方法。图 4-10 所示中 a 表示投资实际值曲线，p 表示投资计划值曲线，两条曲线之间的竖向距离表示投资偏差。

在用曲线法进行投资偏差分析时，首先要确定投资计划值曲线。投资计划值曲线是与确定的进度计划联系在一起的。同时，也应考虑实际进度的影响，应当引入三条投资参数曲线，即已完工程实际投资曲线 a、已完工程计划投资曲线 b 和拟完工程计划投资曲线 p，如图 4-11 所示。图中曲线 a 与曲线 b 竖向距离表示投资偏差，曲线 b 与曲线 p 水平距离表示进度偏差。

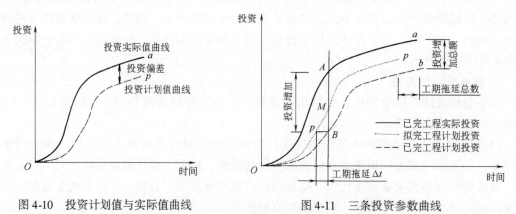

图 4-10 投资计划值与实际值曲线   图 4-11 三条投资参数曲线

图 4-11 反映的偏差为累计偏差。用曲线法进行偏差分析同样具有形象、直观的特点，但这种方法很难直接用于定量分析，只能对定量分析起一定的指导作用。

4. 纠偏

进行偏差原因分析的目的是为了有针对性地采取纠偏措施，从而实现投资的动态控制和主动控制。

纠偏首先要确定纠偏的主要对象，如前面介绍的偏差原因，有些是无法避免和控制的，如客观原因，充其量只能以其中少数原因做到防患于未然，力求减少该原因所产生的经济损失。对于施工原因所导致的经济损失，通常是由承包商自己承担的，从投资控制的角度只能加强合同的管理，避免被承包商索赔。所以，这些偏差原因都不是纠偏的主要对象。纠偏的主要对象是业主原因和设计原因造成的投资偏差。在确定了纠偏的主要对象之后，就需要采取有针对性的纠偏措施。纠偏可采用组织措施、经济措施、技术措施和合同措施等。

4.6　建设项目的竣工决算

在项目建设完成后，监理工程师进行投资控制的主要工作是：协助业主编制竣工决算，正确核定项目新增固定资产价值；分析考核项目的投资效果；督促承包商做好对项目的保修与回访工作；进行项目后评估。

4.6.1　竣工决算的概念

竣工决算是建设工程项目经济效益的全面反映，是项目法人核定各类新增资产价值、办理其交付使用的依据。通过竣工决算，一方面能够正确反映建设工程的实际造价和投资；另一方面可以通过竣工决策与概算、预算的对比分析，考核投资控制的工作成效，总结经验教训，积累技术经济方面的基础资料，提高未来建设工程的投资效益。竣工决算是在竣工结算的基础上编制的，但与竣工结算在编制单位、编制范围和编制作用上都不相同。

4.6.2　竣工决算的内容

建设工程项目的竣工决算应包括从筹建到竣工投产全过程的全部实际支出费用，即建安工程费、设备工器具购置费和其他费用等。竣工决算的内容如图 4-12 所示。

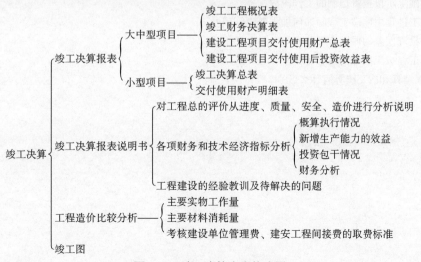

图 4-12　竣工决算内容构成图

4.6.3 竣工决算的编制步骤

竣工决算的编制步骤如下：

1) 收集、整理、分析原始资料。从建设工程开始就按编制依据的要求，收集、清点、整理有关资料，主要包括建设工程档案资料，如：设计文件、施工记录、上级批文、概（预）算文件、工程结算的归类整理、财务处理、财产物资的盘点核实及债权债务的清偿等，做到账账、账证、账实、账表相符。对各种设备、材料、工具、器具等要逐项盘点核实并填列清单，妥善保管，或按照国家有关规定处理，不准任意侵占和挪用。

2) 对照、核实工程变动情况，重新核实各单位工程、单项工程造价。将竣工资料与原设计图进行查对、核实，必要时可实地测量，确认实际变更情况；根据经审定的施工单位竣工结算等原始资料，按照有关规定对原概（预）算进行增减调整，重新核定工程造价。

3) 将审定后的待摊投资、设备工器具投资、建筑安装工程投资、建设工程其他投资等严格划分和核定后，分别计入相应的建设成本栏目内。

4) 编制竣工财务决算说明书，力求内容全面、简明扼要、文字流畅、说明问题。

5) 填报竣工财务决算报表。

6) 做好工程造价对比分析。

7) 清理、装订好竣工图。

8) 按国家规定上报、审批、存档。

复习思考题

1. 建设工程总投资包括哪些内容？其表现形式有哪些？
2. 建设工程项目经济评价包括哪些内容？
3. 设计阶段投资控制的手段和方法有哪些？
4. 监理工程师怎样对设计概算和施工图预算进行审查？
5. 监理工程师如何进行评标和定标？
6. 简述施工阶段投资控制的工作流程。
7. 在施工过程中监理工程师如何加强变更管理？
8. 产生投资偏差的原因有哪些？
9. 建设工程竣工决算的内容有哪些？
10. 工程结算和竣工决算有什么区别？

第5章 建设工程质量控制

5.1 建设工程的质量控制概述

5.1.1 质量和建设工程质量

1. 质量

2000 版 GB/T 19000—ISO9000 族标准中质量的定义是：一组固有特性满足要求的程度。

质量不仅是指产品质量，也可以是工作质量，还可以是质量管理体系运行的质量。质量是由一组固有特性组成，这些固有特性是指满足顾客和其他相关方的要求特性，并由其满足要求的程度加以表征。

2. 建设工程质量

建设工程质量简称工程质量，指工程满足业主需要的，符合国家法律、法规、技术规范标准、设计文件及合同规定的特性综合。建设工程作为一种特殊的产品，除具有一般产品共有的质量特性，如性能、寿命、可靠性、安全性、经济性等满足社会需要的使用价值及其属性外，还具有如下特定的内涵。

（1）适用性　指工程满足使用目的的各种性能。

（2）耐久性　指工程在规定的条件下，满足规定功能要求使用的年限，也就是工程竣工后的合理使用寿命周期。

（3）安全性　指工程建成后在使用过程中保证结构安全、保证人身和环境免受危害的程度。

（4）可靠性　指工程在规定的时间和规定的条件下完成规定功能的能力。

（5）经济性　指工程从规划、勘察、设计、施工到整个产品使用寿命周期内的成本和消耗的费用。工程经济性具体表现为设计成本、施工成本、使用成本三者之和。

（6）与环境的协调性　指工程与其周围生态环境协调，与所在地区经济环境协调，以及与周围已建工程相协调，以适应可持续发展的要求。

上述六个方面的质量特性彼此之间是相互依存、缺一不可的。但是，对于不同门类、不同专业的工程，有不同的侧重面。

工程质量是一个综合性的指标，包括如下几个方面：

1）工程投产运行后所生产的产品（或服务）的质量，该工程的可用性、使用效果和产出效益、运行的安全度和稳定性。

2）工程结构设计和施工的安全性和可靠性。

3）所使用的材料、设备、工艺、结构的质量，以及它们的耐久性和整个工程的寿命。

4）工程的其他方面，如外观造型、与环境的协调、项目运行费用的高低，以及可维护性和可检查性等。

3. 工程质量形成过程与影响因素

工程建设各阶段，对工程项目质量的形成起着不同的作用和影响。

项目可行性研究阶段，需要确定工程项目的质量要求，并与投资目标相协调。因此，项目的可行性研究直接影响项目的决策质量和设计质量。项目决策阶段对工程质量的影响主要是确定工程项目应达到的质量目标和水平。工程的地质勘察是为建设场地的选择和工程的设计与施工提供地质资料依据。工程设计质量是决定工程质量的关键环节，工程采用什么样的平面布置和空间形式、选用什么样的结构类型、使用什么样的材料、构配件及设备等，都直接关系到工程主体结构的安全可靠，关系到建设投资的综合功能是否充分体现规划意图。在一定程度上，设计的完美性也反映了一个国家的科技水平和文化水平。设计的严密性、合理性，也决定了工程建设的成败，是建设工程的安全、适用、经济与环境保护等措施得以实现的保证。工程施工阶段是指按照设计图样和相关文件的要求，在建设场地上将设计意图付诸实现的测量、作业、检验，形成工程实体建成最终产品的活动。因此，工程施工活动决定了设计意图能否体现，它直接关系到工程的安全可靠、使用功能的保证，以及外表观感能否体现建筑设计的艺术水平。在一定程度上，工程施工是形成实体质量的决定性环节。工程竣工验收就是对项目施工阶段的质量通过检查评定、试车运转，考核项目质量是否达到设计要求，是否符合决策阶段确定的质量目标和水平，并通过验收确保工程项目的质量。所以工程竣工验收对质量的影响是保证最终产品的质量。

影响工程质量的因素很多，但归纳起来主要有五个方面，即人、材料、机械、方法和环境。

（1）人的因素 在项目完成过程中，有各种角度的参与者。从项目策划阶段到竣工验收，每个阶段的项目参与者的能力、水平、工作态度、工作方法等，都会影响工程质量。

（2）材料质量因素 材料包括原材料、成品、半成品、构配件等，是工程项目施工的物质基础。材料质量不符合要求，就不可能有符合要求的工程质量。工程材料选用是否合理，产品是否符合，材质是否符合规范要求，运输与保管是否得当等，都将直接影响工程项目的质量。

（3）机械设备因素 施工机械设备是实现施工机械化的重要物质基础，机械设备类型、性能、操作要求、施工方案和组织管理等因素，均直接影响施工进度和质量。

（4）施工方案因素控制 施工方案是施工组织的核心，它包括主要分部（项）工程施工方法、机械，施工起点流向、施工程序和顺序的确定。施工方案优劣，直接影响工程质量。

（5）环境因素 影响质量的环境因素很多，有自然环境，如气温、雨、雷、电和风，工程地质和水文条件；有技术经济条件；有人为环境，如上道工序为下道工序创造的环境条件、交叉作业的环境影响等。这些环境因素对工程质量都有直接影响。

4. 工程质量的特点

建设工程质量的特点是由建设工程本身和建设生产的特点决定的。建设工程（产品）及其生产的特点：一是产品的固定性，生产的流动性；二是产品多样性，生产的单件性；三是产品形体庞大、高投入、生产周期长、具有风险性；四是产品的社会性，生产的外部约束性。正是由于上述建设工程的特点而形成了工程质量本身具有影响因素多、质量波动大、质量隐蔽性、终检的局限性、评价方法的特殊性等特点。

5.1.2　质量控制和工程质量控制

1. 质量控制

2000 版 GB/T 19000—ISO 9000 族标准中，质量控制的定义是：质量管理的一部分，致力于满足质量要求。

质量控制是质量管理的重要组成部分，其目的是使产品、体系或过程的固有特性达到规定的要求，即满足顾客、法律、法规等方面所提出的质量要求（如适用性、安全性等）。所以，质量控制是通过采取一系列的作业技术和活动对各个过程实施控制的。质量控制应贯穿在产品形成和体系运行的全过程。

2. 工程质量控制

工程质量控制是指致力于满足工程质量要求，也就是为了保证工程质量满足工程合同、规范标准所采取的一系列措施、方法和手段。工程质量要求主要表现为工程合同、设计文件、技术规范标准规定的质量标准。

1）工程质量控制按其实施主体，分为自控主体和监控主体。前者是指直接从事质量职能的活动者，后者是指对他人质量能力和效果的监理者，主要包括政府对工程的质量控制，工程监理企业的质量控制，勘察设计单位的质量控制，施工单位的质量控制四个方面。

政府属于监控主体，它主要是以法律法规为依据，通过抓工程报建、施工图设计文件审查、施工许可、材料和设备准用、工程质量监督、重大工程竣工验收备案等主要环节进行的。工程监理企业属于监控主体，它主要是受建设单位的委托，代表建设单位对工程实施全过程的质量监督和控制，包括勘察设计阶段质量控制、施工阶段质量控制，以满足建设单位对工程质量的要求。勘察设计单位属于自控主体，它是以法律、法规及合同为依据，对勘察设计的整个过程进行控制，包括工作程序、工作进度、费用及成果文件所包含的功能和使用价值，以满足建设单位对勘察设计质量的要求。施工单位属于自控主体，它是以工程合同、设计图和技术规范为依据，对施工准备阶段、施工阶段、竣工验收交付阶段等施工全过程的工作质量和工程质量进行的控制，以达到合同文件规定的质量要求。

2）工程质量控制按工程质量形成过程，包括全过程各阶段的质量控制，图 5-1 是工程项目质量控制过程图。

3）工程建设是通过人工、材料、设备、方法来完成分项工程，进而完成分部工程、单位工程、单项工程，以至整个工程的。质量控制必须着眼于各个要素、各个分项工程的施工，并直接渗入到材料的采购、供应、储存和使用过程中。质量控制必须重视对人和对人的工作的控制，认真选择任务承担者，重视被委托者的能力，加强对人员的培训，通过合同、责任制、经济奖励等手段激发人们对质量控制的积极性。

3. 控制工程质量的原则

监理工程师在工程质量控制过程中，应遵循以下几条原则：

1）坚持质量第一的原则。

2）坚持以人为核心的原则。

3）坚持以预防为主的原则。

4）坚持严格执行质量标准的原则。

4. 工程监理单位的质量责任

工程监理单位应按其资质等级许可的范围承担工程监理业务，不许超越本企业资质等级许可的范围或以其他工程监理企业的名义承担工程监理业务，不得转让工程监理业务，不许其他单位或个人以本企业的名义承担工程监理业务。

工程监理单位应依照法律、法规以及有关技术标准、设计文件和建设工程承包合同，与建设单位签订监理合同，代表建设单位对工程质量实施监理，并对工程质量承担监理责任。监理责任主要有违法责任和违约责任两个方面。如果工程监理企业故意弄虚作假，降低工程质量标准，造成质量事故的，要承担法律责任。如果工程监理企业与承包单位串通，谋取非法利益，给建设单位造成损失的，应当与承包单位承担连带赔偿责任。如果监理企业在责任期内，不

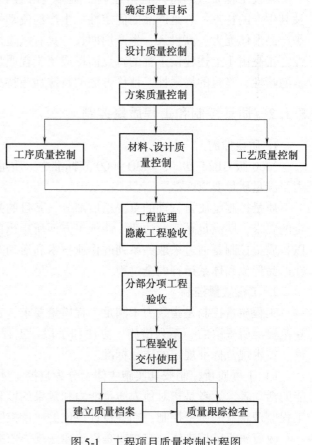

图 5-1　工程项目质量控制过程图

按照监理合同约定履行监理职责，给建设单位或其他单位造成损失的，属违约责任，应当向建设单位赔偿。

5.2　建设工程勘察设计阶段的质量控制

勘察设计阶段是工程项目建设过程中的一个重要阶段，建设工程勘察是指根据建设工程的要求，查明、分析、评价建设场地的地质、地理环境特征和岩土工程条件，编制建设工程勘察文件的活动。建设工程设计是指根据工程的要求，对建设工程所需的技术、经济、资源、环境等条件进行综合分析、论证，编制建设工程设计文件的活动。建设工程勘察、设计是工程建设前期的关键环节，建设工程勘察、设计的质量对于建设工程项目的质量起着决定性的作用。

在我国的建设监理制度中，建设工程监理的范围确定为工程建设投资决策阶段、勘察设计招标与勘察设计阶段、施工招标与施工阶段（包括设备采购与制造和工程质量保修）。通

常将勘察设计招标与勘察设计阶段简称为勘察设计阶段。国务院以《建筑法》为依据，于 2000 年 9 月 25 日制定颁布了《建设工程勘察设计管理条例》，该条例是从事建设工程勘察和建设工程设计的工作准则和法律依据。

对工程勘察和工程设计实施的监理工作叫勘察设计监理。其核心任务是进行项目投资、进度、质量三大目标的控制，以保障工程项目安全、可靠，提高其适用性和经济性。设计阶段对项目投资的影响可达 85% 以上。因此，实施勘察设计监理，对勘察设计的工作质量进行控制，是建设工程监理的重点之一，是实现建设工程项目管理目标的有力保障。

5.2.1　勘察设计质量的概念及控制依据

1. 勘察设计质量的概念

工程项目的质量目标与水平，是通过设计使其具体化，据此作为施工的依据，而勘察是设计的重要依据，勘察设计质量的优劣，直接影响工程项目的功能、使用价值和投资的经济效益，关系着国家财产和人民生命的安全。设计的质量有两层意思，首先设计应满足业主所需的功能和使用价值，符合业主投资的意图，而业主所需的功能和使用价值，又必然要受到经济、资源、技术、环境等因素的制约，从而使项目的质量目标与水平受到限制；其次设计都必须遵守有关城市规划、环保、防灾、安全等一系列的技术标准、规范、规程，这是保证设计质量控制的基础。而勘察工作不仅要满足设计的需要，更要以科学求实的精神保证所提交的勘察报告的准确性、及时性，为设计的安全、合理提供必要的条件。不遵守有关法规、技术标准，不但业主所需的功能和使用价值得不到保障，反而有可能使工程存在重大的事故隐患和质量缺陷，给业主造成更大的危害和损失。

勘察设计质量，就是在严格遵守技术标准、法规的基础上，对工程地质条件作出及时、准确的评价，正确处理和协调经济、资源、技术、环境条件的制约，使设计项目能更好地满足业主所需要的功能和使用价值，能充分发挥项目投资的经济效益。

2. 勘察设计质量控制的依据

建设工程勘察设计的质量控制工作要从整个社会发展和环境建设的需要出发，对勘察设计的整个过程进行控制，其控制的依据主要在以下几个方面：

1）有关工程建设及质量管理方面的法律、法规、城市规划，国家规定的建设工程勘察、设计深度要求。铁路、交通、水利等专业建设工程，还应当依据专业规划的要求。

2）有关工程建设的技术标准，如勘察设计的工程建设强制性标准规范及规程、设计参数、定额、指标等。

3）项目批准文件，如项目可行性研究报告、项目评估报告及选址报告。

4）体现建设单位建设意图的勘察、设计规划大纲、纲要和合同文件。

5）反映项目建设过程中和建成后所需要的有关技术、资源、经济、社会协作等方面的协议、数据和资料。

5.2.2　勘察设计质量控制的要点

1. 单位资质控制

国家对从事建设工程勘察、设计活动的单位，实行资质管理，对从事建设工程勘察、设计活动的专业技术人员，实行执业资格注册管理制度，建设工程勘察、设计单位应当在其资质等级许可的范围内承揽业务。对此，《建筑法》、《建设工程勘察设计管理条例》和《建设工程质量管理条例》，均有明确规定。国家建设主管部门先后颁发了与之相配套的《建设工程勘察设计市场管理规定》（建设部第 65 号令，现已失效）、《建设工程勘察设计资质管理规定》（建设部第 160 号令）和《工程勘察资质分级标准》。

单位资质制度是指建设行政主管部门对从事建筑活动单位的人员素质、管理水平、资金数量、业务能力等进行审查，以确定其承担任务的范围，并发给相应的资质证书。个人资格制度指建设行政主管部门对从事建筑活动的专业技术人员，依法考试和注册，并颁发执业资格证书，使其获得相应签字权。

由于勘察设计单位资质是代表企业进行建设工程勘察、设计能力水平的一个重要标志，监理工程师应以此为依据对勘察和设计单位进行核查。为此，勘察设计单位资质控制是确保工程质量的一项关键措施，也是勘察设计质量事前控制的重点工作。

（1）工程勘察、设计单位资质类别和等级　建设工程勘察设计资质分为工程勘察资质和工程设计资质两大类。工程勘察资质分综合类、专业类、劳务类三类；工程设计资质分工程设计综合资质、工程设计行业资质和工程设计专项资质三类。

工程勘察资质和工程设计资质分级标准按单位资历和信誉、技术力量、技术水平、技术装备及应用水平、管理水平、业务成果六方面考核确定，其中业务成果指标供资质考核备用，其余五项为硬性要求。

1）工程勘察资质等级。工程勘察资质范围包括建设工程项目的岩土工程、水文地质勘察和工程测量等专业，其中岩土工程是指岩土工程的勘察、设计、测试、监测、检测、咨询、监理、治理等项。

① 资质等级设立。综合类包括工程勘察所有专业，其资质只设甲级；专业类是指岩土工程、水文地质勘察、工程测量等专业中某一项，其中岩土工程专业类可以是五项中的一项或全部，其资质原则上分甲、乙两个级别，确有必要设置丙级的地区经住建部批准后方可设置；劳务类指岩土工程治理、工程钻探、凿井等，劳务类资质不分级别。

② 承担任务范围和地区如下：

a. 综合类承担业务范围和地区不受限制。

b. 专业类甲级承担本专业业务，范围和地区不受限制。

c. 专业类乙级可承担本专业中、小型工程项目，其业务地区不受限制。

d. 专业类丙级可承担本专业小型工程项目，其业务限定在省、自治区、直辖市所辖行政区范围内。

e. 劳务类只能承担业务范围内劳务工作，其工作地区不受限制。

2）工程设计资质等级。其内容包括：

① 资质等级的设立：

a. 工程设计综合类资质不设级别。

b. 工程设计行业资质根据其工程性质划分为煤炭、化工石化医药、石油天然气、电力、冶金、军工、机械、商物粮、核工业、电子通信广电、轻纺、建材、铁道、公路、水运、民航、市政公用、海洋、水利、农林、建筑21 个行业。工程设计行业资质设甲、乙、丙三个级别，除建筑工程、市政公用、水利和公路等行业设工程设计丙级外，其他行业工程设计丙级设置，对象仅为企业内部所属的非独立法人单位。工程设计行业资质范围包括本行业建设工程项目的主体工程和必要的配套工程（含厂区内自备电站、道路、铁路专用线、各管网和配套的建筑物等全部配套工程）以及与主体工程和配套工程相关的工艺、土木、建筑、环境保护、消防、安全、卫生、节能等内容。

c. 工程设计专项资质划分为建筑装饰、环境工程、建筑智能化、消防工程、建筑幕墙、轻型房屋钢结构六个专项工程设计，专项资质根据专业发展需要设置级别。工程设计专项资质的设立，需由相关行业部门或授权的行业协会提出，并经建设部批准，其分级可根据专业发展的需要设置甲、乙、丙或丙级以下级别。

② 承担任务的范围和地区如下：

a. 甲级工程设计行业资质单位承担相应行业业务，范围和地区不受限制。

b. 乙级工程设计行业资质单位承担相应行业中、小型建设项目的工程设计任务，地区不受限制。

c. 丙级工程设计行业资质单位承担相应行业小型建设项目的工程设计任务，限定在省、自治区、直辖市所辖行政区范围内。

d. 具有甲、乙级工程设计行业资质的单位，可承担相应的咨询业务，除特殊规定外，还可承担相应的工程设计专项资质业务。

e. 取得工程设计专项甲级资质证书的单位可承担大、中、小型专项工程设计项目，不受地区限制；取得乙级工程设计专项资质的单位可承担中、小型专项工程设计项目，不受地区限制。

f. 持工程设计专项甲、乙级资质的单位可承担相应咨询业务。

g. 工程勘察设计单位取得市政公用、公路、铁道等行业任一行业中桥梁、隧道工程设计类型的甲级勘察设计资质，即可承担其他两个行业——桥梁、隧道工程甲级设计范围的勘察设计业务。

（2）工程勘察和设计单位资质的动态管理核查　工程勘察甲级、建筑工程设计甲级及其他工程设计甲、乙级资质由国务院建设行政主管部门审批，委托企业工商注册所在地省、自治区、直辖市人民政府建设行政主管部门负责年检，年检合格的报国家建设行政主管部门备案，基本合格或不合格的也应上报确认其年检结论。

工程勘察乙级资质、勘察劳务资质、建筑工程设计乙级资质和其他建设勘察、设计丙级及以下资质，由企业工商注册所在地省、自治区、直辖市人民政府建设行政主管部门审批并负责年检。年检结论为：合格、基本合格、不合格三种。

在工程设计领域，为了开展国际间的技术交流，让工程设计人员了解国际上通用的设计程序，学习、借鉴国外的先进设计技术和方法，尽快适应加入 WTO 后的国际市场竞争，在入世后过渡期内允许设立中外合营工程设计机构，但要求中方具有甲、乙级资质，外方在所在国或地区社会信誉良好，在国际市场有较强竞争力的注册机构，并有较强的注册建筑师和注册工程师队伍，且应按《中外合资经营企业法》、《中外合作经营企业法》及《关于国外独资工程设计咨询企业或机构申报专项工程设计资质有关问题的通知》（建设〔2000〕67 号）的规定，由国家外经贸部（现为商务部）负责审批，住建部负责统一审定和管理其资质和资格。监理工程师主要审查其工程设计证书和工程设计收费资格证书，凡未取得住建部许可的境外设计机构及设计人员按有关规定在中国境内中标承担设计业务，必须与中国的甲级设计单位合作，由中文注册建筑师等签字方为合法文件。目前，国家仅允许建筑智能化系统集成专项设计，建筑装饰和环境专项工程设计的国外独资咨询企业或机构独立进入国内市场。

（3）监理工程师对勘察、设计单位资质考核要点　对于工程勘察、设计单位资质进行核查，是勘察设计质量控制工作的第一步。勘察设计质量的责任由单位和个人共同来承担，因此，对单位的资质和个人的资格均要认真审核。监理工程师应重点核查以下内容：

1）检查勘察、设计单位的资质证书类别和等级及所规定的适用业务范围及拟建工程的类型、规模、地点、行业特性与要求的勘察、设计任务是否相符，资质证书是否已超过有效期，其资质年检是否合格。

2）检查勘察、设计单位的营业执照，重点是有效期和年检情况。

3）对参与拟建工程的主要技术人员的执业资格进行检查，对专职技术骨干比例进行考察，包括一级注册建筑师、一级注册工程师（结构）和在国家实行其他专业注册工程师制度后的注册工程师、注册造价工程师、取得高级职称的技术人员、从事工程设计实践10年以上并取得中级职称技术人员。重点检查其注册证书有效性，签字权的级别是否与拟建工程相符。

4）对勘察、设计单位实际的建设业绩、人员素质、管理水平、资金情况、技术装备进行实地考察，特别是对其近期完成的与拟建工程类型、规模、特点相似或相近的工程勘察、设计任务进行查访，了解其服务意识和工作质量。

5）对勘察、设计单位的管理水平，重点考查是否达到了与其资质等级相应的要求。监理工程师应根据考核情况，对被考核单位给出一个综合评价，形成文字材料，送建设单位或有关单位作为参考。

2. 勘察质量控制

（1）勘察阶段划分及其工作要求和程序　工程勘察的主要任务是按勘察阶段的要求，正确反映工程地质条件，提出岩土工程评价，为设计、施工提供依据。工程勘察工作一般分三个阶段，即可行性研究勘察、初步勘察、详细勘察。当工程地质条件复杂或者有特殊施工要求的重要工程，应进行施工勘察，各勘察阶段的工作要求如下：

1）可行性研究勘察，又称选址勘察，其目的是要通过收集、分析已有资料，进行现场踏勘。必要时，进行工程地质测绘和少量勘探工作，对拟选场址的稳定性和适宜性作出岩土工程评价，进行技术经济论证和方案比较，满足确定场地方案的要求。

2）初步勘察是指在可行性研究勘察的基础上，对场地内建筑地段的稳定性作出岩土工程评价，并为确定建筑总平面布置、主要建筑物地基基础方案及对不良地质现象的防治工作方案进行论证，满足初步设计或扩大初步设计的要求。

3）详细勘察应对地基基础处理与加固、不良地质现象的防治工程进行岩土工程计算与评价，满足施工图设计的要求。

对于施工勘察，不仅是在施工阶段对与施工有关的工程地质问题进行勘察，提出相应的工程地质资料以制订施工方案，对工程竣工后一些必要的勘察工作（如检验地基加固效果等）也属于施工勘察的内容。

工程勘察的工作程序一般是：承接勘察任务，收集已有资料，现场踏勘，编制勘察纲要，出工前准备，野外调查，测绘，勘探，试验，分析资料，编制图件和报告等。对于大型工程或地质条件复杂的工程，工程勘察单位要做好施工阶段的勘察配合、地质编录和勘察资料验收等工作，如发现有影响设计的地形、地质问题，应进行补充勘察和过程监测。

（2）勘察阶段质量控制要点　由于工程勘察工作是一项技术性、专业性很强的工作，因此监理工程师在熟练掌握其专业知识和相关法律、法规、规范的同时，应详细了解其工作特点和操作方式，按照质量控制的基本原理对人、材、机、法、环五个质量影响因素进行检查和过程控制，以保证工程勘察工作符合整个工程建设的质量要求。质量控制的要点为：

1）协助建设单位选定勘察单位。按照国家发改委和住建部的有关规定，凡是在国家建设工程设计资质分级标准规定范围内的建设工程项目，建设单位均应委托具有相应资质等级的工程勘察单位承担勘察业务工作，委托可采用竞选委托、直接委托或招标三种方式，但国家规定了强制招标或竞选的范围。在选择勘察单位时，监理工程师除重点对其资质进行控制外，还要检查勘察单位的技术管理制度和质量管理程序，考察勘察单位的专职技术骨干素质、业绩及服务意识。

2）勘察工作方案审查和控制。工程勘察单位在实施勘察工作之前，应结合各勘察阶段的工作内容和深度要求，按照有关规范、规程的规定，结合工程的特点编制勘察工作方案（勘察纲要）。勘察工作方案要体现规划、设计意图，如实反映现场的地形和地质概况，满足任务书上深度和合同工期的要求，工程勘察等级明确、勘察方案合理，人员、机具配备满足需要，项目技术管理制度健全，各项工作质量责任明确，勘察工作方案应由项目负责人主持编写，由勘察单位技术负责人审批、签字并加盖公章。

监理工程师除按上述编制要求认真审查外，还应提出不同的审查要点，例如对初步勘察阶段，要按工程勘察等级确认勘探点、线、网布置的合理性，控制性勘探孔的位置、数量、孔深、取样数量是否满足规范要求等。

3）勘察现场作业的质量控制。监理工程师应重点检查：现场作业人员应进行专业培训，重要岗位要实施持证上岗制度，并严格按"勘察工作方案"及有关"操作规程"的要求在开展现场工作前留下印证记录；原始资料取得的方法、手段及使用的仪器设备应当正确、合理，勘察仪器、设备、实验室应有明确的管理程序，现场钻探、取样机具应通过计量认证；原始记录表格应按要求认真填写清楚，并经有关作业人员检查、签字；项目负责人应始终在作业现场进行指导、督促检查，并对各项作业资料检查验收签字。

4）勘察文件的质量控制。监理工程师对勘察结果的审核与评定是勘察阶段质量控制最重要的工作。首先应检查勘察结果是否满足以下条件：

① 工程勘察资料、图表、报告等文件要依据工程类别，按有关规定执行各级审核、审批程序，并由负责人签字。

② 工程勘察结果应满足国家有关法规及技术标准和合同规定的要求。

③ 工程勘察结果必须严格按照质量管理有关程序进行检查和验收，质量合格方能提供使用。对工程勘察结果的检查验收和质量评定应当执行国家、行业和地方有关工程勘察结果检查验收评定的规定。

其次，监理工程师要详细审查工程勘察报告，其报告中不仅要提出勘察现场的工程地质条件和存在的地质问题，更重要的是结合工程设计、施工条件，以及地基处理、开挖、支护、降水等工程的具体要求，进行技术论证和评价，提出岩土工程问题及解决问题的决策性建议，并提出基础、边坡等工程的设计准则和岩土工程施工的指导性意见，为设计、施工提供依据，服务于工程建设的全过程。另外，针对不同的勘察阶段，监理工程师应对工程勘察报告的内容和深度进行检查，看其是否满足勘察任务书和相应设计阶段的要求。

5）后期服务质量保证。勘察文件交付后，监理工程师应根据工程建设的进展情况，督促勘察单位作好施工阶段的勘察配合及验收工作，对施工过程中出现的地质问题要进行跟踪服务，做好监测、回访。特别是及时参加验槽、基础工程验收和工程竣工验收及与地基基础有关的工程事故处理工作，保证整个工程建设的总体目标得以实现。

6）勘察技术档案管理。工程项目完成后，监理工程师应检查勘察单位技术档案管理情况，要求将全部资料，特别是质量审查、监督主要依据的原始资料，分类编目，归档保存。

3. 设计质量控制

（1）工程设计阶段的划分　工程设计依据工作进程和深度不同，一般按扩大初步设计、施工图设计两个阶段进行；技术上复杂的工业交通项目可按初步设计、技术设计和施工图设计三个阶段进行。二阶段设计和三阶段设计，是我国工程设计行业长期形成的基本工作模式，各阶段的设计结果包括设计说明、技术文件（设计图等）和经济文件（概预算）。监理工程师应按设计准备和设计展开两大阶段进行质量控制。设计阶段监理工作程序如图5-2所示。

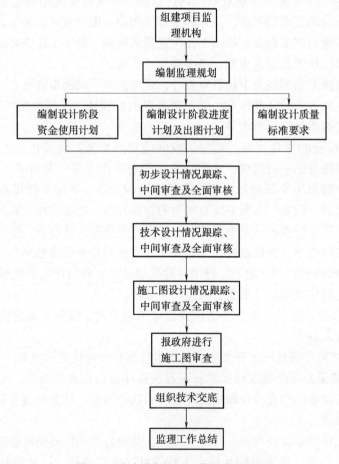

图5-2　设计阶段监理工作程序示意图

（2）设计阶段质量控制原则、任务和方法　具体如下。

1）设计质量控制主要有以下原则：

①建设工程设计应当与社会、经济发展水平相适应，做到经济效益、社会效益和环境

效益相统一。

② 建设工程设计应当按工程建设的基本程序，坚持"先勘察，后设计，再施工"的原则。

③ 建设工程设计应力求做到适用、安全、美观、经济。

④ 建设工程设计应符合设计标准、规范的有关规定，计算要准确，文字说明要清楚，设计图要清晰、准确。

2）设计阶段监理质量控制主要有以下任务：

① 审查设计基础资料的正确性和完整性。

② 协助建设单位编制设计招标文件或方案竞选文件，组织设计招标或方案竞选。

③ 审查设计方案的先进性和合理性，确定最佳设计方案。

④ 督促设计单位完善质量体系，建立内部专业交底及会签制度。

⑤ 进行设计质量跟踪检查，控制设计图的质量。

⑥ 组织图纸会审。

⑦ 评定、验收设计文件。

3）设计质量控制的主要方法是设计质量跟踪，也就是在设计过程中和阶段设计完成时，以设计招标文件（含设计任务书、地质勘察报告等）、设计合同、监理合同、政府有关批文、各项技术规范和规定、气象、地区等自然条件及相关资料、文件为依据，对设计文件进行深入细致的审核。审核内容主要包括：设计图的规范性，建筑造型与立面设计，平面设计，空间设计，装修设计，结构设计，工艺流程设计，设备设计，水、电自控设计，城规、环境、消防、卫生等部门的要求满足情况，专业设计的协调一致情况，施工可行性等方面。在审查过程中，特别要注意过分设计和不足设计两种极端情况。过分设计，导致经济性差；不足设计，存在隐患或功能降低。

工程设计工作的展开和深化，有其内在的规律和程序。因此，监理工程师也应围绕着各设计阶段的工作重心，进行设计质量控制，其主要环节如表 5-1 所示。

表 5-1　监理工程师对设计质量控制的主要环节

序　号	工 作 阶 段	监理控制工作主要内容
1	设计准备阶段	根据项目建设要求拟订规划设计大纲
2		组织方案竞选或设计招标，择优选择设计单位
3		拟定设计纲要和设计合同
4		落实有关外部条件，设计所需的基础资料
5	设计阶段	配合设计单位开展技术经济分析，进行设计方案比选和设计优化
6		配合设计进度设计与外部有关部门间的协调工作
7		在各设计单位之间进行协调
8		参与主要设备、材料的选择
9		检查和控制设计进度
10	验收阶段	组织对设计的评审或咨询
11		审核设计概算，设计预算
12		审核主要设备及材料清单
13		施工图审核

（续）

序　号	工 作 阶 段	监理控制工作主要内容
14		处理设计变更
15	施工阶段	参与现场质量控制工作
16		主持处理工程质量问题，参与处理工程质量事故
17		参与工程验收

5.3　设备采购与制造安装的质量控制

5.3.1　设备采购的质量控制

1. 设备市场采购的质量控制

建设单位直接采购，监理工程师要协助编制设备采购方案；总包单位或者设备安装单位采购，监理工程师要对总承包单位或安装单位编制的采购方案进行审查。

负责设备采购质量控制的监理工程师应熟悉和掌握设计文件中设备的各项要求、技术说明和规范标准，并对存在的问题通过建设单位向设备设计单位提出意见和建议。由总包单位或安装单位采购的设备，采购前要向监理工程师提交设备采购方案，经审查同意后方可实施。审查内容包括：采购的基本原则、保证设备质量的具体措施、依据的图样、规范和标准、质量标准、检查及验收程序、质量文件要求等。

2. 向生产厂家订购设备的质量控制

设备订购前要做好厂商的评审和实地考察。主要考察供货厂商的资质；设备供货能力；近几年供应、生产、制造类似设备的情况；企业的财务状况；以及要分包采购的原材料、配套零部件及元器件的情况等。然后由项目监理机构会同建设单位或采购单位一起对供货厂商作进一步现场实地考察调研，提出监理企业的看法，与建设单位一起作出考察结论。

3. 招标采购设备的质量控制

设备招标采购一般用于大型、复杂、关键设备和成套设备及生产线设备的订货。选择合适的设备供应单位是关键环节。在设备招标采购阶段，监理企业应该当好建设单位的参谋和帮手，把好设备订货合同中技术标准、质量标准的审查关。

1）掌握设计对设备提出的要求，协助建设单位起草招标文件、审查投标单位的资质情况和投标单位的设备供货能力，做好资格预审工作。

2）参加对设备供货厂商或投标单位的考察，提出建议，与建设单位一起作出考察结论。

3）参加评标、定标会议，帮助建设单位进行综合比较和确定中标单位，评标时对设备的制造质量、设备的使用寿命和成本、维修的难易及备件的供应、安装调试、投标单位的生产管理、技术管理、质量管理和企业的信誉等几个方面作出评价。

4）协助建设单位向中标单位或设备供货厂商移交必要的技术文件。

5.3.2　设备制造的质量控制

对于某些重要的设备，要对设备制造厂生产制造的全过程实行监造。设备监造是指具有资质的监理企业依据委托监理合同和设备订货合同对设备制造过程进行的监督活动。

1. 设备制造前的质量控制

设备制造前的质量控制主要有：熟悉设计图、合同，掌握标准、规范、规程，明确质量要求，明确设备制造过程的要求及质量标准，审查设备制造的工艺方案，对设备制造分包单位的审查，对检验计划和检验要求的审查，对生产人员上岗资格的检查，用料的检查等。

2. 设备制造过程中的质量控制

制造过程的质量控制是设备制造质量控制的重点。制造过程涉及一系列不同的加工工序，不同加工制造工艺形成不同的工序产品、零件和半成品。

1）在制造过程中的监督和检验主要有：对加工作业条件的控制，对工序产品的检查与控制，对不合格零件的处置，对设计变更的审核，对零件、半成品、制成品的保护等。

2）设备的装配和整机性能检测，是设备出厂前质量控制的重要检测阶段，监理工程师应监督整个装配过程，检查配合面的配合质量、零部件的定位质量及它们的连接质量、运动件的运动精度等，当符合装配质量要求时予以签认。还要监督设备的调整试车和整机性能检测，符合要求后予以签认。

3）设备出厂的质量控制，先要经监理工程师进行出厂前的检查。监理工程师主要按设计要求检查设备制造单位对待运输设备采取的防护和包装措施，并检查是否符合运输、装卸、储存、安装的要求，以及相关的随机文件、装箱单和附件是否齐全，符合要求后由总监理工程师签认同意方可出厂。为保证设备的质量，制造单位在设备运输前应做好包装工作和制订合理的运输方案，监理工程师要对设备包装质量进行检查，审查设备运输方案。对设备运输过程中的重点环节进行控制，检查运输方案的执行情况，对装卸、运输、储存过程进行检查并做好记录，若发现问题应及时提出并会同有关单位做好文件签署手续。

4）对质量记录资料进行监控，主要有制作单位质量管理检查资料，设备制造依据及工艺资料，设备制造材料的质量记录，零部件加工检查验收资料等。监理工程师对这些质量记录资料的要求是真实、齐全、完整，相关人员的签字齐备，结论要准确。质量记录资料与制造过程要同步，组卷、归档要符合接收及安装单位的规定。

3. 设备的检查验收

为确保设备质量，监理工程师需要做好设备检查验收的质量控制。设备的检查验收包括供货单位出厂前的自查检验及用户或安装单位在设备进入安装现场后的检查验收。

（1）设备检验的要求　对整机装运的新购设备，应进行运输质量及供货情况的检查。对解体装运的自组装设备，在对总成、部件及随机附件、备品进行外观检查后，应尽快组织工地组装并进行必要的检测试验。工地交货的机械设备，一般都由制造厂在工地进行组装、调试和生产性试验，自检合格后才提请订货单位复验，复验合格后，才能签署验收。调拨的旧设备的测试验收，应基本达到"完好设备"的标准，全部验收工作应在调出单位所在地进行，若测试不合格就不装车发运。对于永久性或长期性的设备改造项目，应按原批准方案的性能要求，经一定的生产实践考验并鉴定合格后才予验收。对于自制设备，在经过 6 个月的生产考验后，按试验大纲的性能指标测试验收，决不允许擅自降低标准。

关于保修期与索赔期的规定：一般国产设备自发货日起 12～18 个月；进口设备 6～12 个月。有合同规定者按合同规定执行。对进口设备应力争在索赔期的上半年或最迟到 9 个月内安装调试完毕，以争取 3～6 个月的时间进行生产考验，发现问题及时提出索赔。

（2）设备检验的质量控制　设备检查验收前，设备安装单位要提交设备检查验收方案，经监理工程师审查同意后，方可实施。监理工程师要做好质量控制计划，内容包括设备检查验收的程序，检查项目、标准、检验、试验要求，设备合格证等质量控制资料的要求，是否具有权威性的质量认证等。设备检验程序一般如下。

1）设备进入安装现场前，总承包单位或安装单位应向项目机构提交工程材料/构配件/设备报审表，同时附有设备出厂合格证及技术说明书、质量检验证明、有关图样及技术资料，经监理工程师审查，如符合要求，则予以签认，设备方可进入安装现场。

2）设备进场后，监理工程师应组织设备安装单位在规定时间内进行检查，此时供货方或设备制造单位应派人参加，按供货方提供的设备清单及技术说明书、相关质量控制资料进行检查验收，经检查确认合格，则验收人员签署验收单。如发现供货方质量控制资料有误，或实物与清单不符，或对质量文件资料的正确有怀疑，或设计文件及验收规程规定必须复验合格后方可安装，应由有关部门进行复验。

3）如经检验发现设备质量不符合要求时，则监理工程师拒绝签认，由供货方或制造单位予以更换或进行处理，合格后再进行检查验收。

4）工地交货的大型设备，一般由厂方运到工地后组装、调整和试验，经自检合格后再由监理工程师组织复验，复验合格后才能予以验收。

5）进口设备的检查验收应会同国家商检部门进行。

设备检验方法主要有开箱检查、专业检查及单机无负荷试车或联动试车。

5.3.3　设备安装的质量控制

设备安装应从设备开箱起，直到设备的空载试运转，必须带负荷才能试运转的应进行负荷试运转。在安装过程中，监理工程师要做好安装过程的质量监督和控制，对安装过程中的每一个分项、分部工程和单位工程进行质量检查验收。

1. 设备安装前的质量控制

1）审查安装单位提交的设备安装施工组织设计和安装施工方案。

2）检查作业条件(如运输道路、水、电、气、照明及消防设施)、主要材料、机具及劳动力是否落实，土建施工是否已经满足设备安装要求。安装工序中如有恒温、恒湿、防振、防尘、防辐射要求时是否有相应的保证措施。当气象条件不利时是否有相应的措施。

3）采用建筑结构作为起吊、搬运设备的承力点时，是否对结构的承载力进行了核算，是否征得设计单位的同意。

4）设备安装中采用的各种计量和检测器具、仪器、仪表和设备是否符合计量规定(精度等级不得低于被检对象的精度等级)。

5）检查安装单位的质量管理体系是否建立健全，督促其不断完善。

2. 设备安装过程中的质量控制

设备安装过程中的质量控制要注意：安装过程中的隐蔽工程，隐蔽前必须进行检查验收，合格后方可进入下道工序。设备安装中要坚持施工人员自检，下道工序的互检，安装单位专职质检人员的专检，以及监理工程师的复检，并对每道工序进行检查和记录。安装过程中使用的材料必须符合设计和产品标准的规定，有出厂合格证明及安装单位自检结果。

（1）设备基础的质量控制　设备在安装就位前，安装单位应对设备基础进行检验，自检合格后提请监理工程师进行检查。监理工程师对设备基础的质量检查应注意：所有基础表面的模板、固定架及露出基础外的钢筋等必须拆除；基础表面及地脚螺栓预留孔内油污、碎石、泥土及杂物、积水等应全部清除干净，预埋地脚螺栓的螺纹和螺母应保护完好，放置垫铁部位的表面应凿平；所有预埋件的数量和位置要正确，对不符合要求的质量问题，应指令承包单位立即进行处理，直到检验合格为止。

（2）设备就位和调平找正　正确地找出并划定设备的基准线，然后根据基准线将设备安放到正确位置上，统称就位。监理工程师的质量控制就是对安装单位的测量结果进行复核，并检查其测量位置是否符合要求。设备调平找正分设备找正、设备初平和设备精平。监理工程师要对安装单位选择的测点进行检查及确认，对设备调平找正使用的工具、量具的精度进行审核，以保证精度满足质量要求。对安装单位进行设备初平、精平的方法进行审核或复验，以保证设备调平找正达到规范的要求。

（3）设备复查与二次灌浆　每台设备在安装定位、找正调平以后，安装单位要进行严格的复查工作，使设备的中心和水平及螺栓调整垫铁的松紧度完全符合技术要求，并将实测结果记录在质量表格中。安装单位经自检确认符合安装技术标准后，提请监理工程师进行检验，经监理工程师检查合格，安装单位方可进行二次灌浆工作。

（4）设备安装质量记录资料的控制　设备安装的质量记录资料主要有安装单位质量管理检查资料，安装依据，设备、材料的质量证明资料，安装设备验收资料等。监理工程师要求安装的质量记录资料要真实、齐全、完整，签字齐备；所有资料结论明确；质量记录资料要与安装过程的各阶段同步；组卷、归档要符合建设单位及接收使用单位的要求，国际投资的大型项目，资料应符合国际重点工程对验收资料的要求。

3. 设备试运行的质量控制

设备安装单位认为达到试运行条件时，应向项目监理机构提出申请试运转。经现场监理工程师检查并确认满足设备试运行条件时，由总监理工程师批准，设备安装承包单位进行设备试运行。试运行时，建设单位及设计单位应有代表参加。

监理工程师在设备试运行过程的质量控制主要是监督安装单位按规定的步骤和内容进行试运行。试运行一般可分为准备工作、单机试车、联动试车、投料试车和试生产四个阶段来进行。试运行中应坚持下述步骤：

1）由无负荷到有负荷。

2）由部件到组件，由组件到单机，由单机到机组。

3）分系统进行，先主动系统后从动系统。

4）先低速逐级增到高速。

5）先手控、后遥控运转，最后进行自控运转。

监理工程师应参加试运行全过程的各个环节，督促安装单位做好各种检查及记录，试车中如出现异常，应立即进行分析并指令安装单位采取相应措施。

5.4 建设工程施工阶段的质量控制

施工阶段质量控制是施工监理的重要工作内容。监理工程师就是要按照合同赋予的权利，围绕影响工程质量的各种因素，对工程项目的施工进行有效的监督和管理。

5.4.1 施工质量控制的系统过程

施工阶段的质量控制是一个由对投入的资源和条件的质量控制，进而对生产过程及各环节质量进行控制，直到对所完成的工程产出品的质量检验与控制为止的全过程的系统控制过程。这个过程可以有以下几种划分方式。

1. 按工程实体质量形成过程的时间阶段划分

施工阶段的质量控制可以分为三个环节，如图5-3所示。

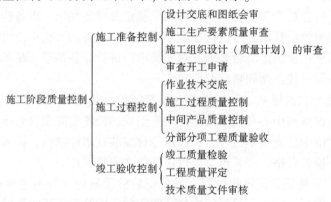

图5-3 施工阶段质量控制过程图

2. 按工程实体形成过程中物质形态转化的阶段划分

由于工程对象的施工是一项物质生产活动，所以施工阶段的质量控制系统过程也是一个经由以下三个阶段的系统控制过程。

1）对投入的物质资源质量的控制。

2）施工过程质量控制。即在使投入的物质资源转化为工程产品的过程中，对影响产品质量的各因素、各环节及中间产品的质量进行控制。

3）对完成的工程产出品质量的控制与验收。

在上述三个阶段的系统控制过程中，前两个阶段对于最终产品质量的形成具有决定性的作用，而投入的物质资源的质量控制对最终产品质量又具有举足轻重的影响。

3. 按工程项目施工层次划分

通常任何一个大中型工程建设项目可以划分为若干层次，各层次间的质量控制系统过程如图5-4所示。

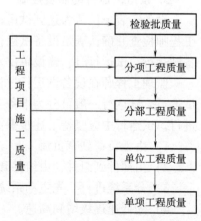

图5-4 不同施工层次质量控制过程图

5.4.2　施工质量控制的依据

施工阶段监理工程师进行质量控制的依据，大体上有以下四类。

（1）工程合同文件　工程施工承包合同文件和委托监理合同文件中分别规定了参与建设各方在质量控制方面的权利和义务，有关各方必须履行在合同中的承诺。

（2）设计文件　经过批准的设计图样、技术说明书等设计文件，是质量控制的重要依据。

（3）国家及政府有关部门颁布的有关质量管理方面的法律、法规性文件　主要有：《建筑法》、《建设工程质量管理条例》、《建筑业企业资质管理规定》，《建设工程监理规范》（GB/T 50319—2013）等。

（4）有关质量检验与控制的专门技术法规性文件　主要有以下四类：

1）工程项目施工质量验收标准，这类标准主要是由国家或部门统一制定的，用以作为检验和验收工程项目质量水平所依据的技术法规性文件。如《建筑工程施工质量验收统一标准》（GB 50300—2013）。

2）有关工程材料、半成品和构配件质量控制方面的专门技术法规性依据。如有关材料及其制品质量的技术标准。

3）控制施工作业活动质量的技术规程，如电焊操作规程、砌砖操作规程、混凝土施工操作规程等。

4）凡采用新工艺、新技术、新材料的工程事先应进行试验，并应有权威性技术部门的技术鉴定书及有关的质量数据、指标，在此基础上制定有关的质量标准和施工工艺规程，以此作为判断与控制质量的依据。

5.4.3　施工质量控制的工作程序

在施工阶段全过程中，监理工程师要进行全过程、全方位的监督、检查与控制，不仅涉及最终产品的检查、验收，而且涉及施工过程的各环节及中间产品的监督、检查与验收。

在每项工程开始前，承包单位须做好施工准备工作，然后填报工程开工/复工报审表，附上该项工程的开工报告、施工方案以及施工进度计划、人员和机械设备配置、材料准备情况等，报送监理工程师审查。若审查合格，则由总监理工程师批复准予施工。否则，承包单位应进一步做好施工准备，等条件具备时，再次填报开工申请。

在施工过程中，监理工程师应督促承包单位加强内部质量管理，严格质量控制。施工作业过程均应按规定工艺和技术要求进行。在每道工序完成后，承包单位应进行自检，自检合格后，填报报验申请表，交监理工程师检验。监理工程师收到报验申请后，应在合同规定的时间内到现场检验，检验合格后予以确认。

只有上一道工序被确认质量合格后，方可准许下道工序施工，按上述程序完成逐道工序。当一个检验批、分项工程、分部工程完成后，承包单位首先对检验批、分项工程、分部工程进行自检，填写相应质量验收记录表，确认工程质量符合要求，然后向监理工程师提交报验申请表，并附上自检的相关资料，经监理工程师现场检查及对相关资料审核后，符合要求予以签认验收，反之，则指令承包单位进行整改或返工处理。

在施工质量验收过程中，涉及结构安全的试块、试件及有关材料，应按规定进行见证取样检测；对涉及结构安全和使用功能的重要分部工程，应进行抽样检测，承担见证取样检测及有关结构安全检测的单位应具有相应资质。

通过返修或加固处理仍不能满足安全使用要求的分部工程、单位工程严禁验收。

5.4.4　施工质量控制的主要内容

1. 施工准备的质量控制

（1）施工单位资质的核查　施工承包单位按照其承包工程能力，划分为施工总承包、专业承包和劳务分包三个序列。每个序列按照工程性质和技术特点分别划分为若干资质类别，各资质类别按照规定的条件划分为若干等级。监理工程师对施工单位资质进行审核，首先在招投标阶段根据工程的类型、规模和特点，确定参与投标单位的资质等级，并取得招投标管理部门的认可。对符合参与投标的单位，查对营业执照和建筑业企业资质证书，了解其实际的建设业绩、人员素质、管理水平、资金情况、技术装备等，考核承包单位近期表现，查对近期承建工程，实地参观考核工程质量情况及现场管理水平，选择合适的承包单位，优先选取创出名牌优质工程的单位。

承包单位中标进场施工后，监理工程师要对承包施工单位质量管理体系进行核查。如单位的质量意识，质量管理情况；贯彻 ISO 9000 标准、体系建立和通过认证的情况，单位领导班子的质量管理机构落实、质量管理权限实施的情况，审查承包单位现场项目经理部的质量管理体系、技术管理体系和质量保证体系等，在能确保工程项目施工质量时予以确认。审查专职管理人员和特种作业人员的资格。

（2）施工组织设计的审查　监理工程师对施工组织设计的审查包括对质量内容的审查。要审查施工组织设计是否符合国家的技术政策，充分考虑承包合同规定的条件、施工现场条件及法规条件的要求，突出"质量第一，安全第一"的原则；承包单位是否了解并掌握本工程的特点和难点；是否有能力执行并保证质量目标的实现；质量管理和技术管理体系、质量保证措施是否符合有关标准且切实可行等。专业监理工程师应审查施工单位报送的新材料、新工艺、新技术、新设备的质量论证材料和相关验收标准的适用性，必要时，应要求施工单位组织专题论证，审查合格后报总监理工程量签认。

（3）现场施工准备的质量控制　施工现场的质量控制主要有以下几个方面。

1）工程定位及标高基准控制。专业监理工程师应该检查、复核施工单位报送的施工控制测量成果及保护措施，签署意见。专业监理工程师应对施工单位在施工过程中报送的施工测量放线成果进行查验。施工控制测量成果及保护措施的检查、复核应包括下列内容：

① 施工单位测量人员的资格证书及测量设备检定证书。

② 施工平面控制网、高程控制网和临时水准点的测量成果及控制桩的保护措施。

2）施工现场布置的控制。为保证承包单位能够顺利地施工，监理工程师应督促建设单位按照合同约定，并结合承包单位施工的需要，事先划定并提供给承包单位占有和使用现场有关部分的范围。监理工程师要检查施工现场总体布置是否合理，是否有利于保证施工的正常顺利地进行，是否有利于保证质量，特别是要对场区的道路、防洪排水、器材存放、给水及供电、混凝土供应及主要垂直运输机械设备布置等方面予以重视。

3）材料、构配件采购订货的控制。凡由承包单位负责采购材料、半成品或构配件，在采购订货前应向监理工程师申报；对于重要的材料，还应提交样品，供试验或鉴定。有些材料则要求供货单位提交理化检验单，经监理工程师审查认可后方可进行订货采购。对于半成品和构配件的采购、订货，监理工程师应提出明确的质量要求、质量检测项目及标准；出厂合格证或产品说明书等质量文件的要求，以及是否需要权威性的质量认证等。

4）实验室的控制。

专业监理工程师应检查施工单位为工程提供服务的实验室。试验写的检查应包括下列内容：

① 实验室的资质等级及试验范围。

② 法定计量部门对试验设备出具的计量检定证明。

③ 实验室管理制度。

④ 试验人员资格证书。

5）施工机械配置的控制。施工机械的选择要能满足施工的需要，保证施工质量。要审查施工机械设备是否按已经批准的计划备妥，所准备的机械设备是否与监理工程师审查认可的施工组织设计或施工计划中所列相一致，所准备的施工机械设备是否都处于完好的可用状态。对于与批准的计划中所列施工机械不一致，或机械设备的类型、规格、性能不能保证施工质量的，以及维护修理不良，不能保证良好的可用状态的，都不准使用。

6）分包单位资格的审核。监理工程师审查总包单位提交的分包单位资质报审表主要是审查施工承包合同是否允许分包，分包的范围和工程部位是否可进行分包，分包单位是否具有按工程承包合同规定的条件完成分包工程任务的能力。若监理工程师认为该分包单位基本具备分包条件，应进一步对分包单位进行调查。调查的目的是核实总承包单位申报的分包单位情况是否属实。如果监理工程师对调查结果满意，总监理工程师应以书面形式批准该分包单位承担分包任务。总承包单位收到监理工程师的批准通知后，应尽快与分包单位签订分包协议，并将协议副本报送监理工程师备案。

7）设计交底与施工图的现场核对。施工阶段，设计文件是监理工作的依据。监理工程师应认真参加由建设单位主持的设计交底工作，透彻地了解设计原则及质量要求。监理工程师应要求并督促承包单位认真做好图样核对工作，对于审图过程中发现的问题，及时以书面形式报告给建设单位。

8）严把开工关。监理工程师应事先检查工程施工所需的场地征用、道路、水、电等是否开通。对与拟开工工程有关的现场各项施工准备工作进行检查并认为合格后，监理工程师可以发布开工指令。

9）监理组织内部的监控准备工作。建立并完善项目监理机构的质量监控体系，做好监控准备工作，是监理工程师做好质量控制的基础工作之一。

2. 施工过程中的质量控制

为确保施工质量，监理工程师要对施工过程进行全过程全方位的质量监督、控制与检查。就整个施工过程而言，可按事前、事中、事后进行控制。对一个具体作业而言，监理工程师控制管理仍然要进行事前、事中及事后控制。

（1）作业技术准备状态的控制　各项施工准备工作在正式开展作业技术活动前，是否按预先计划的安排落实到位的状况，称为作业技术准备状态。

　　1）设置质量控制点。一般应当选择那些保证质量难度大的，对质量影响大的或者是发生质量问题时危害大的对象作为质量控制点。针对所设置的质量控制点，事先分析施工中可能发生的质量问题和隐患及可能产生的原因，提出相应的对策，采取有效的预防措施。

　　2）作业技术交底的控制。关键部位或技术难度大，施工复杂的检验批，分项工程施工前，承包单位的技术交底书要报监理工程师审查。经监理工程师审查后认为，技术交底书不能保证作业活动的质量要求，承包单位要进行修改补充。没有做好技术交底的工序或分项工程，不得进入正式施工。

　　3）进场材料、构配件的质量控制。项目监理机构应审查施工单位报送的用于工程的材料、构配件、设备的质量证明文件，并应按有关规定、工程监理合同约定，对用于工程的材料进行见证取样、平行检验。凡运到现场的原材料、半成品或构配件，进场前应向项目监理机构提交工程材料/构配件/设备报审表，同时附有产品出厂合格证及技术说明书，由施工单位按规定要求进行检验的检验或试验报告，经监理工程师审查并确认其质量合格后，方准进场。没有产品出厂合格证明及检验不合格者不得进场。如果监理工程师认为承包单位提交的有关产品合格证明的文件，以及施工单位提交的检验和试验报告，仍不足以说明到场产品的质量符合要求时，监理工程师可以再行组织复检或见证取样试验，确认其质量合格后方允许进场。项目监理机构对已进场经检验不合格的工程材料、构配件、设备，应要求施工单位限期将其撤出施工现场。

　　进口材料的检查验收应会同国家商检部门进行。如在检验中发现质量问题或数量不符合规定要求时，应取得供货方及商检人员签署的商务记录，在规定的索赔期内进行索赔。

　　监理工程师对承包单位在材料、半成品、构配件的存放、保管条件及时间上，也应实行监控，如果存放、保管条件不良，监理工程师有权要求施工单位加以改善并达到要求。对于某些当地材料及现场配制的制品，应要求承包单位事先进行试验，达到要求标准方准施工。

　　当承包单位采用新材料、新工艺、新技术、新设备时，专业监理工程师应要求承包单位报送相应的施工工艺措施和证明材料，组织专题论证，经审定后予以签认。

　　4）环境状态的控制。环境状态的控制包括施工作业环境的控制，施工质量管理环境的控制和现场自然环境条件的控制。

　　对施工作业环境的控制工作，监理工程师应事先检查承包单位对施工作业环境条件方面的有关准备工作是否已做好安排和准备妥当，当确认其准备可靠有效后，方准许其进行施工。

　　施工质量管理环境主要是指施工单位的质量管理体系和质量控制自检系统是否处于良好状态；系统的组织结构、管理制度、检测制度、检测标准、人员配备等方面是否完善和明确；质量责任制是否落实。监理工程师做好承包单位施工质量管理环境的检查，并督促其落实，是保证作业效果的重要前提。

　　监理工程师应检查施工单位对于未来的施工期间，自然环境条件可能出现对施工作业质量的影响时，是否事先已经有充分的认识并已做好充足的准备和采取了有效措施与对策以保证工程质量。

　　5）进场施工机械设备性能及工作状态的控制。监理工程师主要应做好施工机械设备的进场检查，机械设备工作状态的检查，特殊设备安全运行的审核及大型临时设备的检查等控制工作。

6）施工测量及计量器具性能、精度的控制。工程作业开始前，承包单位应向项目监理机构报送工地实验室或外委实验室的资质证明文件，列出本实验室所开展的试验、检测项目、主要仪器设备、法定计量部门对计量器具的标定证明文件、试验检测人员上岗资质证明、实验室管理制度等。监理工程师应检查工地实验室资质证明文件、试验设备、检测仪器能否满足工程质量检查要求，是否处于良好的可用状态，精度是否符合需要，法定计量部门标定资料、合格证等是否在标定的有效期内；实验室管理制度是否齐全，符合实际；试验、检测人员的上岗资质等。经检查，确认能满足工程质量检验要求，则予以批准同意使用，否则承包单位应进一步完善、补充，在没有得到监理工程师同意之前，工地试验室不得使用。

7）施工现场劳动组织及作业人员上岗资格的控制。从事作业活动的操作者必须满足作业活动的需要，工种配置合理，管理人员到位，相关制度健全。从事特殊作业的人员必须持证上岗。

（2）作业技术活动运行过程的控制　工程施工质量是在施工过程中形成的，保证作业活动的效果与质量是施工过程质量控制的基础。

按照《建设工程监理规范》（GB/T 50319—2013）第 5.2.11 节的规定，项目监理机构应根据工程特点和施工单位报送的施工组织设计，确定旁站的关键部位、关键工序，安排监理人员进行旁站，并应及时记录旁站情况。项目监理机构应安排监理人员对工程施工质量进行巡视。巡视应包括下列主要内容：

① 施工单位是否按工程设计文件、工程建设标准和批准的施工组织设计、（专项）施工方案施工。

② 使用的工程材料、构配件和设备是否合格。

③ 施工现场管理人员，特别是施工质量管理人员是否到位。

④ 特种作业人员是否持证上岗。

项目监理机构应根据工程特点、专业要求及建设工程监理合同的约定，对施工质量进行平行检验。作业技术活动运行过程中，监理工程师应该从以下方面进行过程质量控制。

1）承包单位自检与监理工程师的检查。监理工程师的质量检查与验收是对承包单位作业活动质量的复核与确认。监理工程师的检查决不能代替承包单位的自检，而且监理工程师的检查必须是在承包单位自检并确认合格的基础上进行的。承包单位专职质检员没有检查或检查不合格，不能报监理工程师检查。

2）技术复核工作监控。涉及施工作业技术活动基准和依据的技术工作，承包单位都应该严格进行专人负责的复核性检查，其复验结果应报送监理工程师复验确认后才能进行后续相关的施工过程。监理工程师应把技术复验工作列入监理规划及质量控制计划中，作为一项经常性的工作任务，贯穿于整个施工过程中。

3）见证取样送检工作的监控。承包单位在对进场材料、试块、试件、钢筋接头等实施见证取样前要通知负责见证取样的监理工程师，在监理工程师现场监督下，承包单位按相关规范的要求，完成材料、试块、试件的取样过程。完成取样后，承包单位将送检样品装入木箱，由监理工程师加封，不能装入箱中的试件，如钢筋样品、钢筋接头等，要贴上专用加封标志，然后送往试验室。

4）工程变更的监控。在施工过程中，无论是建设单位、施工单位或者设计单位提出的工程变更或图样修改，都应通过监理工程师审查并经有关方面研究，确认其必要性后，由总监理工程师发布变更指令方能生效。

5）见证点的实施控制。见证点是重要性或质量后果影响程度相对更重要的质量控制点。在实际工程实施质量控制时，通常是由施工单位在分项工程施工前制订施工计划时就选定设置质量控制点，并在质量计划中再进一步明确哪些是见证点。承包单位应将该施工计划及质量计划提交监理工程师审批。如果监理工程师对上述计划及见证点的设置有不同的意见，应书面通知承包单位，要求予以修改，修改后再上报监理工程师审批后执行。

6）级配管理质量监控。根据设计要求，承包单位首先进行理论配合比设计，进行试配试验后，确认2~3个能满足要求的理论配合比提交监理工程师审查。监理工程师审查后确认其符合设计及相关规范的要求后予以批准。

7）计量工作质量监控。监理工程师对计量工作的质量监控，包括对施工过程中使用的计量仪器检测、称重衡器的质量控制；对从事计量作业人员的技术水平资质的审核，以及现场计量操作的质量控制。

8）质量记录资料的监控。质量记录资料包括施工现场质量管理检查记录资料，工程材料质量记录资料，施工过程作业活动质量记录资料。质量记录资料应在工程施工或安装开始前，由监理工程师和承包单位一起，根据建设单位的要求及工程竣工验收资料组卷归档的有关规定，研究列出适合施工对象的质量资料清单。以后随着工程施工的进展，承包单位应不断补充和填写关于材料、构配件及施工作业活动的有关内容，记录新的情况。在对作业活动效果的验收中，如缺少资料和资料不全，监理工程师应拒绝验收。

项目监理机构应对施工单位报验的隐蔽工程、检验批、分项工程和分部进行验收，参验收合格的应给予签认；对验收不合格的应拒绝签认，同时应要求施工单位在指定时间内定整改并重新报验。对已同意覆盖的工程隐蔽部位质量有疑问的，或发现施工单位私自覆盖工程隐蔽部位的，项目监理机构应要求施工单位对该隐蔽部位进行钻孔探测、剥离，或采用其他方法进行重新检验。检验表应按监理规范的要求填写。

9）工地例会的管理。通过工地例会，监理工程师检查分析施工过程的质量状况，指出存在的问题，承包单位提出整改的措施，并作出相应保证。针对某些专门质量问题，监理工程师还应组织专题会议，集中解决较重大或普遍存在的问题。

10）停工令、复工令的实施。为确保作业质量，根据委托监理合同中建设单位对监理工程师的授权，出现下列情况，应下达停工令：

① 施工作业活动存在重大隐患，可能造成质量事故或已经造成质量事故。

② 承包单位未经许可擅自施工或拒绝项目监理机构管理。

③ 施工中出现质量异常情况，经提出后，承包单位未采取有效措施，或措施不力未能扭转异常情况。

④ 隐蔽作业未经依法查验确认合格而擅自封闭。

⑤ 已经发生质量问题迟迟未按监理工程师要求进行处理，或者已经发生质量缺陷或问题，如不停工则质量缺陷或问题将继续发展。

⑥ 未经监理工程师审查同意，擅自变更设计或修改施工图进行施工。

⑦ 未经技术资质审查的人员或不合格人员进入现场施工。

⑧ 使用的原材料、构配件不合格或未经检查确认，或擅自采用代用材料。

⑨ 擅自使用未经项目监理机构审查认可的分包单位进场施工。

承包单位经过整改具备恢复施工条件，应向项目监理机构报送复工申请及有关材料，证明造成停工的原因已经消失。经监理工程师现场复查，认为已经符合继续施工条件，造成停工的原因确已经消失，总监理工程师应及时签署工程复工报审表，指令承包单位继续施工。

总监理工程师下达停工令及复工指令，宜事先向建设单位报告。

3. 作业技术活动结果的控制

监理工程师对作业技术活动结果的控制内容主要有基槽（坑）验收，隐蔽工程验收，工序交接验收，检验批、分项工程、分部工程的验收，联动试车或设备的试运转，单位工程或整个工程项目的竣工验收，不合格的处理及成品保护等。

5.4.5　工程质量问题和质量事故的处理

监理工程师应学会区分工程质量不合格、质量问题和质量事故。应准确判定工程质量不合格，正确处理工程质量不合格和工程质量问题的基本方法和程序，了解工程质量事故处理的程序，在工程质量事故处理过程中如何正确对待有关各方，并应掌握工程质量事故处理方案确定的基本方法和处理结果的鉴定验收程序。

1. 常见问题的成因及分析方法

由于建设工程产品固定，生产流动，施工期较长，所用材料品种繁多，露天施工，受自然条件方面异常因素的影响较大等各方面原因的影响，产生的工程质量问题也多种多样。归纳其最基本的因素主要有以下几方面：违背建设程序，违反法规行为，地质勘察失实，设计差错，施工与管理不到位，使用不合格的原材料、制品及设备，不利的自然环境因素，不当使用建筑物等。

由于影响工程质量的因素众多，一个工程质量问题的实际发生，既可能是因为设计计算和施工图存在错误，也可能因施工中出现不合格或质量问题，也可能因使用不当，或者由于设计、施工甚至使用、管理、社会体制等原因的复合作用。要分析究竟是哪种原因所引起，必须对质量问题的特征表现，以及其在施工中和使用中所处的实际情况和条件进行具体分析。

2. 工程质量问题的处理

作为监理工程师必须掌握如何防止和处理施工中出现的不合格项和各种质量问题，对已发生的质量问题，应掌握其处理程序。

（1）处理方式　在各项工程的施工过程中或完工以后，现场监理人员如发现工程项目存在着不合格项或质量问题，应根据其性质和严重程度按如下方式处理：

1）当施工而引起的质量问题在萌芽状态，应及时制止，并要求施工单位立即更换不合格材料、设备或不称职人员，或要求施工单位立即改变不正确的施工方法和施工工艺。

2）当因施工而引起的质量问题已出现时，应立即向施工单位发出监理通知，要求其对质量问题进行补救处理，并采取足以保证施工质量的有效措施后，填写监理通知回复单报监理机构。

3）当某道工序或分项工程完工以后，出现不合格项，监理工程师应填写不合格项处置记录，要求施工单位及时采取措施予以整改。监理工程师应对其补救方案进行确认，跟踪处理过程，对处理结果进行验收，否则不允许进行下道工序或分项的施工。

4）在交工使用后的保修期内发现施工质量问题，监理工程师应及时签发监理通知，指令施工单位进行修补、加固或返工处理。

（2）处理程序　当发现工程质量问题，监理工程师应按以下程序进行处理：

1）当发生工程质量问题，监理工程师首先应判断其严重程度。对可以通过返修或返工弥补的质量问题，可签发监理通知，责成施工单位写出质量问题调查报告，提出处理方案，填写监理通知回复单，报监理工程师审核后，批复承包单位处理，必要时应经建设单位和设计单位认可，处理结果应重新进行验收。

2）对需要加固补强的质量问题，或质量问题的存在影响下道工序和分项工程的质量时，应签发工程暂停令，指令施工单位停止有质量问题部位和与其有关联部位及下道工序的施工。必要时，应要求施工单位采取防护措施，责成施工单位写出质量问题调查报告，由设计单位提出处理方案，并征得建设单位同意，批复承包单位处理。处理结果应重新进行验收。

3）施工单位接到监理通知后，在监理工程师的组织参与下，尽快进行质量问题调查，并完成报告编写工作。调查的主要目的是，明确质量问题的范围、程度、性质、影响和原因，为问题处理提供依据，调查应力求全面、详细、客观准确。调查报告主要内容应包括：与质量问题相关的工程情况；质量问题发生的时间、地点、部位、性质、现状及发展变化等详细情况；调查中的有关数据和资料；原因分析与判断；是否需要采取临时防护措施；质量问题处理补救的建议方案；设计的有关人员和责任及预防该质量问题重复出现的措施等。

4）监理工程师审核、分析质量问题调查报告，判断和确认质量问题产生的原因，找出质量问题的真正起源点。必要时，监理工程师应组织设计、施工、供货和建设单位各方共同参加分析。

5）在原因分析的基础上，认真审核签认质量问题处理方案。监理工程师审核确认处理方案应严格依据以下原则：安全可靠，不留隐患，满足建筑物的功能和使用要求，技术可行，经济合理。针对确认不需专门处理的质量问题，应能保证它不构成对工程安全的危害，且满足安全和使用要求，并必须征得设计和建设单位的同意。

6）指令施工单位按既定的处理方案实施处理并进行跟踪检查。发生的质量问题不论是否是由于施工单位原因造成的，通常都是先由施工单位负责实施处理。如果是非施工单位责任引起的质量问题，应通过建设单位要求设计单位或责任单位提出处理方案，处理质量问题所需的费用或延误的工期，由责任单位承担，若质量问题属施工单位责任，施工单位应承担各项费用损失和合同约定的处罚，工期不予顺延。

7）质量问题处理完毕，监理工程师应组织有关人员对处理的结果进行严格的检查、鉴定和验收，写出质量问题处理报告，报建设单位和监理企业存档。主要内容包括质量问题的基本处理过程描述，事实调查与核查情况，问题原因分析，处理依据，审核认可的质量问题处理方案，在实施处理过程中的有关原始数据、验收记录资料，对处理结果的检查、鉴定和验收结论，质量问题处理结论。

3. 工程质量事故的特点及分类

（1）工程质量事故的特点　工程质量事故具有复杂性、严重性、可变性和多发性的特点。

（2）工程质量事故的分类　我国对工程质量通常采用按照造成损失严重程度进行分类。根据工程质量事故造成的人员伤亡或者直接经济损失，工程质量事故分为四个等级：

1）特别重大事故，是指造成 30 人以上死亡，或者 100 人以上重伤，或者 1 亿元以上直接经济损失的事故。

2）重大事故，是指造成 10 人以上 30 人以下死亡，或者 50 人以上 100 人以下重伤，或者 5000 万元以上 1 亿元以下直接经济损失的事故。

3）较大事故，是指造成 3 人以上 10 人以下死亡，或者 10 人以上 50 人以下重伤，或者 1000 万元以上 5000 万元以下直接经济损失的事故。

4）一般事故，是指造成 3 人以下死亡，或者 10 人以下重伤，或者 100 万元以上 1000 万元以下直接经济损失的事故。

本等级划分所称的"以上"包括本数，所称的"以下"不包括本数。

5.4.6　工程质量事故处理的依据和程序

1. 工程质量事故处理的依据

进行工程质量事故处理的主要依据有以下四个方面：

（1）质量事故的实况资料　有关质量事故实况的资料主要可来自以下几个方面：

1）施工单位的质量事故调查报告。质量事故发生后，施工单位有责任就所发生的质量事故进行周密的调查研究，掌握情况，并在此基础上写出调查报告，提交监理工程师和业主。在调查报告中首先就与质量事故有关的实际情况做详尽的说明，其内容应包括：质量事故发生的时间、地点；质量事故状况的描述，如发生的事故类型、发生的部位、分布状态及范围、严重程度；质量事故发展变化的情况；有关质量事故的观测记录、事故现场状态的照片或录像。

2）监理单位调查研究所获得的第一手资料。这些资料的内容大致与施工单位调查报告中有关内容相似，可用来与施工单位所提供的情况对照、核实。

（2）有关合同及合同文件　质量事故处理时需要涉及的相关合同文件主要有工程承包合同、设计委托合同、设备与器材购销合同、监理合同等。其作用是确定在施工过程中有关各方是否按照合同有关条款实施其活动，借以探寻产生事故的可能原因。另外，这些相关合同文件还是界定质量责任的重点依据。

（3）有关的技术文件和档案　主要包括两个方面：

1）有关的设计文件如施工图样和技术说明等。其作用一方面是可以对照设计文件，核查施工质量是否完全符合设计的规定和要求；另一方面是可以根据所发生的质量事故情况，核查设计中是否存在问题或缺陷，成为导致质量事故的一方面原因。

2）与施工有关的技术文件、档案和资料。各类技术资料对于分析质量事故原因，判断其发展变化趋势，推断事故影响严重程度，考虑处理措施等，都是不可缺少的。包括：施工组织设计或施工方案、施工计划，施工记录、施工日志等，根据它们可以查对发生质量事故的工程施工时的情况，借助这些资料追溯和探寻事故的可能原因；有关建筑材料的质量证明资料，如材料批次、出厂日期、出厂合格证或检验报告、施工单位抽检或试验报告等；现场制备材料的质量证明资料，如混凝土拌和料的级配、水灰比、坍落度记录；混凝土试块强度试验报告，沥青拌和料配比、出机温度和摊铺温度记录等；质量事故发生后，对事故状况的观测记录、试验记录或试验报告等；其他有关资料。

（4）相关的建设法规　与工程质量及质量事故处理有关的有以下几类：

1）勘察、设计、施工、监理等单位资质管理方面的法规，包括《建设工程勘察设计资质管理规定》《建设工程勘察设计资质管理规定实施意见》《建筑业企业资质管理规定》和《工程监理企业资质管理规定》等。

2）从业者资格管理方面的法规，包括《注册建筑师条例》、《注册结构工程师执业资格制度暂行规定》和《注册监理工程师管理规定》。

3）建筑市场方面的法规主要涉及工程发包、承包活动，以及国家对建筑市场的管理活动。包括《合同法》《招标投标法》《工程建设项目招标范围和规模标准的规定》《工程建设项目自行招标的试行办法》《建筑工程设计招标投标管理办法》《评标委员会和评标方法的暂行规定》《建筑工程发包与承包价格计价管理办法》《建设工程勘察合同》《建筑工程设计合同》《建设工程施工合同》和《建设工程监理合同》等示范文本。

4）建筑施工方面的法规以《建筑法》为基础，包括《建筑工程勘察设计管理条例》、《建设工程质量管理条例》《房屋建筑工程质量保修办法》《关于建设工程质量监督机构深化改革的指导意见》《建设工程质量监督机构监督工作指南》和《建设工程监理规范》等法规和文件。

5）关于标准化管理方面的法规主要涉及技术标准（勘察、设计、施工、安装、验收等）、经济标准和管理标准（如建设程序、设计文件深度、企业生产组织和生产能力标准、质量管理与质量保证标准等）。2013年住建部发布的《工程建设标准强制性条文》和《实施工程建设强制性标准监督规定》是典型的标准化管理类法规。

2. 工程质量事故处理的程序

监理工程师应熟悉各级政府建设行政主管部门处理工程质量事故的基本程序，特别是应把握在质量事故处理过程中如何履行自己的职责。工程质量事故发生后，监理工程师可按以下程序进行处理，如图5-5所示。

1）工程质量事故发生后，总监理工程师应签发工程暂停令，并要求停止质量缺陷部位和与其有关联部位及下道工序施工，应要求施工单位采取必要的措施，防止事故扩大并保护好现场。同时，要求质量事故发生单位迅速按类别和等级向相应的主管部门上报，并于24小时内写出书面报告。质量事故报告应包括以下主要内容：事故发生的单位名称，工程（产品）名称、部位、时间、地点，事故概况和初步估计的直接损失，事故发生原因的初步分析，事故发生后采取的措施，相关各种资料等。

2）工程质量事故发生后，按相应级别主管部门处理权限组成事故调查组。在事故调查组展开工作后，监理工程师应协助，客观地提供相应证据，如果监理方对工程质量事故没有责任，监理工程师可应邀参加调查组，参与事故调查；如果监理方有责任，则应回避，但应配合调查组工作。质量事故调查组的职责是：查明事故发生的原因、过程、事故的严重程度和经济损失情况，查明事故的性质、责任单位和主要责任人，组织技术鉴定，明确事故主要责任单位、次要责任单位及承担经济损失的划分原则，提出技术处理意见及防止类似事故再次发生应采取的措施，提出对事故责任单位和责任人的处理建议，写出事故调查报告。

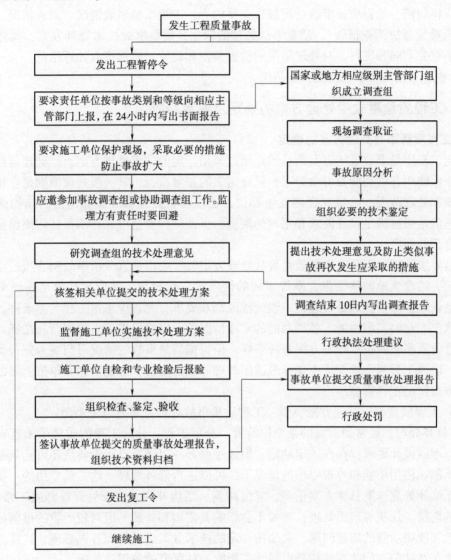

图 5-5　工程质量事故处理程序流程图

3）当监理工程师接到质量事故调查组提出的技术处理意见后，可组织相关单位研究，责成相关单位完成技术处理方案，并予以审核签认。质量事故技术处理方案，一般应委托原设计单位提出，由其他单位提供的技术处理方案，应经原设计单位同意签认，技术处理方案的制订，应征求建设单位意见。技术处理方案必须依据充分，应在质量事故的部位、原因全部查清的基础上，必要时，应委托法定工程质量检测单位进行质量鉴定或请专家论证，以确保技术处理方案可靠、可行，保证结构安全和使用功能。

4）技术处理方案核签后，监理工程师应要求施工单位制定详细的施工方案，必要时应编制监理实施细则，对工程质量事故经技术处理后的施工质量进行监理，技术处理过程中的关键部位和关键工序应进行旁站，并会同设计、建设等有关单位共同检查认可。

5）对施工单位完工自检后报验结果，组织有关各方进行检查验收，如有必要，监理企业应进行处理结果鉴定。要求事故单位整理编写质量事故处理报告，并审核签认，组织将有关技术资料归档。工程质量事故处理报告主要内容：工程质量事故情况、调查情况、原因分析（选自质量事故调查报告），质量事故处理的依据，质量事故技术处理方案，实施技术处理施工中有关问题和资料，对处理结果的检查鉴定和验收，质量事故处理结论。

6）签发工程复工令，恢复正常施工。

5.4.7 工程质量事故中处理方案的确定及鉴定验收

1. 工程质量事故处理方案的确定

确定工程质量事故处理方案的目的是通过采用一定的技术处理方案，达到建筑物的安全可靠和正常使用各项功能及寿命要求，保证施工的正常进行。其一般处理原则是：正确确定事故性质和处理范围，除核查直接发生部位，还应检查处理事故相邻范围的结构部位或构件。处理的结果应满足设计要求和用户的期望，保证结构安全可靠，不留任何质量隐患，符合经济合理的原则。

这就要求监理工程师在审核质量事故处理方案时，要以认真分析事故调查报告中事故原因为基础，结合实地勘察结果，掌握事故的性质和变化规律，并应尽量满足建设单位的要求。在签认时，应审核其是否遵循一般处理原则和要求，尤其应重视工程实际条件，如建筑物实际状态、材料实测性能、各种功能的实际情况等，以确保作出正确判断和选择。

尽管质量事故的技术处理方案多种多样，但根据质量事故的情况可归纳为三种类型的处理方案，监理工程师应掌握从中选择最适用处理方案的方法，方能对相关单位上报的事故技术处理方案作出正确审核结论。

（1）工程质量事故处理方案类型　工程质量事故处理方案有以下类型：

1）修补处理。通常当工程的某个检验批、分项工程、分部工程的质量虽未达到规定的规范、标准或设计要求，存在一定缺陷，但通过修补或更换器具、设备后还可达到要求的标准，又不影响使用功能和外观要求的情况下，可以进行修补处理。这是最常用的一类处理方案。属于修补处理这类具体方案很多，复位纠偏、结构补强、表面处理等都属于修补处理。像一般的剔凿、抹灰等表面处理，一般不会影响其使用和外观。但对较严重的可能影响结构的安全性和使用功能的质量问题，必须按一定的技术方案进行加固补强处理，这样往往会造成一些永久性缺陷，如改变结构外形尺寸，影响一些次要的使用功能等。

2）返工处理。在工程质量未达到规定的标准和要求，存在严重的质量问题，对结构使用和安全构成重大影响，且又无法通过修补处理的情况下，可对检验批、分项工程、分部工程甚至整个工程返工处理。

3）不作处理。某些工程质量问题虽然不符合规定的要求和标准构成质量事故，但视其严重情况，经过分析、论证、法定检测单位鉴定和设计等有关单位认可，对工程或结构使用及安全影响不大，也可不做专门处理。像不影响结构和正常使用的质量问题；经过后续工序可以弥补的质量问题；经法定检测单位鉴定合格的质量问题；经检测鉴定达不到设计要求，但经原设计单位核算，仍能满足结构安全和使用功能的质量问题，通常可以不用专门处理。

监理工程师应牢记，不论哪种情况，特别是不做处理的质量问题，都必须要备好必要的书面文件，对技术处理方案、不做处理结论和各方协商文件等有关档案资料认真组织签认，对责任方应承担的经济责任和合同中约定的罚则应正确判定。

（2）选择最适用的工程质量事故处理方案的辅助方法 工程质量处理方案直接关系到工程的质量、费用和工期。处理方案选择不合理，不仅导致费用的额外支出，严重的会留有隐患，危及人身安全，特别对需要返工或不做处理的方案，更应慎重对待。下面是一些可采取的选择工程质量事故处理方案的辅助决策方法。

1）试验验证。即对某些工程有严重质量缺陷的项目，可采取合同规定的常规试验以外的试验方法进一步进行验证，以便确定缺陷的严重程度。

2）定期观测。有些工程发现的质量缺陷可能仍会继续发展，在这种情况下一般可以对其进行一段时间的观测，然后再根据情况作出决定。有些有缺陷的工程，短期内其影响可能不十分明显，需要较长时间的观测才能得出结论。对此，监理工程师应与建设及施工单位协商，是否可以留待责任期解决或采取修改合同，延长责任期的办法。

3）专家论证。对于某些可能涉及的技术领域广泛或问题很复杂的工程质量问题，有时仅根据合同规定难以决策，这时可提请专家论证。请专家进行论证时，应事先做好充分准备，尽早为专家提供尽可能详尽的情况和资料，使专家能够进行较充分、全面和细致地分析、研究，提出切实的意见与建议。

4）方案比较。这是比较常用的一种方法。同类型和同一性质的事故可先设计多种处理方案，然后结合当地的资源情况、施工条件等逐项给出权重，作出对比，从而选择具有较高处理效果又便于施工的处理方案。

2. 工程质量事故处理的验收

监理工程师应通过组织检查和必要的鉴定，判断质量事故的技术处理是否达到了预期目的，消除了工程质量不合格和工程质量问题，是否仍留有隐患。如果达到预期的目的，监理工程师应进行验收并予以最终确认。

（1）检查验收 工程质量事故处理完成后，监理工程师在施工单位自检合格报验的基础上，应严格按施工验收标准及有关规范的规定，结合监理人员的旁站、巡视和平行检验结果，依据质量事故技术处理方案设计要求，通过实际量测，检查各种资料数据进行验收，并应办理交工验收文件，组织各有关单位会签。

（2）必要的鉴定 为确保工程质量事故的处理效果，凡涉及结构承载力等使用安全和使用重要性能的处理工作，常需进行必要的试验和检验鉴定工作。如果质量事故处理施工过程中建筑材料及构配件质量保证资料严重缺乏，或对检查验收结果各参与单位有争议时，可以进行必要的鉴定工作。常见的鉴定工作有：混凝土钻芯取样，用于检查密实性和裂缝修补效果或检测实际强度；结构荷载试验，确定其实际承载力；超声波检测焊接件内部质量；池、罐、箱柜工程的渗漏检验等。检测鉴定必须委托政府批准的有资质的法定检测单位进行。

（3）验收结论 对所有质量事故无论是经过技术处理，通过检查鉴定验收还是不需要专门处理的，都应有明确的验收结论。若对后续工程施工有特定要求，或对建筑物使用有一定的限制条件，应在结论中提出。通常有以下几种验收结论。

1）事故已排除，可以继续施工。

2）隐患已消除，结构安全有保证。

3）经修补处理后，完全能够满足使用要求。

4）基本上满足使用要求，但使用时应有附加限制条件，如限制荷载等。

5）对耐久性的结论。

6）对建筑物外观影响的结论。

7）对短期内难以作出结论的，可提出进一步观测检验意见。

对于处理后符合《建筑工程施工质量验收统一标准》规定的，监理工程师应予以验收确认，并应注明责任方主要承担的经济责任。对经加固补强或处理仍不能满足安全使用要求的分部工程、单位工程，应拒绝验收。

5.5　建设工程施工的质量验收

5.5.1　建设工程施工质量验收的划分

1. 施工质量验收层次划分的目的

建设工程施工质量验收是工程施工质量控制的重要环节，涉及建设工程施工过程控制和竣工验收控制，合理划分建设工程施工质量验收层次是非常必要的。特别是不同专业工程的验收批如何确定，将直接影响到质量验收工作的科学性、经济性、实用性及可操作性。因此有必要建立统一的工程施工质量验收的层次划分原则。通过实施对工程施工质量的过程控制和终端把关，确保工程施工质量达到工程项目决策阶段确定的质量目标和水平。

2. 施工质量验收的层次

近年来，随着社会经济的发展和施工技术的进步，建设规模不断扩大，技术复杂程度高等特点日益突出，有大量建设规模较大的单位工程和具有综合使用功能的综合性建筑物。由于这些工程的建设周期较长，工程建设中可能会出现建设资金不足，部分工程停缓建，已建成部分提前投入使用或先将其中部分提前建成使用等情况，再加之对规模特别大的工程一次验收也不方便等，可将此类工程划分为若干个子单位工程进行验收。同时为了更加科学地评价工程质量验收，考虑到建筑内部设施也越来越多样化，按建筑物的主要部位和专业来划分分部工程已不适应当前的要求。因此在分部工程中，按相近工作内容和系统划分为若干个子分部工程。每个子分部工程中包括若干个分项工程。每个分项工程包含若干个检验批，检验批是工程施工质量验收的最小单位。

3. 单位工程的划分

单位工程的划分应按下列原则确定。

1）具备独立施工条件并能形成独立使用功能的建筑物为一个单位工程。如一个学校中的一栋教学楼，某城市的广播电视塔等。

2）规模较大的单位工程，可将其能形成独立使用功能的部分划分为一个子单位工程。

子单位工程的划分一般可根据工程的建筑设计分区、使用功能的显著差异、结构缝的设置等实际情况，在施工前由建设、监理、施工单位自行商定，并据此收集整理施工技术资料和验收。

3）室外工程可根据专业类别和工程规模划分单位（子单位）工程。

4. 分部工程的划分

分部工程的划分应按下列原则确定：分部工程的划分应按专业性质、建筑部位确定。如建设工程划分为地基与基础、主体结构、建筑装饰装修、建筑屋面、建筑给水排水及采暖、建筑电气、智能建筑、通风与空调、电梯九个分部工程。当分部工程较大或较复杂时，可按施工程序、专业系统及类别等划分为若干个子分部工程。

5. 分项工程的划分

分项工程应按主要工种、材料、施工工艺、设备类别等进行划分。如混凝土结构工程中按主要工种分为模板工程、钢筋工程、混凝土工程等分项工程；按施工工艺又分为预应力结构、现浇结构、装配式结构等分项工程。

建设工程分部（子分部）工程、分项工程的具体划分见《建筑工程施工质量验收统一标准》。

6. 检验批的划分

分项工程可由一个或者若干个检验批组成，检验批可根据施工及质量控制和专业验收需要按楼层、施工段、变形缝等进行划分。建筑工程的地基基础分部工程中的分项工程一般划分为一个检验批；有地下层的基础工程可按不同地下层划分检验批；屋面分部工程中的分项工程，不同楼层屋面可划分为不同的检验批；单层建筑工程中的分项工程可按变形缝等划分检验批，多层及高层建筑工程中主体分部的分项工程可按楼层或施工段来划分检验批；其他分部工程中的分项工程一般按楼层划分检验批；对于工程量较小的分项工程可统一化为一个检验批。安装工程一般按一个设计系统或组别划分为一个检验批。室外工程统一划分为一个检验批。散水、台阶、明沟等含在地面检验批中。

5.5.2　建设工程施工质量验收

1. 检验批的质量验收

（1）检验批合格质量规定　具体如下：

1）主控项目和一般项目的质量经抽样检验合格。

2）具有完整的施工操作依据、质量检查记录。

从以上两条可以看出，检验批的质量验收包括了质量资料的检查和主控项目、一般项目的检验两方面的内容。

（2）检验批按规定验收　具体如下。

1）资料检查。质量控制资料反映了检验批从原材料到验收的各施工工序的施工操作依据、检查情况及保证质量所必需的管理制度等。所要检查的资料主要包括以下内容。

① 图纸会审、设计变更、洽商的记录。

② 建筑材料、成品、半成品、建筑构配件、器具和设备的质量证明书及进场检（试）验报告。

③ 工程测量、放线记录。

④ 按专业质量验收规范规定的抽样检验报告。

⑤ 隐蔽工程检查记录。

⑥ 施工过程记录和施工过程检查记录。

⑦ 新材料、新工艺的施工记录。

⑧ 质量管理资料和施工单位操作依据等。

2）主控项目和一般项目的检验。为确保工程质量，使检验批的质量符合安全和使用功能的基本要求，各专业质量验收规范对各检验批的主控项目和一般项目的子项合格质量都给予明确规定。

检验批的合格质量主要取决于对主控项目和一般项目的检验结果。主控项目是对检验批的基本质量起决定性影响的检验项目，因此必须全部符合有关专业工程验收规范的规定。这意味着主控项目不允许有不符合要求的检验结果。鉴于主控项目对基本质量的决定性影响，从严要求是必须的。而其一般项目则可按专业工程验收规范的要求处理。

3）检验批的抽样方案。在制定检验批的抽样方案时，应考虑合理分配生产方风险（或错判概率 α）和使用方风险（或漏判概率 β）。主控项目，对应于合格质量水平的 α 和 β 均不宜超过 5%；对于一般项目，对应于合格质量水平的 α 不宜超过 5%，β 不宜超过 10%。检验批的质量检验，应根据检验项目的特点在下列抽样方案中进行选择。

① 计量、计数或计量—计数等抽样方案。

② 一次、两次或多次抽样方案。

③ 根据生产连续和生产控制稳定性等情况，可采用调整型抽样方案。

④ 对重要的检验项目如果可采用简易快速的检验方法时，可以选用全数检验方案。

⑤ 经实践检验有效的抽样方案。如砂石料、构配件的分层抽样。

4）检验批的质量验收记录。检验批的质量验收记录由施工项目专业质量检查员填写，监理工程师（建设单位专业技术负责人）组织项目专业质量检查员等进行验收，并按相应表格进行记录。

2. 分项工程质量验收

分项工程的验收在检验批的基础上进行。一般情况下，两者具有相同或相近的性质，只是批量的大小不同而已。因此，将有关的检验批汇集构成分项工程。分项工程合格质量的条件比较简单，只要构成分项工程的各检验批的验收资料、文件完整，并且均已验收合格，则分项工程验收合格。

（1）分项工程质量验收合格应符合的规定　具体如下：

1）分项工程所含的检验批均应符合合格质量规定。

2）分项工程所含的检验批的质量验收记录应完整。

（2）分项工程质量验收记录　分项工程质量应由监理工程师（建设单位项目专业技术负责人）组织项目专业技术负责人等进行验收，并按规定表格进行记录。

3. 分部（子分部）工程质量验收

（1）分部（子分部）工程质量验收合格规定　具体如下：

1）分部（子分部）工程所含分项工程的质量均应验收合格。

2）质量控制资料应完整。

3）地基与基础、主体结构和设备安装等分部工程有关安全及功能的检验和抽样检测结果应符合有关规定。

4）观感质量验收应符合要求。

分部工程的验收在其所含各分项工程验收的基础上进行。首先，分部工程的各分项工程必须已验收，并且相应的质量控制资料、文件必须完整，这是验收的基本条件。此外还须增加以下两类检查：涉及安全和使用功能的地基基础、主体结构、有关安全及重要使用功能的安装分部工程，应进行有关见证取样、送样试验或抽样检测。如建筑物沉降观测测量记录，暖气管道、散热器压力试验记录，照明动力全负荷试验记录等。而对于感观质量验收的检查往往难以定量，只能以观察、触摸或简单量测的方式进行，并由个人的主观印象判断，检查结果并不给出"合格"和"不合格"，而是综合给出质量评价，评价的结论为"好"、"一般"和"差"三种。对于"差"的检查点应通过返修处理等进行补救。

（2）分部（子分部）工程质量验收记录　分部（子分部）工程质量应由总监理工程师（建设单位项目专业负责人）组织施工项目经理和有关勘察、设计单位项目负责人进行验收，并按规定表格进行记录。

4. 单位（子单位）工程质量验收

（1）单位（子单位）工程质量验收合格应符合的规定　具体如下：

1）单位（子单位）工程所含分部（子分部）工程的质量应验收合格。

2）质量控制资料应完整。

3）单位（子单位）工程所含分部工程有关安全和功能的检验资料应完整。

4）主要功能项目的抽查结果应符合相关专业质量验收规范的规定。

5）观感质量验收应符合要求。

单位工程质量验收是建筑工程投入使用前的最后一次验收，也是最重要的一次验收。验收合格的条件有五个：除构成单位工程的各分部工程应该合格，并且有关的资料、文件应完整以外，还应进行以下三方面的检查：

① 涉及安全和使用功能的分部工程应进行检验资料的复查，不仅要全面检查其完整性（不得有漏检缺项），而且对分部工程验收时补充进行的见证抽样检验报告也要复核。这种强化验收的手段体现了对安全和主要使用功能的重视。

② 对主要使用功能还须进行抽查。使用功能的检查是对建筑工程和设备安装工程最终质量的综合检查，在分项工程、分部工程验收合格的基础上，竣工验收时再作全面检查。抽查项目是在检查资料、文件的基础上由参加验收的各方人员商定，并用计量、计数的抽样方法确定检查部位。

③ 由参加验收的各方人员共同进行观感质量检查。检查的方法、内容、结论等应在分部工程的相应部分中阐述，最后共同确定是否通过验收。

（2）单位（子单位）工程质量竣工验收记录　这些验收记录主要有单位工程质量验收的汇总表、单位（子单位）工程质量验收记录表、分部（子分部）工程验收记录表和单位（子单位）工程质量控制资料核查记录表、单位（子单位）工程安全和功能检验资料核查及主要功能抽查记录表、单位（子单位）工程观感质量检查记录表等，这些表要配合使用。

单位（子单位）工程质量竣工验收纪录由施工单位填写，验收结论由监理（建设）单位填写。综合验收结论由参加验收各方共同商定，建设单位填写，应对工程质量是否符合设计和规范要求及总体质量作出评价。

5. 工程施工质量不符合要求时的处理

1）经返工重做或更换器具、设备的检验批，应重新进行验收。这种情况是指主控项目不能满足验收规定或一般项目超过偏差限制的子项不符合规定的要求时，应及时进行处理的检验批。其中，严重的缺陷应推倒重来；一般的缺陷通过返修或更换器具、设备予以解决，应允许施工单位在采取相应的措施后重新验收。如能够符合相应的专业工程质量验收规范，则应认为该检验批合格。

2）经有资质的检测单位鉴定达到设计要求的检验批，应予以验收。这种情况是指个别检验批发现试块强度不满足要求等问题，难以确定是否验收时，应请具有资质的法定检测单位检测，当鉴定结果能够达到设计要求时，该检验批应允许通过验收。

3）经有资质的检测单位鉴定达不到设计要求，但经原设计单位核算，能满足结构安全和使用功能的检验批，可予以验收。

这种情况是指一般情况下，规范标准给出了满足安全和功能的最低限度要求，而设计往往在此基础上留一些余量。不满足设计要求和符合相应规范标准的要求，两者并不矛盾。

4）经返修或加固的分项、分部工程，虽然改变外形尺寸但仍能满足安全使用要求，可按技术处理方案和协商文件进行验收。

这种情况是指更为严重缺陷或范围超过检验批的更大范围内的缺陷可能影响结构的安全性和使用功能。如经法定检测单位检测鉴定以后认为达不到规范标准的相应要求，不能满足最低限度的安全储备和使用功能，则必须按一定的技术方案进行加固处理，使之能保证满足安全使用的基本要求。这样会造成一些永久性的缺陷，如改变结构的外形尺寸、影响一些次要的使用功能等。为了避免社会财富更大的损失，在不影响安全和主要使用功能条件下可按处理技术方案和协商文件进行验收，但不能作为轻视质量而回避责任的一种出路，这是应该特别注意的。

5）通过返修或加固仍不能满足安全使用要求的分部工程、单位（子单位）工程，严禁验收。

5.5.3　建设工程施工质量验收的程序和组织

1. 检验批及分项工程的验收程序与组织

检验批及分项工程应由监理工程师（建设单位项目技术负责人）组织施工单位项目专业质量（技术）负责人等进行验收。

检验批和分项工程是建筑工程施工质量基础，因此，所有检验批和分项工程均应由监理工程师或建设单位项目技术负责人组织验收。验收前，施工单位先填好检验批和分项工程的验收记录（有关监理记录和结论不填），并由项目专业质量检验员和项目专业技术负责人分别在检验批和分项工程质量检验记录中相关栏目中签字，然后由监理工程师组织，严格按规定程序进行验收。

2. 分部工程的验收程序与组织

分部工程应由总监理工程师（建设单位项目负责人）组织施工单位项目负责人和技术、质量负责人等进行验收；由于地基基础、主体结构技术性能要求严格，技术性强，关系到整个工程的安全，因此规定与地基基础、主体结构分部工程相关的勘察、设计单位工程项目负责人和施工单位技术、质量部门负责人也应参加相关分部工程验收。

3.　单位（子单位）工程的验收程序与组织

（1）竣工预验收的程序　当单位工程达到竣工验收条件后，施工单位应在自查、自评工作完成后，填写工程竣工报验单，并将全部竣工资料报送项目监理机构，申请竣工验收。总监理工程师应组织各专业监理工程师对竣工资料及各专业工程的质量情况进行全面检查，对检查出的问题，应督促施工单位及时整改。对需要进行功能试验的项目（包括单机试车和无负荷试车），监理工程师应督促施工单位及时进行试验，并对重要项目进行监督、检查，必要时请建设单位和设计单位参加；监理工程师应认真审查试验报告单并督促施工单位搞好成品保护和现场清理。

经项目监理机构对竣工资料及实物全面检查、验收合格后，由总监理工程师签署工程竣工报验单，并向建设单位提出质量评估报告。

（2）正式验收　建设单位收到工程验收报告后，应由建设单位（项目）负责人组织施工（含分包单位）、设计、监理等单位（项目）负责人进行单位（子单位）工程验收。单位工程由分包单位施工时，分包单位对所承包的工程项目应按规定的程序检查评定，总包单位应派人参加。分包工程完成后，应将工程有关资料交总包单位。建设工程经验收合格的，方可交付使用。

建设工程竣工验收应当具备下列条件：

1）完成建设工程设计和合同约定的各项内容。

2）有完整的技术档案和施工管理资料。

3）有工程使用的主要建筑材料、建筑构配件和设备的进场试验报告。

4）有勘察、设计、施工、工程监理等单位分别签署的质量合格文件。

5）有施工单位签署的工程保修书。

在一个单位工程中，对满足生产要求或具备使用条件，施工单位已预验，监理工程师已初验通过的子单位工程，建设单位可组织进行验收。有几个施工单位负责施工的单位工程，当其中的施工单位所负责的子单位工程已按设计完成，并经自行检验，也可组织正式验收，办理交工手续。在整个单位工程进行全部验收时，已验收的子单位工程验收资料应作为单位工程验收的附件。

在竣工验收时，对某些剩余工程和缺陷工程，在不影响交付的前提下，经建设单位、设计单位、施工单位和监理单位协商，施工单位应在竣工验收后的限定时间内完成。

参加验收各方对工程质量验收意见不一致时，可请当地建设行政主管部门或工程质量监督机构协调处理。

4. 单位工程竣工验收备案

单位工程质量验收合格后，建设单位应在规定时间内将工程竣工验收报告和有关文件，报建设行政管理部门备案。

1）凡在中华人民共和国境内新建、扩建、改建各类房屋建筑工程和市政基础设施工程的竣工验收，均应按有关规定进行备案。

2）国务院建设行政主管部门和有关专业部门负责全国工程竣工验收的监督管理工作。县级以上地方人民政府建设行政主管部门负责本行政区域内工程的竣工验收备案管理工作。

复习思考题

1. 建设工程质量有哪些主要特点？

2. 质量管理体系文件有哪些？主要作用是什么？

3. 监理工程师对勘察、设计单位资质考核重点要考核哪些方面？

4. 设计阶段质量控制有哪些原则和方法？

5. 设备安装过程中的质量控制工作重点要注意哪些问题？

6. 施工阶段质量控制工作有哪些主要依据？

7. 施工质量控制的主要内容有哪些？

8. 产生工程质量问题有哪些主要原因？对引起质量问题的原因如何分析？

9. 工程质量事故有哪些特点？

10. 简要说明工程质量事故处理的程序。

11. 工程质量事故处理方案有几种类型？各是什么？

12. 工程质量事故处理后如何验收？

13. 工程质量控制有哪些常用的统计分析方法？

14. 施工质量验收划分为几个层次？是如何划分的？各不同的层次如何进行验收？

第6章 建设工程进度控制

6.1 建设工程进度控制概述

6.1.1 建设工程进度控制的含义

建设工程进度控制的最终目的是确保建设项目按预定的时间完成。建设单位控制的总目标是建设项目总工期。作为受建设单位委托的建设监理单位，建设工程监理进度控制也就是通过有效的进度控制工作和具体的进度控制措施，在满足投资和质量要求的前提下，力求使工程按计划的时间完成。但是，应当注意到这样一个问题，那就是无论进度计划的周密程度如何，在其实施过程中，必然会因为新情况的产生，各种干扰因素和风险因素的作用而发生变化，使人们难以执行原定的进度计划。因此，作为监理工程师，必须要求被监理单位具有进度控制保证体系，并且在项目计划执行过程中需要不断检查建设工程实际进度进展情况，并将实际进度与计划进度对比，从中找出偏差。然后在分析原因的基础上，通过采取组织、技术、经济和合同等措施，进行纠正偏差，对计划不断调整，从而才能保证建设工程进度的有效控制。

在进度控制时，监理工程师必须贯彻系统控制的思想，牢记进度、质量、投资三大目标是一个目标系统，在采取进度控制措施时，要尽可能采取对投资目标和质量目标产生有利影响的、或者对投资目标和质量目标带来不利影响比较小的进度控制措施。同时，监理工程师必须贯彻全过程控制的思想，在基本建设程序的各个阶段都要进行进度控制，而且要充分考虑各阶段工作之间的合理搭接。虽然，基本建设程序的各个阶段的工作是相对独立的，但是在内容上存在着一定的联系，在时间上可以有一定的搭接，如建设工程准备阶段的一些工作内容可以提前到设计阶段进行，例如征地与拆迁工作、设备采购工作与设计搭接。再如，采取分期分批建设使设计与施工搭接等。因此，合理确定各阶段的搭接方式、内容和时间也成为进度控制工作的一项重要内容。此外，监理工程师还必须采取全方位控制的原则进行进度目标的控制。在实施进度控制时，必须对整个建设工程的所有工程内容、工作内容，以及所有的影响因素进行全面进度控制，才能切实保证工程按期完成。

监理工程师的进度控制与被监理单位的进度控制的区别在于监理工程师在实施进度控制时，还必须注意监理合同的委托范围与委托阶段。如果监理委托的范围仅仅是施工阶段的监理，则监理工程师只能在施工阶段内部来采取进度控制的措施。另外，监理工程师必须明确自己进行的是建设单位的进度控制，而不是承包单位的进度控制。因为在进度控制时，其控制的方式和方法与承包人自身的控制是不同的，监理工程师所进行的进度控制并不能取代承包单位的进度控制，而是要通过监理进度控制，加强承包单位的进度控制。因此，监理工程师必须明确这种区别，重视对承包单位有效的进度控制体系建立的控制，重视对承包单位进度计划的审查，同时在承包单位进度计划的执行过程中予以监督。

6.1.2　建设工程进度控制的程序

监理工程师对建设工程进度控制是受建设单位的委托来进行的，因此，进度控制的范围与阶段直接受到监理委托合同的限制，其具体的内容会因合同而不完全相同，但其控制的程序通常均应由以下几个方面组成。

1. 建立监理进度控制体系，明确监理进度组织与协调机制

项目监理企业在建立项目监理机构时，为了完成项目监理进度控制的目标，首先必须建立监理进度控制体系。在监理组织内部，无论是直线制、职能制、直线职能制还是矩阵制监理组织，都必须明确进度控制的任务和职责划分，建立责权一致的进度控制体系。并且在分工的基础上，预先明确协调机制，建立分工协作的良性管理体系。

2. 监理进度控制目标与控制性计划的确定

监理工程师在项目监理工作正式开展之前，首先应当根据建设单位对项目完成时间的要求，对其进行分析，协助建设单位确定一个合理的总工期目标，或者根据建设单位与承包单位所签订的合同工期，作为监理的进度控制目标，并在此基础上制定监理的控制性进度计划。然后，将总进度目标分解，可以按年度、季度和月分解为年度进度计划、季度进度计划和月进度计划等，也可按各建设阶段分解为设计准备阶段进度计划、设计阶段进度计划、施工阶段进度计划和动用前准备阶段进度计划等，还可以按各子项目分解，并对进度目标的实现进行风险分析，找出影响进度的主要风险，并制定风险对策。通常，上述这些工作，在制定监理规划和监理实施细则时进行。

3. 承包单位的进度计划与进度控制措施的审查与批准

项目的实施活动是由项目的承包单位即被监理单位来完成的，监理单位只是受建设单位委托来监督和管理项目的实施过程，监理工程师所进行的进度控制必须通过承包单位的实施活动来完成。因此，监理单位必须通过控制承包单位的进度保证体系来实现其进度控制目的。具体来讲，首先，监理工程师应当在项目实施之前，要求承包单位提交项目的进度计划和制定的进度保证措施（施工组织设计的相关内容），对照监理的进度控制计划，审查其是否能够实现进度目标，其控制措施是否可行、有效。如果监理工程师认为承包单位提交的计划不足以保证实现项目的进度目标，有权要求承包单位修改计划。只有监理工程师认为承包单位所提交的计划可以保证实现项目的进度目标时，才对承包单位提交的施工组织设计和进度计划签字批准，此时，承包单位方可据此进行项目的实施活动。

4. 进度计划实施中的监测与调整

监理工程师在项目的进度计划实施过程中必须进行实际进度的监测活动，具体的方法主要有两种，一种是定期由承包单位报送实际进度报告，另外一种是通过监理组织内部监理人员现场进行进度检查，从而使项目监理工程师及时发现项目进度问题。这样，监理工程师就可以根据现场情况，要求项目承包单位及时采取有效措施，调整项目进度情况，实现对项目进度的控制。通常项目的进度监测分为定期监测和不定期监测两种。监理工程师通常按月或按周要求承包单位报送本月或本周的实际进度信息，并采用监理进度协调会等形式协调项目进度情况。如果发现项目实际进度出现偏差，则应首先分析偏差原因，然后再采取相应的调整措施。

5. 工期索赔的处理

在项目实施过程中，许多因素会影响到项目的进度。如果是承包单位的原因所造成的进度拖后，监理单位有权要求承包单位自费赶工。但实际情况是，经常会发生一些非承包单位原因或按合同规定不应由承包单位负责的原因造成实际进度拖后，这时，承包单位就有权提出工期索赔。同时，经常还伴随着费用索赔的发生。因此，合理处理工期索赔是监理工程师进度控制的一项非常重要的工作。

6.1.3　建设工程进度控制的原理

通常，建设工程进度控制可采用系统控制、弹性控制、信息反馈控制和循环控制等原理。

1. 系统控制原理

按照系统控制原理，建设工程监理项目的进度控制本身是一个系统工程，它包括计划系统和实施系统两大部分。计划系统由监理单位的控制性计划和施工单位所申报的一系列进度计划构成，如建设项目进度计划、单项工程进度计划、单位工程进度计划、分部和分项工程作业计划。实施系统由监理单位的进度控制体系和承包单位的进度保证体系所构成。进度控制时应用系统控制原理，就是要将计划和实施两大系统中所涉及的所有计划和实施的各方面进行系统控制。

2. 弹性控制原理

项目进度控制涉及因素多、变化大和实施时间长，不可能十分准确地预测未来，或作出绝对准确的项目进度安排，不能期望项目进度目标会完全按照计划日程实现。在确定项目进度目标时，必须留有余地，以使项目进度控制具有较强的应变能力。对于监理工程师来说，不论是编制项目的控制性计划，还是审查承包单位的进度计划，都应当依据弹性控制原理来进行项目的计划。

3. 信息反馈控制原理

要做好项目的进度控制工作，信息反馈工作必须加强。当项目的进度出现偏差时，相应的信息必须及时地反馈到项目的承包单位和监理单位，然后及时对偏差情况作出反应，采取相应纠正偏差的措施，从而使项目的进度朝着计划目标进行，并达到预期效果。这样就使项目进度计划的执行、检查和调整过程，成为信息反馈控制的实施过程。

4. 循环控制原理

项目的进度控制是一种循环的例行性活动，如图 6-1 所示。在每个周期的活动中大致可分为四个阶段，即编制计划、实施计划、检查与调整计划、分析与总结。在前一循环和后一循环相衔接处，靠信息反馈起作用，这样，使后一循环的计划或实施阶段与前一循环的分析总结阶段保持连续，解决前一阶段遗留的问题，使工作向前推进一步，水平提高一步。每一循环构成一个封闭的回路，不同阶段从发展上看应呈现逐步提高水平的趋势。

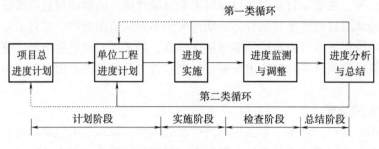

图 6-1 进度控制的循环过程图

6.1.4 建设工程进度控制的措施

为了实施进度控制，监理工程师必须根据建设工程的具体情况，以及建设工程合同条件，认真制定进度控制措施，以确保建设工程进度控制目标的实现。通常进度控制的措施包括组织措施、技术措施、经济措施及合同措施。

1. 组织措施

监理进度控制的组织措施通常包括：

1）建立监理进度控制目标体系，明确建设工程现场监理组织机构中进度控制人员及其职责分工与协作关系。

2）建立工程进度报告制度及进度信息沟通网络。通过施工单位定期报送进度报告，以及监理人员的进度监测制度，实现进度信息的及时沟通。

3）建立进度计划审核制度和计划实施中的检查分析制度，及时发现和解决进度问题。

4）建立进度协调会议制度，包括协调会议举行的时间、地点，协调会议的参加人员等。

5）建立施工图审查、工程变更和设计变更管理制度。

2. 技术措施

监理进度控制的技术措施通常包括：

1）审查承包单位提交的进度计划，使其按照批准的进度计划实施项目。

2）编制进度控制工作细则，指导监理人员实施进度控制。

3）采用网络计划技术及其他科学适用的计划方法，利用计算机辅助监理进度控制，实施项目进度动态控制。

3. 经济措施

监理进度控制的经济措施通常包括：

1）利用工程预付款及工程进度款的支付控制工程进度。

2）在建设单位的授权下，对应急赶工给予优厚的赶工费用。

3）按照合同规定，对工期提前，给予奖励。

4）按照合同规定，对工程延误收取误期损失赔偿金。

5）加强索赔管理，公平地处理工期延误带来的索赔。

4. 合同措施

监理进度控制的合同措施主要包括：

1）通过承发包模式的选择达到有利于进度控制的目的。如推行 CM 承发包模式，对建设工程实行分段设计、分段发包和分段施工。

2）加强合同管理，协调合同工期与进度计划之间的关系，保证合同中进度目标的实现。

3）严格控制合同变更，对各方提出的工程变更和设计变更，监理工程师应严格审查后再补入合同文件之中。

4）加强风险管理，在合同中应充分考虑风险因素及其对进度的影响，以及相应的处理方法。

6.2　建设工程进度计划实施中的监测与调整

6.2.1　建设工程进度计划实施中的监测系统的运行过程

在建设工程实施过程中，监理工程师应经常地、定期地对进度计划的执行情况进行跟踪检查，发现问题后，及时采取措施加以解决，进度监测系统的运行过程如图 6-2 所示。

1. 进度计划实施中的跟踪检查

对进度计划的执行情况进行跟踪检查是计划执行信息的主要来源，是进度分析和调整的依据，也是进度控制的关键步骤。跟踪检查的主要工作是定期收集反映工程实际进度的有关数据。收集的数据应当全面、真实、可靠，不完整或不正确的进度数据将导致判断不准确或决策失误。为此，监理工程师应做好以下三方面工作：

（1）定期收集进度报表资料　进度报表是反映工程实际进度的主要方式之一。进度计划执行单位应按照进度监理制度规定的时间和报表内容，定期填写进度报表；通常进度报表每周末、月末报送。监理工程师通过收集进度报表资料来掌握工程实际进展情况。

（2）现场实地检查进度进展情况　建设工程施工监理时，项目监理机构是派驻现场的。项目监理人员通过随时

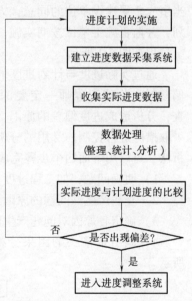

图 6-2　进度监测系统的运行过程

检查进度计划的实际执行情况，可以加强进度监测工作，掌握工程实际进度的第一手资料，使获得的数据更加及时、准确。当监理人员发现实际进度拖后时就可以及时发布指令，采取措施，而不必等到月末的进度报表。

（3）定期或不定期召开现场会议　通过定期召开的监理例会，监理工程师通过与进度计划执行单位的有关人员面对面的交谈，了解工程实际进度状况，协调有关方面的进度关系。或者通过不定期召开的进度协调会议，专门协调进度计划实施过程中的进度关系。

2. 实际进度数据的加工处理

为了进行实际进度数据与计划进度数据进行比较，必须将所收集的实际进度信息进行加工处理，形成与计划进度具有可比性的数据。

3. 实际进度与计划进度的对比分析

将实际进度数据与计划进度数据进行比较，可以确定建设工程实际执行状况与计划目标之间的差距。为了直观反映实际进度偏差，通常采用表格或图形进行实际进度与计划进度的对比分析，从而得出实际进度比计划进度超前、滞后或一致的结论。

6.2.2 实际进度调整的系统过程

在项目实施进度监测过程中，当发现实际进度偏离计划进度时，监理工程师就需要认真分析产生进度偏差的原因，及其对后续工作和总工期的影响。如果确需调整进度计划，则应要求施工单位修订原计划，并对所报送的修订计划进行审核，如果涉及合同价格的变更，则还需要注意是否在业主的授权范围之内，如果超出了建设单位的授权范围，则监理工程师应当事先争得建设单位的同意，方可批准修订计划，并监督施工单位按期实施。进度调整的系统过程如图6-3所示。

通过实际进度与计划进度的比较发现进度偏差时，监理工程师一定要深入现场进行调查，分析造成进度偏差的原因，才能够有效地采取措施进行控制。常用的分析工具是因果分析法，可以用下面四个步骤完成分析：

1）明确问题，如工程进度拖后。

2）查找产生该问题的原因。

3）确定各原因对问题产生的影响程度。

4）画出带箭头的因果分析图，如图6-4所示。

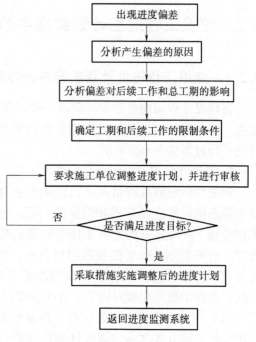

图6-3 进度调整系统过程

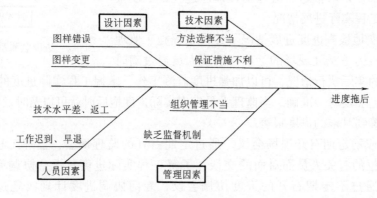

图6-4 因果分析图

6.2.3 实际进度与计划进度的比较方法

实际进度与计划进度的比较是建设工程进度监测的主要环节。常用的进度比较方法有横道图比较法、S形曲线比较法、香蕉曲线比较法、前锋线比较法和列表比较法等。

1. 横道图比较法

横道图比较法是指将项目实施过程中检查收集到的实际进度数据，经加工整理后直接用横道线平行绘于原计划的横道线处，进行实际进度与计划进度的比较方法。

这种方法的特点是，形象、直观地反映实际进度与计划进度的比较情况。但由于其以横道计划为基础，因而受到横道计划本身的局限。因为，横道计划中，各项工作之间的逻辑关系表达不很明确，关键工作与关键线路无法确定，一旦某些工作实际进度出现偏差时，难以预测其对后续工作和工程总工期的影响，也就难以确定相应的进度计划调整方法。正因为如此，横道图比较法主要应用于工程项目中某些工作实际进度与计划进度的局部比较。根据工程项目中各项工作的进展是否匀速进行，其比较方法可分为两种。

（1）匀速施工时横道图比较法 匀速施工是指在工程项目实施过程中，其施工速度为固定不变的情况，即每项工作累计完成的任务量与时间呈线性关系，如图6-5所示。其完成的任务量可以用实物工程量、劳动消耗量或费用支出额表示。

匀速施工时采用横道图比较法的步骤如下：

1）编制横道图进度计划。

2）在进度计划上标出检查日期。

3）将检查收集到的实际进度数据经加工整理后按比例用涂黑的粗线标于计划进度的下方，如图6-6所示。

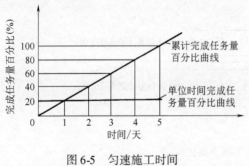

图6-5 匀速施工时间
与完成任务量关系曲线图

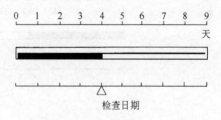

图6-6 匀速施工横道图比较图

4）对比分析实际进度与计划进度：

① 如果涂黑的粗线右端落在检查日期的左侧，表明实际进度拖后。

② 如果涂黑的粗线右端落在检查日期的右侧，表明实际进度超前。

③ 如果涂黑的粗线右端与检查日期重合，表明实际进度与计划进度一致。

（2）非匀速施工时的横道图比较法 当工作在不同单位时间里的施工速度不相等时，累计完成的任务量与时间的关系就不可能是线性关系，如图6-7所示。此时，在采用横道图比较法时，在用涂黑粗线表示工作实际进度的同时，还要标出其对应的时刻完成任务量的累计百分比，并将该百分比与其同时刻计划完成任务量的累计百分比相比较，判断工作实际进度与计划进度之间的关系。

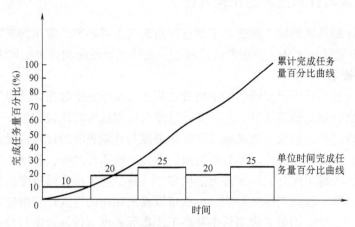

图 6-7　非匀速施工时间与完成任务量关系曲线图

非匀速施工时横道图比较法的步骤如下：

1）编制横道图进度计划。

2）在横道线上方标出各主要时间工作的计划完成任务量累计百分比。

3）在横道线下方标出相应时间工作的实际完成任务量累计百分比。

4）用涂黑粗线标出工作的实际进度，从开始之日标起，同时反映出该工作在实施过程中的连续与间断情况。

5）通过比较同一时刻实际完成任务量累计百分比和计划完成任务量累计百分比，判断工作实际进度与计划进度之间的关系，如图 6-8 所示。

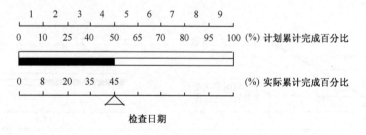

图 6-8　非匀速施工横道图比较图

① 如果同一时刻横道线上方累计百分比大于横道线下方累计百分比，表明实际进度拖后，拖欠的任务量为两者之差。

② 如果同一时刻横道线上方累计百分比小于横道线下方累计百分比，表明实际进度超前，超前的任务量为两者之差。

③ 如果同一时刻横道线上下方的累计百分比相等，表明实际进度与计划进度一致。

2. S 形曲线比较法

S 形曲线比较法是以横坐标表示时间，纵坐标表示累计完成任务量，绘制一条按计划时间累计完成任务量的 S 形曲线；然后将工程项目实施过程中各检查时间实际累计完成任务量的 S 形曲线也绘制在同一坐标系中，进行实际进度与计划进度比较的一种方法，如图 6-9 所示。

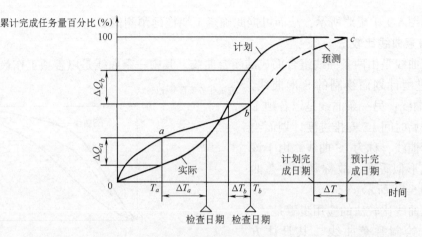

图 6-9　S 形曲线比较图

S 形曲线比较法的应用步骤是：

（1）绘制计划进度 S 形曲线　其绘制步骤如下：

1）确定工程进展速度曲线。根据每单位时间内完成的实物工程量、投入的劳动力或费用，计算出计划单位时间的量值 q_i，它是离散型的，如图 6-10a 所示。

2）计算规定时间 j 累计完成的任务量。其计算方法是将各单位时间完成的任务量累加求和，即：

$$Q_j = \sum_{j=1}^{j} q_j \qquad (6\text{-}1)$$

3）按各规定时间的 Q_j 值，绘制 S 形曲线，如图 6-10b 所示。

（2）绘制实际进度 S 形曲线　在工程项目实施过程中，按照规定时间将检查收集到的实际累计完成任务量绘制在原计划 S 形曲线图上，即得到实际进度 S 形曲线。

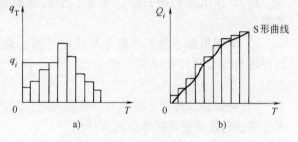

图 6-10　时间与完成任务量关系曲线

（3）得到实际控制信息　通过比较实际进度 S 形曲线和计划进度 S 形曲线，可得出以下信息：

1）工程项目实际进度状况。如果工程项目实际进度 S 形曲线上点 a 落在计划进度 S 形曲线左侧，表明此时实际进度比计划进度超前；如果工程项目实际进度 S 形曲线上点 b 落在计划进度 S 形曲线右侧，表明此时实际进度拖后；如果工程实际进度 S 形曲线与计划进度 S 形曲线交于点 c，表明此时实际进度与计划进度一致，如图 6-9 所示。

2）工程项目实际进度超前或拖后的时间。在 S 形曲线比较图中可以直接读出实际进度比计划进度超前或拖后的时间，即在某时间点两曲线在横坐标上相差的数值，如图 6-9 所示，ΔT_a 表示 T_a 时刻实际进度超前的时间，ΔT_b 表示 T_b 时刻实际进度拖后的时间。

3）工程项目实际超额或拖欠的任务量。在 S 形曲线比较图中可直接读出实际进度比计划进度超额或拖欠的任务量，即在某时间点两曲线在纵坐标上相差的数值，如图 6-9 所示，ΔQ_a 表示 T_a 时刻超额完成的任务量，ΔQ_b 表示 T_b 时刻拖欠的任务量。

4）后期工程进度预测。如果后期工程按原计划速度进行，则可做出后期工程计划 S 形曲线，如图6-9中虚线所示，从而可据此确定工期拖延预测值 ΔT。

3. 香蕉曲线比较法

香蕉曲线是由两条曲线组合而成的闭合曲线。其中一条曲线是以各项工作最早开始时间ES安排进度计划而绘制的S形曲线，称为ES曲线；另一条曲线是以各项工作最迟开始时间LS安排进度计划而绘制的S形曲线，称为LS曲线。由于该闭合曲线形似香蕉，故称其为香蕉曲线，如图6-11所示。

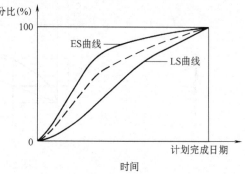

图6-11 香蕉曲线示意图

香蕉曲线比较法的应用步骤是：

（1）绘制香蕉曲线 其具体方法是：

1）以工程项目的网络计划为基础，计算各项工作的最早开始时间ES和最迟开始时间LS。

2）根据各项工作的按照最早开始时间安排的进度计划和按照最迟开始时间安排的进度计划分别来确定各项工作在各单位时间的计划完成任务量。

3）计算出工程项目总任务量，即对所有工作在各单位时间计划完成的任务量累加求和。

4）分别根据各项工作按最早开始时间、最迟开始时间安排的进度计划，确定工程项目在各单位时间计划完成的任务量，即将各项工作在某一单位时间内计划完成的任务量求和。

5）分别根据各项工作按最早开始时间、最迟开始时间安排的进度计划，确定不同时间累计完成的任务量或任务量的百分比。

6）分别根据各项工作按最早开始时间、最迟开始时间安排的进度计划，确定的累计完成任务量或任务量的百分比描绘各点，并连接各点得到ES曲线和LS曲线，由此组成香蕉曲线。

（2）绘制实际进度S形曲线 在项目实施过程中，按照规定时间将检查收集到的实际累计完成任务量绘制在香蕉曲线图上，即得到实际进度S形曲线。

（3）实际进度与计划进度比较 工程项目实施进度的理想状态是任一时刻工程实际进度S形曲线上的点均落在香蕉曲线图的范围内。如果工程实际进度S形曲线上的点落在ES曲线的左侧，表明此刻实际进度比各项工作按其最早开始时间安排的计划进度超前；如果工程实际进度S形曲线上的点落在LS曲线的右侧，表明此刻实际进度比各项工作按其最迟开始时间安排的计划进度拖后。

（4）预测后期工程进展趋势 如果后期工程按原计划速度进行，则可以作出后期工程进展情况的预测，如图6-11中的虚线所示。

香蕉曲线除了可以用于进度比较外，它还可以用于合理安排工程项目进度计划。因为，如果工程项目中的各项工作均按其最早开始时间安排进度计划，将会导致项目的投资加大。而如果各项工作都按其最迟开始时间安排进度，则一旦受到进度影响因素的干扰，又将导致工程拖期，使工程进度风险加大。因此，一个科学合理的进度优化曲线应处于香蕉曲线所包络的区域之内。因此，可利用香蕉曲线优化进度计划。

同时，香蕉曲线的形状还可以反映出进度控制的难易程度。当香蕉曲线很窄时，说明进度控制的难度大，当香蕉曲线很宽时，说明进度控制很容易。由此，也可以利用其判断进度计划编制的合理程度。

4. 前锋线比较法

前锋线比较法是通过绘制某检查时刻工程项目实际进度前锋线，进行工程实际进度与计划进度比较的方法，它主要用于时标网络计划。

前锋线是指在原时标网络计划上，从检查时刻的时标点出发，用点画线依此将各项工作实际进展位置点连接而成的折线。前锋线比较法就是通过实际进度前锋线与原进度计划中各工作箭线交点的位置来判断工作实际进度与计划进度的偏差，进而判定该偏差对后续工作及总工期影响程度的一种方法。

前锋线比较法进行实际进度与计划进度比较的步骤如下：

（1）绘制时标网络计划图　按照时标网络计划图的绘制方法绘制时标网络图，并在时标网络计划图的上方和下方各设一时间坐标。

（2）绘制实际进度前锋线　从时标网络计划图上方时间坐标的检查日期开始绘制，依次连接相邻工作的实际进展位置点，最后与时标网络计划图下方坐标的检查日期相连接。工作实际进展位置点的标定方法有两种：

1）按该工作已完成任务量比例进行标定。假设工程项目中各项工作均为匀速进展，根据实际进度检查时刻该工作已完任务量占其计划完成总任务量的比例，在工作箭线上从左至右按相同的比例标定其实际进展位置点。

2）按尚需作业时间进行标定。当某些工作的持续时间难以按实物工程量来计算而只能凭经验估算时，可以先估算出检查时刻到该工作全部完成尚需作业的时间，然后在该工作箭线上从右向左逆向标定其实际进展位置点。

（3）进行实际进度与计划进度的比较　对某项工作来说，实际进度与计划进度之间的关系可能存在三种情况：

1）工作实际进展位置点落在检查日期的左侧，表明该工作实际进度拖后，拖后的时间为两者之差。

2）工作实际进展位置点与检查日期重合，表明该工作实际进度与计划进度一致。

3）工作实际进展位置点落在检查日期的右侧，表明该工作实际进度超前，超前的时间为两者之差。

（4）预测进度偏差对后续工作及总工期的影响　通过实际进度与计划进度的比较确定进度偏差后，还可以根据工作的自由时差和总时差预测该进度偏差对后续工作及总工期的影响。

前锋线比较法既适用于工作实际进度与计划进度之间的局部比较，又可用来分析和预测工程项目整体进度状况。

例：已知某工程网络计划如图 6-12 所示，在第 5 周检查时，发现 A 工作已完成，B 工作已进行 1 周，C 工作已进行 1 周，D 工作尚未开始，试用前锋线比较法进行实际进度与计划进度比较。

解：根据第 5 周检查的情况，绘制前锋线，如图 6-13 所示。通过比较可以看出：

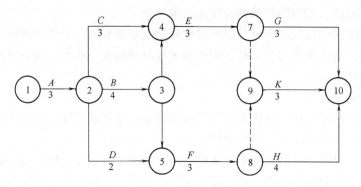

图 6-12　某工程网络计划

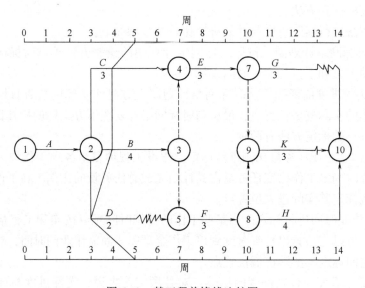

图 6-13　某工程前锋线比较图

1）B 工作实际进度拖后 1 周，因 B 工作为关键工作，将使其紧后 E 工作和 F 工作的最早开始时间推迟 1 周，并使总工期延长 1 周。

2）C 工作实际进度拖后 1 周，但不会影响紧后工作 E 按最早开始时间进行，也不会影响总工期，因工作 C 的自由时差有 1 周。

3）工作 D 实际进度拖后 2 周，但不会影响紧后工作 F 按最早开始时间进行，也不会影响总工期，因 D 工作的自由时差有 2 周。

综上所述，如果不采取措施加快施工进度，该工程项目的总工期将延长 1 周。

5. 列表比较法

当工程进度计划用非时标网络图表示时，可以采用列表比较法进行实际进度与计划进度的比较。这种方法是记录检查日期应该进行的工作名称及其已经作业的时间，然后列表计算有关时间参数，并根据工作总时差进行实际进度与计划进度比较的方法。

采用列表比较法进行实际进度与计划进度比较的步骤如下：

（1）计算检查时正在进行的工作 ij 尚需作业时间 T_{ij}^2 可按下式计算：

$$T_{ij}^2 = D_{ij} - T_{ij}^1 \tag{6-2}$$

式中　D_{ij}——工作 ij 的计划持续时间；

　　　T_{ij}^1——工作 ij 检查时已经进行的时间。

（2）计算工作 ij 检查时至最迟完成时间的尚余时间 T_{ij}^3　可按下式计算：

$$T_{ij}^3 = LF_{ij} - T_2 \tag{6-3}$$

式中　LF_{ij}——工作 ij 的最迟完成时间；

　　　T_2——检查时间。

（3）计算工作 ij 尚有总时差 TF_{ij}^1　其数值等于工作从检查日期到原计划最迟完成时间尚余时间与该工作尚需作业时间之差，可按下式计算：

$$TF_{ij}^1 = T_{ij}^3 - T_{ij}^2 \tag{6-4}$$

（4）比较实际进度与计划进度　比较的结果可能出现以下几种情况：

1）如果工作尚有总时差与原有总时差相等，说明该工作实际进度与计划进度一致。

2）如果工作尚有总时差大于原有总时差，说明该工作实际进度超前，超前的时间为两者之差。

3）如果工作尚有总时差小于原有总时差，且仍为正值，说明该工作实际进度拖后，拖后的时间为两者之差，但不影响总工期。

4）如果工作总时差小于原有总时差，且为负值，说明该工作实际进度拖后，拖后的时间为两者之差，此时工作实际进度偏差将影响总工期。

例：已知某工程网络计划如图 6-14 所示，在第 5 周检查时，发现 A 工作已完成，B 工作已进行 1 周，C 工作已进行 2 周，D 工作尚未开始，试用列表比较法进行实际进度与计划进度比较。

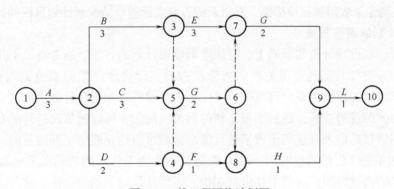

图 6-14　某工程网络计划图

解：根据计算公式计算有关参数，如表 6-1 所示。

表 6-1　时间参数计算表

工作代号	工作名称	检查计划时尚需作业天数 T_{ij}^2	至计划最迟完成时尚余作业天数 T_{ij}^3	原有总时差 TF_{ij}	尚有总时差 TF_{ij}^1	情况判断
2-3	B	2	1	0	−1	影响工作 1 周
2-5	C	1	2	1	1	正常
2-4	D	2	2	2	0	正常（进度拖后 2 周，但不影响总工期）

6.2.4　进度计划实施过程中的调整方法

1. 分析进度偏差对后续工作及总工期的影响

在工程项目实施过程中，当通过实际进度与计划进度的比较，发现有进度偏差时，首先需要分析该偏差对后续工作及总工期的影响，然后，再根据分析结果采取相应的对策，以确保工期目标的顺利实现。其分析步骤如下：

（1）分析出现进度偏差的工作是否为关键工作　当发生进度偏差的工作是关键工作时，则无论其偏差大小，都对后续工作和总工期产生影响。因为，此时该工作进度偏差的数值就是对总工期造成延误的时间。因此，只要是关键工作出现进度偏差，就一定要采取纠偏措施。但如果发生进度偏差的工作是非关键工作时，则还需要比较进度偏差的数值与总时差和自由时差的数值，才能决定该项偏差对后续工作和总工期的影响。

（2）分析进度偏差是否超过总时差　如果工作的进度偏差超过了该工作的总时差，说明此偏差必将影响到其紧后工作和总工期，必须采取相应的调整措施；如果工作的进度偏差小于或等于该工作的总时差，说明此偏差对总工期没有影响，但它对紧后工作的影响程度，需要根据此偏差与自由时差的比较情况来确定。

（3）分析进度偏差是否超过自由时差　如果工作的进度偏差超过该工作的自由时差，说明此偏差对紧后工作产生影响，应根据紧后工作允许影响的程度而确定如何调整。如果工作的进度偏差小于或等于该工作的自由时差，则说明此偏差对紧后工作没有影响，因此，原进度计划可以不作调整。

经过如此分析，监理进度控制人员就可以确认应该调整产生进度偏差的工作和调整偏差值的大小，以便确定采取何种调整措施，获得新的符合实际进度情况和计划目标的新进度计划。

2. 进度计划的调整方法

在对进度计划进行分析的基础上，应确定调整原计划的方法，通常有以下几种。

（1）改变某些工作间的逻辑关系　如果检查的实际进度产生的偏差影响到了总工期，并且有关工作之间的逻辑关系允许改变，可以改变关键线路和超过计划工期的非关键线路上的有关工作之间的逻辑关系，达到缩短工期的目的。例如，可以把依次进行的有关工作改变为平行或互相搭接的以及分成若干段来进行流水，均可以达到缩短工期的目的。

（2）缩短某些工作的持续时间　此方法是在不改变工作之间逻辑关系的前提下，只是缩短某些工作的持续时间，而使工作进度加快，以保证计划工期的方法。这些被压缩的工作必须是因实际进度的拖延而引起总工期增加的关键线路和某些非关键线路上的工作，同时，这些工作必须是可以压缩持续时间的工作。此方法实际上就是网络计划优化中的工期优化方法和工期与成本优化的方法。

6.3　建设工程设计阶段的进度控制

6.3.1　设计阶段进度控制目标的确定

1. 分阶段进度控制目标的确定

建设工程设计通常分为初步设计和施工图设计两个阶段进行，对于技术复杂的项目可分为初步设计、技术设计和施工图设计三个阶段来进行。此外，在设计阶段开始之前，必须做好设计准备工作。为了进行设计阶段的进度控制，必须明确各阶段的进度控制目标。

（1）设计准备工作阶段　在设计准备阶段，监理工程师必须确定规划设计条件、提供设计基础资料、进行设计招标或设计方案竞选以及协助建设单位委托设计等工作。

1）规划设计条件是指在城市建设中，由城市规划管理部门根据国家有关规定，从城市总体规划的角度出发，对拟建项目在规划设计方面所提出的要求。其确定按下列程序进行：

① 由建设单位持建设项目的批准文件和确定的建设用地通知书，向城市规划管理部门申请确定拟建项目的规划设计条件。

② 城市规划管理部门提出规划设计条件征询意见表，以了解有关部门是否有能力承担该项目的配套建设（如供电、供水、供气、排水、交通等），以及存在的问题和要求等，建设单位按照城市规划管理部门的要求，分别向有关单位征询意见，由各有关单位签署意见和要求，必要时由建设单位与有关单位签订配套项目协议。

③ 将征询意见表返回城市规划管理部门，经整理确定后，再向建设单位发出规划设计条件通知书。如果有人防工程，还需另发人防工程设计条件通知书。规划设计条件通知书一般包括工程位置及附图，用地面积，建设项目的名称，建筑面积、高度、层数，建筑高度限额及容积率限额，绿化面积比例限额，机动车停车场车位和地面车位比例，自行车场车位数，其他规划设计条件，注意事项等内容。

2）监理工程师通常代表建设单位向设计单位提供完整、可靠的设计基础资料，其内容一般包括：经批准的可行性研究报告，城市规划管理部门发给的规划设计条件通知书和地形图，建筑总平面布置图，原有的上下水管道图、道路图、动力和照明线路图，建设单位与有关部门签订的供电、供气、供热、供水、雨污水排放方案或协议书，环保部门批准的建设工程环境影响审批表和城市节水部门批准的节水措施批件，当地的气象、风向、风荷载、雪荷载及地震级别，水文地质和工程地质勘察报告，对建筑物的采光、照明、供电、供气、供热、给排水、空调及电梯的要求，建筑构配件的适用要求，各类设备的选型、生产厂家及设备构造安装图样，建筑物的装饰标准及要求，对"三废"处理的要求，建设项目所在地区其他方面的要求和限制（如机场、港口、文物保护等）。

3）设计单位的选定可以采用直接指定、设计招标及设计方案竞赛等方式。监理企业可以接受建设单位的委托帮助其组织设计方案竞赛，选择理想的设计方案，编制设计招标文件，组织设计招标和评标，并参与设计合同的起草和商签工作。在设计合同中，要明确设计进度及设计图样提交时间。

（2）初步设计、技术设计阶段的时间目标　初步设计应根据建设单位所提供的设计基础资料进行编制。初步设计和总概算经批准后，便可作为确定建设项目投资额，编制固定资产投资计划，签订总包合同及贷款合同，实行投资包干，控制建设工程拨款，组织主要设备订货，进行施工准备及编制技术设计（或施工图设计）文件等的主要依据。技术设计应根据初步设计文件进行编制，技术设计和修正总概算经批准后，便成为建设工程拨款和编制施工图设计文件的依据。

为了确保工程建设进度总目标的实现，并保证工程设计质量，应根据建设工程的具体情况，确定出合理的初步设计和技术设计周期。该时间目标中，除了要考虑设计工作本身及进行设计分析和评审所花的时间外，还应考虑设计文件的报批时间。

（3）施工图设计工作时间目标　施工图设计应根据批准的初步设计文件（或技术设计文件）和主要设备订货情况进行编制，它是工程施工的主要依据。施工图设计是工程设计的最后一个阶段，其工作进度将直接影响建设工程的施工进度，进而影响建设工程进度总目标的实现。因此，必须确定合理的施工图设计交付时间，确保建设工程设计进度总目标的实现，从而为工程施工的正常进行创造良好的条件。

2. 设计进度控制分专业目标

为了有效地控制建设工程设计进度，还应将各阶段设计进度目标具体化，进行进一步分解。例如：可以将初步设计工作时间目标分解为方案设计时间目标和初步设计时间目标；将施工图设计时间目标分解为基础设计时间目标、结构设计时间目标、装饰设计时间目标及安装图设计时间目标等。这样，设计进度控制目标便构成了一个从总目标到分目标的完整的目标体系。

6.3.2　影响设计进度的因素

建设工程设计工作属于多专业协作配合的智力劳动，在工程设计过程中，影响其进度的因素通常有以下几个方面。

1. 建设意图及要求改变的影响

建设工程设计是本着建设单位的建设意图和要求而进行的，所有的工程设计必然是建设单位意图的体现。因此，在设计过程中，如果建设单位改变其建设意图和要求，就会引起设计单位的设计变更，必然会对设计进度造成影响。

2. 设计审批时间的影响

建设工程设计是分阶段进行的，如果前一阶段（如初步设计）的设计文件不能顺利得到批准，必然会影响到下一阶段（如施工图设计）的设计进度。因此，设计审批时间的长短，在一定条件下将影响到设计进度。

3. 设计各专业之间协调配合的影响

建设工程设计是一个多专业、多方面协调合作的复杂过程。如果建设单位、设计单位、监理企业等各单位之间，以及土建、电气、通信等各专业之间没有良好的协作关系，必然会影响建设工程设计工作的顺利实施。

4. 工程变更的影响

当建设工程采用 CM 法实行分段设计、分段施工时，如果在已施工的部分发现一些问题而必须进行工程变更的情况下，也会影响设计工作进度。

5. 材料代用、设备选用失误的影响

材料代用、设备选用的失误将会导致原有工程设计失效而重新进行设计，这将会影响设计工作进度。

6.3.3　监理单位的进度监控

监理单位受建设单位的委托进行工程设计监理时，应落实项目监理班子中专门负责设计进度控制的人员，按合同要求对设计工作进度进行严格监控。设计阶段监理进度控制工作的流程如图 6-15 所示。

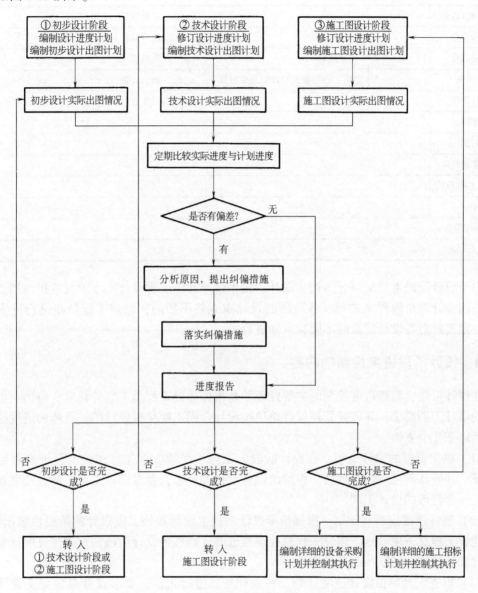

图 6-15　设计阶段监理进度控制工作流程图

　　设计进度的监控应实施动态控制。在设计工作开始之前，首先应由监理工程师审查设计单位所编制的进度计划的合理性和可行性。在进度计划实施过程中，监理工程师应定期检查设计工作的实际完成情况，并与计划进度进行比较分析。一旦发现偏差，就应在分析原因的基础上提出纠偏措施，以加快设计工作进度。必要时，应对原进度计划进行调整或修订。

　　在设计进度控制中，监理工程师要对设计单位填写的设计图进度表（表6-2）进行核查分析，并提出自己的见解。从而将各设计阶段的每一张设计图（包括其相应的设计文件）的进度都纳入监控之中。

表 6-2 设计图进度表

工程项目名称				项目编号	
监理企业				设计阶段	
图纸编号		图纸名称		图纸版次	
设计负责人		监理工程师批准的计划完成时间		制表日期	
设计步骤				实际完成时间	
草图					
制图					
设计单位自审					
监理工程师审核					
发出					
偏差原因分析：					
措施及对策：					

由于设计阶段本身又划分为初步设计、技术设计和施工图设计三个阶段或扩大初步设计和施工图设计两个阶段来进行，各阶段的设计重点各不相同，监理工程师在进行进度控制时，一定要针对各设计阶段的不同特点来进行。

6.3.4 设计阶段进度控制的内容

在设计阶段，监理进度控制的主要任务就是根据建设工程总工期的要求，协助业主确定合理的设计工期要求，并监督管理设计单位按设计合同工期交付设计图。具体的进度控制内容包括以下几个方面。

（1）确定合理的设计工期 在设计阶段，监理工程师应首先对建设工程进度总目标进行论证，并确认其可行性；然后，根据建设总工期的要求，参考设计工期定额，协助建设单位确定一个合理的设计工期。

（2）制订进度控制性计划 根据初步设计、技术设计和施工图设计的阶段性输出特点，制订建设工程总进度计划、建设工程总控制性进度计划和各设计阶段的控制性进度计划，为本阶段和后续阶段进度控制提供依据。

（3）审查设计单位设计进度计划 在设计正式进行之前，要求设计单位提交设计进度计划，并根据进度控制性计划进行审查，并监督执行。

（4）编制建设单位材料和设备供应进度计划，并实施控制 按照基本建设的惯例，经常有建设单位供应材料和设备的情况，尤其是大型非标准设备和特殊材料更是应当提前订购才能保证项目总进度目标的实现。因此，当建设单位委托材料设备供应监理时，监理工程师就要在设计阶段根据扩大初步设计或技术设计所确定的材料和设备来编制建设单位材料和设备供应进度计划，并实施其控制。

（5）开展各种进度组织协调活动 在设计阶段，当设计由不同的设计单位共同完成时，监理工程师要进行各设计单位设计进度的组织协调活动，从而使各设计单位一体化开展设计工作。按照设计合同，建设单位通常应提供设计所需的一些基础资料和数据，监理工程师要按照设计进度的要求，及时进行协调，从而及时、准确和完整地提供这些资料和数据。在设计工作中，建设单位、规划部门等许多方面均会对设计进度造成影响，监理工程师还要按照监理合同的委托进行相关事宜的协调，保障设计工作顺利进行。

（6）设计进度索赔事宜的处理　按照设计合同，建设单位和设计单位均有权根据设计合同进行工期索赔，监理工程师就要进行设计进度索赔事宜的处理工作。

6.3.5　设计阶段进度控制措施

（1）组织措施　从设计目标控制的组织管理方面采取的措施，具体落实进度控制的责任，建立进度控制协调制度。

（2）技术措施　建立多级网络计划体系，监控设计单位的设计实施计划。

（3）经济措施　在保证设计质量的前提下，对提前交付设计图的实行奖励。

（4）合同措施　按合同要求及时协调各设计单位的有关设计进度，按照合同规定的交图时间验收图样，如果由于设计单位原因造成图样拖期交付，应向设计单位索赔误期费用。

6.4　建设工程施工阶段的进度控制

6.4.1　施工阶段监理的进度控制目标的确定

施工阶段监理的进度控制目标应当按照监理合同的委托和建设单位与施工承包单位之间所签订的建设工程施工合同中注明的合同工期来进行确定，其监理的进度控制目标就是通过监理工程师谨慎与认真的监理工作，采取科学的项目管理方法与手段，在项目的质量与投资目标均同时保证的情况下，力求项目按照施工合同中规定的工期交工。

6.4.2　影响施工进度的因素分析

由于工程项目的施工特点，尤其是规模大和技术复杂的项目，施工工期长，影响进度因素多。在控制施工进度时，监理工程师必须充分认识和估计这些因素，才能克服或减小其影响，使施工活动按照批准的施工进度计划进行；当出现偏差时，应从有关影响因素分析产生的原因，然后采取相应的措施。影响施工进度的因素主要有相关单位、施工条件、施工组织管理和意外事件等。

1. 相关单位的影响

项目的主要施工承包单位对施工进度起决定性的作用。然而，施工中并不是所有的因素都能够被施工承包单位所控制，往往建设单位、设计单位、银行信贷单位、材料供应部门、运输部门、水电供应部门及政府有关主管部门都可能给施工某些方面造成困难而影响施工进度。特别是其中设计单位提供设计图不及时或设计图错误，以及建设单位要求进行的设计方案变更等经常发生，且对施工进度影响最大。此外，材料和设备不能按期供应，或质量、规格不符合要求，都将使施工停顿。资金不能保证也会使施工进度中断或减慢。对于监理工程师来说，监理工程师自身的工作失误也会造成施工进度的拖延，例如，计划的批准不及时，检查工作拖延，指示错误，进度款审核拖延，或者应由监理工程师负责或协调的工作进度未做好等，均会影响施工进度。

对于这些方面因素的影响，作为监理工程师，一定要分清责任人。如果是由建设单位负责的事项，监理工程师要采取主动控制的措施，以避免其对施工进度造成的影响。也就是说，如果这方面工作已经由建设单位在监理合同中委托给监理企业，监理工程师就一定要提前将工作做好，如果建设单位没有委托监理企业，监理工程师应该提前通知建设单位应在何时之前将工作做好，否则将影响施工进度。如果已经造成工程拖延，则事先征得建设单位的意见。如果建设单位要求赶工并同意支付赶工费用，监理工程师则需与施工单位协商赶工事宜，并审查施工承包单位制定的赶工措施，并监督其执行。对于应当由施工承包单位自身协调的工作，监理工程师应当监督施工承包单位提前做好协调工作。如果已经造成工程拖延，则监督施工单位采取切实可行的加速施工措施，自费赶工。此外，监理工程师必须注意自身的工作，避免由于自身工作失误造成工期延误。

2. 施工条件的变化

施工中工程地质条件和水文地质条件与勘察设计不符，如发现地下障碍物、软弱地基，以及恶劣的气候、暴雨、高温、洪水等，也会对施工进度产生影响，造成临时停工或破坏。

3. 技术失误

施工单位采用技术措施不当，施工中发生技术事故；应用新技术、新材料、新结构缺乏经验，造成质量问题等，从而影响施工进度。

4. 施工组织管理不当

流水施工组织不合理，劳动力和施工机械调配不当，施工平面布置不合理，没有建立切实的进度控制体系，施工进度计划安排不合理，施工管理混乱，从而影响施工进度计划的执行和合同工期目标的实现。

5. 施工中出现意外事件

施工中有时会出现意外事件，从而导致进度延误，如战争、严重自然灾害等。

6.4.3 施工阶段监理进度控制的任务

施工阶段监理进度控制的主要任务是控制施工单位按批准的施工进度计划施工，按合同工期交付工程项目。为完成施工阶段进度控制任务，监理工程师应做好下列工作：

1）根据施工招标和施工准备阶段的工程信息，进一步完善建设工程控制性进度计划，并据此进行施工阶段进度控制。

2）审查施工承包单位施工进度计划，确认其可行性并满足建设工程控制性进度计划要求。

3）制定建设单位材料和设备供应进度计划并进行控制，使其满足施工要求。

4）审查施工承包单位进度控制报告，督促施工承包单位做好施工进度控制。

5）对施工进度进行跟踪，掌握施工动态；研究制定预防工期索赔的措施，做好处理工期索赔工作；在施工过程中，做好对人力、材料、机具、设备等的投入控制工作，以及转换控制工作、信息反馈工作、对比和纠正工作，使进度控制定期连续进行。

6）开好进度协调会议，及时协调有关各方关系，使工程施工顺利进行。

6.4.4 施工阶段进度控制的程序

施工阶段进度控制的流程如图 6-16 所示。

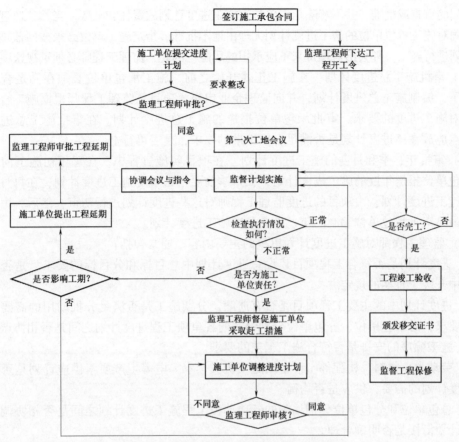

图 6-16　建设工程施工进度控制工作流程图

6.4.5　施工阶段进度控制的内容

1. 施工进度控制方案的编制

项目监理机构在进行施工进度控制时，首先在监理规划和监理细则中编制项目的施工进度控制方案，作为进度控制的指导性文件，其主要内容包括：

1）施工进度控制目标分解图。

2）实现施工进度控制目标的风险分析。

3）施工进度控制的主要工作内容和深度。

4）监理人员对进度控制的职责分工。

5）进度控制工作流程。

6）进度控制的方法（包括进度检查周期、数据采集方式、进度报表格式、统计分析方法等）。

7）进度控制的具体措施（包括组织措施、技术措施、经济措施及合同措施等）。

8）尚待解决的有关问题。

2. 施工进度计划的审核

在施工正式开始前，监理工程师必须对承包单位报送的施工进度计划进行审核。同时，监理工程师和承包单位必须明确编制和实施施工进度计划是承包单位的责任，监理工程师对施工进度计划的审查或批准，并不解除承包单位对施工进度计划的责任和义务。当然，监理工程师必须明确对施工承包单位的施工进度计划无理由地不批准或指定施工单位必须按照监理编制的进度计划进行施工，都会给监理带来不应承担的风险。因此，监理工程师必须重视这项工作。

（1）审批施工总进度计划　在施工正式开始之前，施工承包单位必须在满足合同工期的要求下，编制施工总进度计划，并向监理企业申报。项目总监理工程师根据施工合同和监理规划对施工进度的要求，审批承包单位报送的施工总进度计划。在审批施工总进度计划时，重点应放在该进度计划是否满足合同工期的要求，是否可行上。

（2）审批年、季和月度的施工进度计划　在项目实施过程中，在每年初施工前应要求施工承包单位报送年度的施工进度计划，在每季前要报送季度施工进度计划，在每月前要报送月度施工进度计划，由项目的进度监理工程师对这些进度计划进行初审，然后，由总监理工程师最终审批承包单位编制的年、季、月度施工进度计划。

（3）监理工程师对施工进度计划审核的主要内容　通常包括：

1）进度计划是否符合工程项目建设总进度计划中总目标和分目标的要求，是否符合施工合同中开竣工日期的规定。

2）进度计划中的主要工程项目是否有遗漏，分期施工是否满足分批动用的需要和配套动用的要求，总承包单位、分包单位分别编制的各单项工程进度计划之间是否相协调。

3）施工顺序的安排是否符合施工工艺的要求。

4）劳动力、材料、构配件、设备及施工机具、水、电等生产要素供应计划是否能保证施工进度计划的需要，供应是否均衡。

5）总包单位和分包单位分别编制的各项单位工程施工进度计划之间是否相协调，专业分包与计划衔接是否明确合理。

6）对由业主提供的施工条件（资金、施工图、施工场地、供应的物资等），承包单位在施工进度计划中所提出的供应时间和数量是否明确、合理，是否有造成因建设单位违约而导致工程延期和费用索赔的可能。

3. 下达工程开工令

项目总监理工程师应根据施工承包单位和建设单位双方进行工程开工准备的情况，及时审查施工承包单位提交的工程开工报审表，如图 6-17 所示。当具备开工条件时，及时签发工程开工令。

工程开工报审表

工程名称：　　　　　　　　　　　　　　　　　　　　　　　编号：

致：
我方承担的_____工程，已完成了以下各项工作，具备了开工条件，特此申请施工，请核查并签发开工指令。 　　附：1. 开工报告 　　　　2.（证明文件） 　　　　　　　　　　　　　　　　　　　　　承包单位（章）_____ 　　　　　　　　　　　　　　　　　　　　　项目经理_____ 　　　　　　　　　　　　　　　　　　　　　日　期_____
审查意见： 　　　　　　　　　　　　　　　　　　　　　项目监理机构_____ 　　　　　　　　　　　　　　　　　　　　　总监理工程师_____ 　　　　　　　　　　　　　　　　　　　　　日　期_____

图 6-17　工程开工报审表

为了检查施工单位和建设单位的准备情况，监理企业应督促建设单位及时召开第一次工地会议，详细了解双方准备情况，协调双方准备工作进展情况。

4. 施工实际进度的动态控制

在项目的施工过程中，由于各种各样的因素影响，常常会使项目的实际进度与计划进度不一致，尤其是使实际进度落后于计划进度。因此，项目监理人员在施工进行过程中，要定期或不定期地进行施工进度的检查，及时发现进度偏差，及时采取措施。

（1）施工进度的检查方式　监理工程师通常采用定期检查和日常巡视两种方式进行施工进度的检查。

1）定期检查是指以每周、每两周或每月为单位由施工承包单位报送实际进度报表来检查。其进度报表的格式由监理企业提供给施工承包单位，再由施工承包单位填写完后提交给监理工程师核查。其报表的内容可以根据施工对象和承包方式的不同而有所区别，但一般应包括工作的开始时间、完成时间、持续时间、逻辑关系、实物工程量和工作量，以及工作时差的利用情况等。

2）日常巡视主要是由现场监理人员根据施工承包单位的施工进度计划检查是否按计划施工，这样可以及时发现进度偏差。

当监理工程师获得实际进度信息后，就可以利用前面所讲述的进度比较方法确定实际进度状态，判断偏差大小及对总工期的影响程度，据此监理工程师做出进度调整的决策。

（2）施工进度计划的调整　当进度出现偏差时，为了实现项目的进度目标，监理工程师应当区分产生进度偏差的原因。如果是承包单位原因造成的工程延误，监理工程师可直接向承包单位发出监理指令，要求承包单位调整施工进度计划，自费赶工。但如果是非承包单位原因造成的进度拖后，则监理工程师要按照工程延期的处理方式进行处理。

（3）现场进度协调会议的组织　监理工程师应当定期或不定期地组织召开不同层级的现场进度协调会议，以求解决工程施工过程中的相互协调配合问题。通常这种会议以每周、半月或一月为间隔召开。通常在每月或半月召开的进度高层协调会上通报工程项目建设的重大变更事项，协商处理结果，解决各施工承包单位以及建设单位与承包单位之间的协调配合问题。通常在每周召开的管理层协调会议上，通报各自进度状况、存在的问题及下周的安排，解决施工中相互协调配合问题。

5. 工程延期的处理

工程延期是指由于不属于承包单位的原因而导致的工程拖期，此时承包单位不仅有权提出延长工期的要求，而且还有权向建设单位提出赔偿费用的要求以弥补由此造成的额外损失。因此，对工程延期的处理对建设单位和承包单位都非常重要，监理工程师一定要慎重对待。

（1）申报工程延期的条件　主要包括以下五种情况：

1）监理工程师发出工程变更指令而导致工程量增加。

2）合同所涉及的任何可能造成工程延期的原因，如延期交图、工程暂停、对合格工程的剥离检查及不利的外界条件等。

3）异常恶劣的气候条件。

4）由建设单位造成的任何延误、干扰或障碍，如未及时提供施工场地、未及时付款等。

5）除承包单位自身以外的其他任何原因。

（2）工程延期的审批程序　图 6-18 所示为工程延期的审批程序。当工程延期事件发生后，承包单位应在合同规定的有效期内以书面形式向监理工程师发出工程延期索赔意向通知，并在合同规定的有效期内向监理工程师提交详细的申述报告，说明延期的理由、依据和延期时间。监理工程师在收到此报告后就应开始进行调查核实。当延期事件具有持续性时，承包单位应按合同规定或监理工程师同意的时间提交阶段性的详情报告。监理工程师应在调查核实后，尽快作出临时延期决定。当整个延期事件结束后，承包单位应在合同规定的期限内向监理工程师提交最终的详情报告。监理工程师复查详情报告后，作出该延期事件最终的延期时间决定。但应注意，监理工程师在作出工程延期决定时应与建设单位和承包单位进行协商。按照监理规范，承包单位在申请工程延期时，需填写图 6-19 所示的工程临时延期申请表。监理工程师处理工程延期事项时，需向承包单位发出工程最终（临时）延期审批表，如图 6-20 所示。

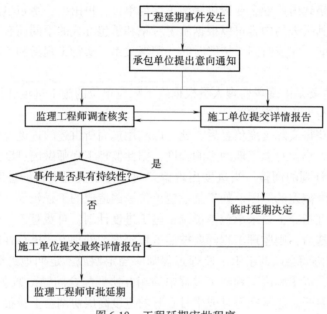

图 6-18　工程延期审批程序

工程临时延期申请表

工程名称：　　　　　　　　　　　　　　　　　　　　　　　　　　　编号：

致：　　　　　　　（监理单位）
　　根据施工合同条款＿＿＿＿＿＿＿条的规定，由于＿＿＿＿＿＿＿原因，我方申请工程延期，请予以批准。
　　附件：
　　1. 工程延期的依据及工期计算

　　合同竣工日期：
　　申请延长竣工日期：
　　2. 证明材料

　　　　　　　　　　　　　　　　　　　　　　　　　　　　承包单位＿＿＿＿＿＿＿
　　　　　　　　　　　　　　　　　　　　　　　　　　　　项目经理＿＿＿＿＿＿＿
　　　　　　　　　　　　　　　　　　　　　　　　　　　　日　　期＿＿＿＿＿＿＿

图 6-19　工程临时延期申请表

工程最终（临时）延期审批表

工程名称：　　　　　　　　　　　　　　　　　　　　　　　　　　编号：

致：

　　根据施工合同条款＿＿＿＿＿条的规定，我方对你方提出的＿＿＿＿＿工程延期申请（第＿＿＿＿＿号）要求延长工期＿＿＿＿＿日历天的要求，经过审核评估：

　　□最终（暂时）同意工期延长＿＿＿＿＿日历天。使竣工日期（包括已指令延长的工期）从原来的年＿＿＿月＿＿＿日＿＿＿到＿＿＿年＿＿＿月＿＿＿日。请你方执行。

　　□ 不同意延长工期，请按约定竣工日期组织施工。

　　说明：

　　　　　　　　　　　　　　　　　　　　　　　　　　项目监理机构＿＿＿＿＿＿＿
　　　　　　　　　　　　　　　　　　　　　　　　　　总监理工程师＿＿＿＿＿＿＿
　　　　　　　　　　　　　　　　　　　　　　　　　　日　　　　期＿＿＿＿＿＿＿

图 6-20　工程最终（临时）延期审批表

（3）工程延期的审批原则　监理工程师应按照下列三项原则处理工程延期：

1）监理工程师必须按照建设单位与施工承包单位签订的施工合同条件为依据。只有非施工承包单位原因或责任所造成的工程拖期才能作为工程延期处理。

2）必须影响工程总工期才能视为工程延期事件。无论发生工程延期事件的工程部位是位于关键线路还是非关键线路上，监理工程师必须判断影响的时间是否超过工作的总时差，如果没有超过总时差，即使是非承包单位原因造成局部工作的延误，仍然不能批准工程延期。

3）施工承包单位必须能够提供足够的事实证据证明该事件确实是工程延期事件，且影响工程进度的天数如何。为此，施工承包单位应注意工程记录工作，对延期事件发生后的各类有关细节进行详细记录，并及时向监理工程师提交详情报告。作为监理工程师，为了合理处理工程延期问题，也应该及时对施工现场进行详细考察和分析，做好监理记录。

（4）工程延期的控制　如果工程延期事件是由于建设单位原因或责任所造成的工程拖期，往往还伴随着费用索赔，给建设单位造成的损失是不言而喻的。因此，监理工程师应尽量做好以下几方面的工作，从而避免或减少工程延期事件的发生。

1）监理工程师在下达工程开工令之前，一定要充分考虑建设单位的前期准备工作是否已经准备充分，如征地拆迁问题是否已经完成、设计图是否已经完成、工程款支付方面是否已有妥善安排等开工前需要由建设单位准备的工作，以避免下达开工令正式开工以后才发现上述问题缺乏准备而造成工程延期事件的发生。

2）提醒建设单位履行其施工承包合同中所规定的建设单位职责。在施工过程中，监理工程师应及时提醒建设单位履行合同中的职责，提前做好施工场地的获得和设计图的提供工作，并按时支付工程进度款，以减少或避免由此造成的工程延期。

3）严格履行监理的职责，不因为监理工程师自身的原因造成工程延误。监理工程师在施工进行过程中，有许多检查、批准和确认的职责，如果工作不及时，就会影响施工承包单位的施工活动，从而造成工程进度的延误。因此，监理工程师工作必须及时、主动，以避免此种延期的发生。

4) 当延期事件发生后，监理工程师必须根据合同及时妥善地处理工程延期事件，既要尽量减少工程延期时间和损失，又要在详细调查研究的基础上合理批准工程延期时间。

6.4.6 施工阶段进度控制的措施

施工阶段监理工程师可以根据施工阶段的特点从组织、技术、经济和合同四个方面采取措施，控制施工进度，以实现监理的进度控制目标。

1. 组织措施

首先在项目监理组织内部要明确每个监理人员在进度控制工作中的职责，建立完善的监理进度控制体系。同时，在审查施工单位申报的施工组织设计时，要注意施工承包单位是否有进度控制的保证体系。在施工进行过程中，当需要缩短工作的持续时间时，应分析施工承包单位的增加专业工作班组、增加工作班次、增加劳动力或施工机械数量等组织措施是否可行。

2. 技术措施

所谓技术措施就是在技术方面采取措施。例如，对施工承包单位的施工方案审查时，注意其是否可以改进施工工艺和施工技术，采用更先进的施工方法和施工机械等。

3. 经济措施

项目监理人员可以在监理合同的授权范围内采取相应的经济手段控制施工进度，例如拖期罚款、提前工期奖励等。

4. 合同措施

所谓合同措施就是监理人员利用施工合同条款作为依据进行进度控制的措施，如利用进度反索赔，下达自费赶工监理指令，认真审查施工承包单位提出的工期索赔成立的条件和索赔工期数值等。

复习思考题

1. 为什么监理工程师要对建设工程进度实施控制？
2. 进度控制的原理是什么？
3. 监理工程师如何确定进度控制目标？
4. 影响设计进度的因素有哪些？
5. 如何确定设计阶段的进度控制目标？
6. 影响施工进度的因素有哪些？
7. 简述施工阶段监理进度控制的程序。
8. 施工阶段监理进度控制的内容有哪些？
9. 工程延期与工程延误的区别是什么？监理工程师在处理这两种情况时有何不同？

第7章 建设工程合同管理

7.1 建设工程合同管理概述

7.1.1 建设工程合同的基本概念

建设工程合同是指发包人支付价款，承包人进行工程建设的书面协议。经济合同是商品经济的产物，是法人之间为实现一定的经济目的，明确相互权利义务关系的协议。订立经济合同，必须遵守国家有关法律，必须符合国家政策和计划的要求；必须贯彻"平等互利、协商一致、等价有偿"的原则。经济合同依法成立，即具有法律约束力，当事人必须全面履行合同规定的义务，任何一方不得擅自变更或解除合同。

建设工程合同是一类经济合同，是明确承发包双方为实现某项建设任务而进行合作所签订的协议。它是发包人支付价款，承包人进行工程建设的书面协议。合同一经签订，对双方都具有一定的法律约束力。

7.1.2 建设工程合同的类型

1. 按签约主体划分

1）建设工程勘察合同。

2）建设工程设计合同。

3）建设工程施工合同。

4）建设工程监理合同。

5）材料设备采购供应合同。

2. 按计价方式划分

按计价方式，业主（即建设单位，下同）签订的经济合同可以划分为三大类型，即总价合同、单价合同、成本加酬金合同，如表7-1所示。

3. 按承发包范围分

1）建设工程设计施工总承包合同。发包人将工程建设的勘察、设计、施工等任务发包给一个承包人的合同即为建设工程设计施工总承包合同。

表7-1　不同计价方式合同类型的比较

合同类型	总价合同	单价合同	成本加酬金合同			
			百分比酬金	固定酬金	浮动酬金	目标成本加奖罚
应用范围	广泛	广泛	有局限性			酌情
业主对投资控制	易	较易	最难	难	不易	有可能
承包商风险	风险大	风险小	基本无风险		风险不大	有风险

2）建设工程施工承包合同。发包人将全部或部分施工任务发包给一个承包人的合同即为建设工程施工承包合同。

3）建设工程施工分包合同。承包人经发包人认可，将承包的工程中部分施工任务交与其他人完成而订立的合同即为建设工程施工分包合同。

7.1.3　建设工程合同的特点

（1）合同主体的严格性　建设工程合同主体一般是法人。发包人一般是经过批准进行工程项目建设的法人，必须有国家批准建设项目，落实的投资计划，并且应当具备相应的协调能力。承包人必须具备法人资格，应当具备相应的从事勘察设计、施工、监理等资质。无营业执照或无承包资质的单位不能成为建设工程合同的主体，资质等级低的单位也不能越级承包建设工程。

（2）合同标的的特殊性　建设工程合同的标的是各类建筑产品，建筑产品的单件性特点决定了每个建设工程合同的标的都是特殊的，相互间具有不可代替性。

（3）合同履行期限的长期性　建设工程由于结构复杂、体积大、建筑材料类型多、工作量大，使得合同履行期限都较长。建设工程合同的订立和履行一般都需要较长的准备期。

（4）合同计划和订立程序的严格性　国家对建设工程的计划和程序都有严格的管理制度。订立建设工程合同必须以国家批准的投资计划为前提，并经过严格的审批程序。建设工程合同的订立和履行还必须符合国家关于工程建设程序的规定。

（5）合同形式的特殊要求　我国《合同法》对合同形式确立了以不要式为主的原则，即在一般情况下对合同形式采用书面形式还是口头形式没有限制。但是，考虑到建设工程的重要性和复杂性，在建设过程中经常会发生影响合同履行的纠纷，因此，《合同法》要求建设工程合同应当采用书面形式，即采用要是合同。

7.2　建设工程监理合同

《合同法》规定，建设工程实行监理的，发包人应当与监理人采用书面形式订立委托监理合同。业主与监理企业签订的委托监理合同，与其在工程建设实施阶段所签订的其他合同相比较，最大区别表现在标的性质上。勘察设计合同、施工合同的标的是智力成果或物质成果，而监理合同的标的是服务，即监理工程师根据自己的知识、经验、技能，受业主委托为其所签订的其他合同的履行实施监督和管理的职责。

由于监理合同的特殊性，作为合同一方当事人的监理单位，仅仅是接受业主的委托，对业主签订的设计、施工、承揽等合同的履行实施监理，其目的也仅限于通过自己的服务活动获得酬金，而不同于上述合同的承包方是以经营为目的，通过自己的技术、管理等手段获取利润。监理合同表明，受业主委托的监理人不是建筑产品的直接经营者，不向业主承包工程造价。如果由于监理工程师的严格管理或者采纳了监理工程师的合理化建议，在保证质量的前提下节约了工程投资，缩短了工期，业主应按监理合同中的约定给予奖励，这只是对监理人提供优质服务的奖励。

监理人与承包人是监理与被监理的关系，双方没有经济利益的关系。由于监理工程师的有效工作而使承包人节省了投入时，监理人也不参与承包人的盈利分成。

7.2.1　建设工程监理合同的基本形式

建设工程监理合同主要有下列四种基本形式：

（1）正规合同　根据法律要求并经当事人协商签订的合同。

（2）信件合同　在正规合同签订后，双方协商签订的某些追加任务的协议。

（3）委托通知单　通过委托方发出交代任务的委托通知单，把监理委托合同中由监理企业提出的建议正式转为监理企业接受的协议。

（4）标准合同　世界上有各种工程咨询委托合同格式。最常用的一种标准委托合同格式是由国际咨询工程师联合会（法语缩写为 FIDIC）于 1980 年颁发的《雇主与咨询工程师项目管理协议书国际范本与国际通用规则》（简称 IGRA1980PM）。它的主要内容包括：国际标准合同格式和国际标准合同通用规则（分为一般条款和特殊条款两部分），以及服务范围、报酬与支付等三个附录。我国目前应用的标准合同为《建设工程监理合同（示范文本）》（GF—2012—0202）。

7.2.2　建设工程监理合同的主要内容

虽然监理委托合同的形式是多种多样，但其基本内涵并没有实质上的区别。根据《建设工程监理合同（示范文本）》（CF—2012—0202）规定，一个完善的、符合法律要求的建设监理委托合同，一般都应该包含下列主要内容。

1. 协议书

（1）工程概况　工程名称、工程地点、工程规模、工程概算投资额或建筑安装工程费。

（2）词语限定　协议书中相关词语的含义与通用条件中的定义域解释相同。

（3）组成合同的文件　协议书、中标通知书、投标文件、专用条件、通用条件、附录 A 相关服务的范围和内容、附录 B 委托人派遣的人员和提供的房屋、资料、设备。

（4）总监理工程师　总监理工程师姓名、身份证号码、注册号。

（5）签约酬金　监理酬金、勘察阶段服务酬金、设计阶段服务酬金、保修阶段服务酬金、其他相关服务酬金。

（6）期限　监理期限、相关服务期限。

（7）双方承诺　监理人承诺按照合同提供监理与相关服务；委托人承诺按照合同约定派遣相应人员，提供房屋、资料、设备，并按本合同约定支付酬金。

（8）合同订立　订立时间、订立地点、合同份数、委托人、监理人。

2. 通用条件

（1）定义与解释　介绍监理合同文本中的专业词语的定义及本合同使用中文字书写、

解释和说明。

（2）监理人的义务　具体如下。

1）收到工程设计文件后编制监理规划，并在第一次工地会议 7 天前报委托人。根据有关规定和监理工作需要，编制监理实施细则。

2）熟悉工程设计文件，并参加由委托人主持的图纸会审和设计交底会议。

3）参加由委托人主持的第一次工地会议；主持监理例会并根据工程需要主持或参加专题会议。

4）审查施工承包人提交的施工组织设计，重点审查其中的质量安全技术措施、专项施工方案与工程建设强制性标准的符合性。

5）检查施工承包人工程质量、安全生产管理制度及组织机构和人员资格。

6）检查施工承包人专职安全生产管理人员的配备情况。

7）审查施工承包人提交的施工进度计划，核查承包人对施工进度计划的调整。

8）检查施工承包人的试验室。

9）审核施工分包人资质条件。

10）查验施工承包人的施工测量放线成果。

11）审查工程开工条件，对条件具备的签发开工令。

12）审查施工承包人报送的工程材料、构配件、设备质量证明文件的有效性和符合性，并按规定对用于工程的材料采取平行检验或见证取样方式进行抽检。

13）审核施工承包人提交的工程款支付申请，签发或出具工程款支付证书，并报委托人审核、批准。

14）在巡视、旁站和检验过程中，发现工程质量、施工安全存在事故隐患的，要求施工承包人整改并报委托人。

15）经委托人同意，签发工程暂停令和复工令。

16）审查施工承包人提交的采用新材料、新工艺、新技术、新设备的论证材料及相关验收标准。

17）验收隐蔽工程、分部分项工程。

18）审查施工承包人提交的工程变更申请，协调处理施工进度调整、费用索赔、合同争议等事项。

19）审查施工承包人提交的竣工验收申请，编写工程质量评估报告。

20）参加工程竣工验收，签署竣工验收意见。

21）审查施工承包人提交的竣工结算申请并报委托人。

22）编制、整理工程监理归档文件并报委托人。

（3）委托人义务　具体如下。

1）告知：委托人应在委托人与承包人签订的合同中明确监理人、总监理工程师和授予项目监理机构的权限。如有变更，应及时通知承包人。

2）提供资料：委托人应按照附录 B 约定，无偿向监理人提供工程有关的资料。在本合同履行过程中，委托人应及时向监理人提供最新的与工程有关的资料。

3）提供工作条件：委托人应为监理人完成监理与相关服务提供必要的条件。委托人应按照附录 B 约定，派遣相应的人员，提供房屋、设备，供监理人无偿使用。委托人应负责协调工程建设中所有外部关系，为监理人履行本合同提供必要的外部条件。

4）委托人代表：委托人应授权一名熟悉工程情况的代表，负责与监理人联系。委托人应在双方签订本合同后 7 天内，将委托人代表的姓名和职责书面告知监理人。当委托人更换委托人代表时，应提前 7 天通知监理人。

5）委托人意见或要求：在本合同约定的监理与相关服务工作范围内，委托人对承包人的任何意见或要求应通知监理人，由监理人向承包人发出相应指令。

6）答复：委托人应在专用条件约定的时间内，对监理人以书面形式提交并要求作出决定的事宜，给予书面答复。逾期未答复的，视为委托人认可。

7）支付：委托人应按本合同约定，向监理人支付酬金。

（4）违约责任　具体如下。

1）监理人的违约责任：监理人未履行本合同义务的，应承担相应的责任。因监理人违反本合同约定给委托人造成损失的，监理人应当赔偿委托人损失。赔偿金额的确定方法在专用条件中约定。监理人承担部分赔偿责任的，其承担赔偿金额由双方协商确定。监理人向委托人的索赔不成立时，监理人应赔偿委托人由此发生的费用。

2）委托人的违约责任：委托人未履行本合同义务的，应承担相应的责任。委托人违反本合同约定造成监理人损失的，委托人应予以赔偿。委托人向监理人的索赔不成立时，应赔偿监理人由此引起的费用。委托人未能按期支付酬金超过 28 天，应按专用条件约定支付逾期付款利息。

3）除外责任：因非监理人的原因，且监理人无过错，发生工程质量事故、安全事故、工期延误等造成的损失，监理人不承担赔偿责任。因不可抗力导致本合同全部或部分不能履行时，双方各自承担其因此而造成的损失、损害。

（5）支付　具体如下。

1）支付货币：除专用条件另有约定外，酬金均以人民币支付。涉及外币支付的，所采用的货币种类、比例和汇率在专用条件中约定。

2）支付申请：监理人应在本合同约定的每次应付款时间的 7 天前，向委托人提交支付申请书。支付申请书应当说明当期应付款总额，并列出当期应支付的款项及其金额。

3）支付酬金：支付的酬金包括正常工作酬金、附加工作酬金、合理化建议奖励金额及费用。

4）有争议部分的付款：委托人对监理人提交的支付申请书有异议时，应当在收到监理人提交的支付申请书后 7 天内，以书面形式向监理人发出异议通知。无异议部分的款项应按期支付，有异议部分的款项按第 7 条约定办理。

（6）合同生效、变更、暂停、解除与终止　具体如下。

1）生效：除法律另有规定或者专用条件另有约定外，委托人和监理人的法定代表人或其授权代理人在协议书上签字并盖单位章后本合同生效。

2）变更：任何一方提出变更请求时，双方经协商一致后可进行变更。除不可抗力外，因非监理人原因导致监理人履行合同期限延长、内容增加时，监理人应当将此情况与可能产生的影响及时通知委托人。增加的监理工作时间、工作内容应视为附加工作。附加工作酬金的确定方法在专用条件中约定。合同生效后，如果实际情况发生变化使得监理人不能完成全部或部分工作时，监理人应立即通知委托人。除不可抗力外，其善后工作以及恢复服务的准备工作应为附加工作，附加工作酬金的确定方法在专用条件中约定。监理人用于恢复服务的准备时间不应超过 28 天。

3）暂停与解除：除双方协商一致可以解除本合同外，当一方无正当理由未履行本合同约定的义务时，另一方可以根据本合同约定暂停履行本合同直至解除本合同。

4）终止：以下条件全部满足时，本合同即告终止：监理人完成本合同约定的全部工作；委托人与监理人结清并支付全部酬金。

（7）争议解决　具体如下。

1）协商：双方应本着诚信原则协商解决彼此间的争议。

2）调解：如果双方不能在 14 天内或双方商定的其他时间内解决本合同争议，可以将其提交给专用条件约定的或事后达成协议的调解人进行调解。

3）仲裁或诉讼：双方均有权不经调解直接向专用条件约定的仲裁机构申请仲裁或向有管辖权的人民法院提起诉讼。

3. 专用条款

专用条款是对通用合同条款原则性约定的细化、完善、补充、修改或另行约定的条款。合同当事人可以根据具体情况，通过双方的谈判、协商对相应的条款进行修改补充。

7.2.3　监理合同的订立

首先，签约双方应对对方的基本情况有所了解，包括：资质等级、营业等级、营业资格、财务状况、工作业绩、社会信誉等。作为监理单位还应根据自身状况和工作情况，考虑竞争该项目的可行性。其次，监理单位在获得建设单位的招标文件或业主草签协议之后，应立即对工程所需费用进行预算，提出报价，同时对招标文件中的合同文本进行分析、审查，为合同谈判和签约提供决策依据。无论何种方式招标投标，建设单位和监理单位都要就监理合同的主要条款进行谈判。谈判内容要具体，责任要明确，要有准确的文字记载。建设单位切忌以手中有工程的委托权，而不以平等的原则对待监理方。应当看到，监理工程师的良好服务，将为建设单位带来巨大的利益。作为监理方，应利用法律赋予的平等权利进行对等谈判，对重大问题不能迁就和无原则让步。经过谈判，双方就监理合同的各项条款达成一致，即可正式签订合同文件。

竞争性招标选择监理单位的程序如图 7-1 所示。

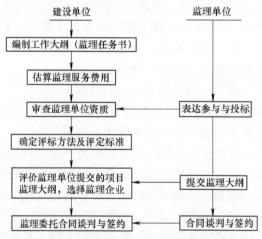

图 7-1　竞争性招标选择监理单位程序图

1. 编制工作大纲

工作大纲（Terms of Reference，TOR），又称监理任务书，是建设单位向监理单位详细说明监理任务及工作范围的文件，也是建设单位提交给监理单位编制监理大纲的依据。工作大纲的主要内容有下述几方面：

1）工程概况，包括项目名称、建设单位、建设条件、建筑面积、结构形式，以及监理服务费估算办法等。

2）建设监理目标。包括工程项目总投资、建设进度、工程质量等目标，以及工程项目建设前期监理、设计监理、施工监理或保修服务监理等目标。

3）工程项目建设监理业务范围及其主要工作要求说明。建设单位应在工作大纲中详细列出委托监理的业务范围的项目清单，以及对清单所列项目说明其监理要求。

4）监理人员配备及各类人员的工作时间限度，要求建设监理硬件及软件提供方式。

5）建设监理资料及监理报告提交的要求。

6）有关其他辅助服务项目及要求。

2. 审查监理单位的资质

建设单位应根据工程项目的特点、监理任务及所掌握的监理企业的情况，经对监理单位的审查，选出几家监理企业（一般 3~5 家）作为邀请招标对象。如果被邀请的监理单位愿意参与投标，建设单位发给邀请书和工作大纲，供各参与投标的监理单位编制监理大纲时参考。参与投标的监理单位编制的监理大纲，由监理单位负责人审查签字，加盖公章，按建设单位邀请书中规定的时间和地点，送交给建设单位，以备评定选择监理单位之用。

工程项目建设监理大纲，又称项目监理建议书，分为监理技术大纲和监理财务大纲。

（1）监理技术大纲　又称为监理技术建议书，主要内容有：

1）概述：监理单位简介、本大纲结构及主要内容、被监理项目的工程特点及背景的理解等。

2）监理单位概况：监理单位的能力、主要业绩简介等。

3）监理单位的主要构想：项目背景、市场优势、建设条件、内外影响因素、监理工作范围、监理业务要求、建设企业配合条件等。

4）项目监理技术路线和工作计划：监理计划、监理技术方案、技术标准、工作准则、质量保证体系，以及监理资料、监理报告提交清单和提交时间等。

5）工程项目监理组织及人员配备：项目监理组织机构、项目监理组织负责人、专业人员结构及专业技术人员的数量、项目监理组织与业主配合协作方式、各监理专业工种的工作计划等。

6）建设单位提供配合支持的事项：业主无偿提供项目监理文件及资料清单、建设单位无偿提供的执行监理任务的设备及设施清单、业主协助配合监理单位办理有关申报手续清单等。

7）附件：建设单位邀请书及工作大纲、监理单位从事类似项目监理实例、各种监理人员的简历、监理单位能力的声明文件及有关宣传资料等。

（2）监理财务大纲　又称为项目监理财务建议书。其内容主要有：

1）编制说明：编制依据、计算标准及计算方法等。

2）服务费用计算：监理人员工资、可报销费用、不可预见费及服务总费用额计算方法，以及各类费用（包括人员酬金、可报销费用等）明细表等。

3）服务费用支付说明：费用支付计划及支付金额。

4）附件：监理单位经注册会计师事务所审计的监理单位资产负债表和损益表等。

3. 评标方法及标准

建设单位根据工程特点、委托监理任务和对监理单位特殊要求，建立监理单位选择评定的指标体系及其评定标准。一般，评定指标体系应包括监理单位的资历及经验；完成工作大纲要求的技术路线和方法；监理人员的资格及工作业绩，以及监理服务费用金额及其组成等。例如，某项目委托监理时设定的各类评价指标的各子项目及其标准评分值如表 7-2 所示。

表 7-2　评价指标体系及评分标准

序　号	评价指标	最高标准评分值（总分100）
1	监理单位资历和经验	20
	a. 类似项目监理经验	6
	b. 类似地域监理经验	6
	c. 监理单位的工作业绩	8
2	监理技术路线和方法	40
	a. 对监理目标的理解	5
	b. 监理技术方法	8
	c. 监理技术组织	8
	d. 监理	8
	e. 对建设单位提供的配合要求	3
	f. 监理工作计划	5
	g. 监理规划表述	3
3	监理人员资格和工作业绩	30
	a. 项目组长	5
	b. 技术专家	5
	c. 经济专家	5
	d. 信息专家	5
	e. 法律专家	5
	f. 其他专家	5
4	监理服务费用金额及其组成项目	10

4. 选择监理单位

建设单位应组织评标委员会按招标文件中所确定的评价指标体系及其标准评分值，对各投标监理单位提供的工程项目建设监理大纲（以下简称项目监理大纲）进行评分。评分过程及选择监理单位程序如下：

（1）提交　将各投标监理单位提交的项目监理大纲和制定的评价标准等文件资料提交评标委员会，并由各专家评分。

（2）评议　召开评标委员会评议会议，审定各评定专家的评定结论，选择监理单位。评议会议的议程如下：

1）报告受理各监理单位项目监理大纲的记录，审查不合格的项目监理大纲。

2）讨论或修改专家评议结论（有必要的话）。

3）对各专家评分进行统计分析、讨论并取得一致意见，对各项目监理大纲按获得的总分多少由高分到低分进行排序。

4）对排序第一名的项目监理大纲指出不足之处，得出改进意见，并在监理委托合同谈判之前或之中予以澄清和解决。对排序第二名的项目监理大纲也应指出不足之处，提出改进意见，以便作为谈判的备选单位。

5）监理委托合同审查。

6）确认合同谈判的监理单位、邀请单位（如银行、主管部门等）、谈判日期和地点。

7）通知被选择的监理单位和邀请单位参加监理委托合同谈判。

5. 监理委托合同谈判与签约

在规定时间、规定地点，建设单位邀请被选择的监理单位或其他邀请单位，共同参与合同谈判。合同谈判的基本程序如下：

1）介绍谈判小组各方成员，宣布谈判内容和程序。

2）递交授权书。监理单位代表递交委任其参与谈判和签约的授权书，以便使签署的合同具有法律效力。

3）复查。讲解监理任务书的范围、目标和要求等。若双方对监理任务书的理解有分歧，应当磋商达成一致意见。

4）协商工作计划及人员配备。对方对监理计划及人员配备应协调统一。若建设单位对参与项目监理人员资格提出异议，监理企业应对人员配备作出必要的调整。

5）对建设单位提出的人员、设备和设施应拟订清单、提供计划，以及对有关费用承担应达成协议。

6）审查监理企业的项目财务大纲。只有通过全面协商达成一致意见后，才能进行合同财务条款的审查。

7）合同批准和签字。合同得到签约各方批准后，正式签订合同。在合同批准期间，双方应商定服务开始时间和工程开工安排的有关事项，确定开工时间。

6. 建设监理委托合同谈判与签约的注意事项

在建设监理委托合同谈判和签约过程中，监理单位应注意下列事项：

（1）建设单位应委托项目协调人　项目协调人又称建设单位代表或业主代表，全权代表建设单位从事监理企业选择、合同谈判等工作。

（2）监理企业应做好合同谈判的准备　包括谈判组织及谈判代表的选定，谈判资料的准备等。

（3）谈判人员应做好合同谈判准备　包括对谈判内容的了解，对谈判对手、谈判艺术及风格的掌握，制定谈判对策和策略，使谈判人员在谈判前有充分的精神、心理、物质准备，使其达到相互尊重与理解，在求同存异、互利互惠的基础上，寻求谈判双方责权利的一致性，确保谈判顺利成功，促成合同或协议的签订。

（4）签订涉外工程监理委托合同时注意的事项　具体包括以下内容：

1）由于合同的生效期与服务开始日期往往不同，因此应分别在合同中明确生效期与服务开始的具体日期。

2）对"不可抗力"的含义应明确，以及在合同中应规定在不可抗力条件下监理活动内容和合同暂停、停止或延续，以及监理单位在不可抗力条件所采取行为的支付补偿等。

3）明确监理人员的工作时间、加班和休假时间。

4）明确监理过程中咨询成果的归属问题。

5）明确业主提供人员、服务、设备、设施和财产清单及费用支付办法等。

6）明确监理单位服务费用支付条款，包括支付方式、支付时间、结算方法、货币种类及汇率，以及违约罚款和预付比例等。

7）有关税务、财产和人身保险等条款。

8）合同争议解决方式，如调解、仲裁和诉讼等条款。

7.2.4 建设监理合同的履行

1. 建设单位的履行

（1）严格按照监理合同的规定履行应尽义务 监理合同规定的应由建设单位负责的工作，是使合同最终实现的基础，如外部关系的协调，为监理工作提供外部条件，为监理企业提供获取本工程使用的原材料、构配件、机械设备等生产厂家名录等，都是为监理方做好工作的先决条件。建设单位必须严格按照监理合同的规定，履行应尽的义务，才能有权要求监理方履行合同。

（2）按照监理合同的规定行使权利 监理合同中规定的建设单位权利，主要有如下三个方面：对设计、施工单位的发包权，对工程规模、设计标准的认定权及设计变更的审批权，对监理方的监督管理权。

（3）建设单位的档案管理 在全部工程项目竣工后，业主应将全部合同文件，包括完整的工程竣工资料加以系统整理，按照我国《档案法》及有关规定，建档保管。为了保证监理合同档案的完整性，业主对合同文件及履行中与监理单位之间进行的签证、记录协议、补充合同备忘录、函件、电报、电传等都应系统地认真整理，妥善保管。

2. 监理单位的履行

监理合同一经生效，监理单位就要按合同规定，行使权利，履行应尽义务。

（1）确定项目总监理工程师，成立项目监理机构 每一个被监理的工程项目，监理单位都应根据工程项目规模、性质以及建设单位对监理的要求，委派称职的人员担任项目的总监理工程师，代表监理企业全面负责该项目的监理工作。总监理工程师对内对监理单位负责，对外对建设单位负责。

在总监理工程师的具体领导下，组建项目的监理机构，并根据签订的监理委托合同，制订监理规划和具体的实施计划，开展监理工作。

一般情况下，监理单位在承接项目监理业务时，在参与项目监理的招标、拟定监理方案（大纲）以及与建设单位商签监理委托合同时，应选派人员主持该项目工作。在监理任务确定并签订监理委托合同后，该主持人即可作为该项目总监理工程师。这样，项目的总监理工程师在承接任务阶段就早期介入，从而更能了解建设单位的建设意图和对监理工作的要求，并与后续工作能更好地衔接。

（2）准备工作 进一步熟悉情况，收集有关资料，具体内容包括：

1）反映工程项目特征的有关资料包括：工程项目的批文，规划部门关于规划红线范围和设计条件通知，土地管理部门关于准予用地的批文，批准的工程项目可行性研究报告或设计任务书，工程项目地形图，工程项目勘测、设计图及有关说明。

2）反映当地工程建设报建程序的有关规定包括：当地有关拆迁工作的有关规定，当地关于工程建设应交纳有关税、费的规定，当地关于工程项目建设管理机构资质管理的有关规定，当地关于工程项目建设实行建设工程监理的有关规定，当地关于工程项目建设招投标制的有关规定，当地关于工程造价管理的有关规定等。

3）反映工程所在地区技术经济状况及建设条件的资料包括：气象资料；工程地质及水文地质资料；交通运输（包括铁路、公路、航运）有关的可提供的能力、时间及价格的资料；供水、供电、供热、供燃气、电信有关的可提供的容（用）量、价格的资料；勘测设计单位状况；土建、安装施工单位状况；建筑材料及构件、半成品的生产、供应情况等。

4）类似工程项目建设情况的有关资料包括：类似工程项目投资方面的有关资料；类似工程项目建设工期方面的有关资料；类似工程项目的其他技术经济指标等。

（3）制订工程项目监理规划

工程项目的监理规划，是开展项目监理活动的纲领性文件，根据建设单位委托监理的要求，在详细占有监理项目有关资料的基础上，结合监理的具体条件编制的开展监理工作的指导性文件。其内容包括：工程概况，监理范围及目标，监理主体措施，监理组织，项目监理工作制度等。

（4）制定各专业监理工作计划或实施细则

在监理规划的指导下，为具体指导投资控制、质量控制、进度控制的进行，还需结合工程项目实际情况，制定相应的实施性计划或细则。

（5）根据制定的监理工作计划和运行制度，规范化地开展监理工作 作为一种科学的工程项目管理制度，监理工作的规范化体现在以下几方面：

1）工作的顺序性。即监理和各项工作按照一定逻辑顺序先后展开的，从而能便监理工作有效地达到目标而不致造成工作状况的无序和混乱。

2）职责分工的严密性。建设监理工作是由不同专业、不同层次的专家群体共同来完成的，他们之间紧密的职责分工，是协调监理工作的前提和实现监理目标的重要保证。

3）工作目标的确定性。在职责分工的基础上，每一项监理工作应达到的监理目标都应是确定的，完成的时间也应有时限规定，从而能通过报表资料对监理工作用及其效果进行检查和考核。

（6）监理工作总结归档 监理工作总结包括三部分内容。

1）第一部分是向业主提交监理工作总结。

2）第二部分是监理单位内部的监理工作总结。

3）第三部分是监理工作中存在问题及改进的建议，以指导今后的监理工作，并向政府有关部门提出政策建议，不断提高我国工程建设监理的水平。

在全部监理工作完成后，监理单位应注意做好监理合同的归档工作，监理合同归档资料应包括：监理合同、监理大纲、监理规划、在监理工作中的程序性文件。

7.3 施工合同管理

施工合同是发包方（建设单位或总包单位）和承包方（施工单位）为完成商定的施工项目，明确相互权利和义务关系协议。依照施工合同，施工单位应完成建设单位交给的建设工程施工任务，建设单位应按规定提供必要条件并支付工程价款。

7.3.1 施工合同的法律特征

1）施工合同的当事人必须是具有权利能力和行为能力的特定法人。承包方必须是经国家建设主管部门审查、核定、批准的专业建筑安装企业。承包方必须符合《建筑企业管理条例》规定的企业级别、营业范围、承包规定范围内的任务，低级企业不能越级承包。

2）施工合同必须以国家批准的计划和设计文件作为签订的先决条件。

3）施工合同的履行受国家建设主管部门和建设银行监督，当事人有义务接受它们的监督。

4）施工合同的标的是特定的建设项目，因此，建设工程承包合同要依据特定的条件和要求依法签订。

7.3.2 施工合同的内容

施工合同的主体即建设单位（发包单位、甲方）和建筑安装企业（承包单位、乙方）它们必须是法人，客体就是施工项目，合同内容就是合同的具体条款和形式。《建设工程施工合同（示范文本）》（GF—2013—0201）中，建设工程施工合同包含 3 部分内容，即合同协议书、通用合同条款、专用合同条款；合同附件有 11 部分内容，即承包人承揽工程项目一览表、发包人供应材料设备一览表、工程质量保修书、主要建设工程文件目录、承包人用于本工程施工的机械设备表、承包人主要施工管理人员表、分包人主要施工管理人员表、履约担保、预付款担保、支付担保、材料（工程设备、专业工程）暂估价表。

1. 合同协议书

合同协议书中共计 13 条，主要包括工程概况、合同工期、质量标准、签约合同价与合同价格形成、项目经理、合同文件构成、承诺、词语含义、签订时间、签订地点、补充协议、合同生效、合同份数，集中约定了当事人基本的合同权利义务。

2. 通用合同条款

通用合同条款是合同当事人根据《建筑法》和《合同法》等法律法规的规定，就工程建设的实施及相关事项，对合同当事人的权利义务作出的原则性约定。通用合同条款共计 20 条，具体条款分别为一般约定、发包人、承包人、监理人、工程质量、安全文明施工与环境保护、工期和进度、材料与设备、试验与检验、变更、价格调整、合同价格、计量与支付、验收和工程试车、竣工结算、缺陷责任与保修、违约、不可抗力、保险、索赔和争议解决。前述条款安排既考虑了现行法律法规对工程建设的有关要求，也考虑了建设工程施工管理的特殊需要。

3. 专用合同条款

专用合同条款是对通用合同条款原则性约定的细化、完善、补充、修改或另行约定的条款。合同当事人可以根据不同建设工程的特点及具体情况，通过双方的谈判、协商对相应的专用合同条款进行修改补充。

2013 版《建设工程施工合同（示范文本）》增加了新的合同管理制度，增加了双向担保、合理调价、缺陷责任期、工程系列保险、商定与确定索赔期限、双倍赔偿、争议评审等解决制度。调整完善了合同结构体系，完善了合同价格类型，更加注重建筑市场行为规范和权益平衡，提升了合同的适用性。

4. 合同文件构成及解释优先顺序

1）合同协议书。

2）中标通知书。

3）投标保函及其附录。

4）专用合同条款及附件。

5）通用合同条款。

6）技术标准和要求。

7）设计图。

8）已标价工程量清单或预算书。

9）其他合同文件。

7.3.3　施工合同当事人的权利、义务

1. 发包人的义务

（1）发包人应遵守法律并办理法律规定由其办理的许可、批准或备案　包括但不限于建设用地规划许可证、建设工程规划许可证、建设工程施工许可证、施工所需临时用水、临时用电、中断道路交通、临时占用土地等许可和批准。发包人应协助承包人办理法律规定的有关施工证件和批件。因发包人原因未能及时办理完毕前述许可、批准或备案，由发包人承担由此增加的费用和（或）延误的工期，并支付承包人合理的利润。

（2）发包人代表的义务　发包人应在专用合同条款中明确其派驻施工现场的发包人代表的姓名、职务、联系方式及授权范围等事项。

发包人代表在发包人的授权范围内，负责处理合同履行过程中与发包人有关的具体事宜。发包人代表在授权范围内的行为由发包人承担法律责任。发包人更换发包人代表的，应提前 7 天书面通知承包人。发包人代表不能按照合同约定履行其职责及义务，并导致合同无法继续正常履行的，承包人可以要求发包人撤换发包人代表。不属于法定必须监理的工程，监理人的职权可以由发包人代表或发包人指定的其他人员行使。

（3）发包人施工现场人员的义务　发包人应要求在施工现场的发包人人员遵守法律及有关安全、质量、环境保护、文明施工等规定，并保障承包人免于承受因发包人人员未遵守上述要求给承包人造成的损失和责任。发包人人员包括发包人代表及其他由发包人派驻施工现场的人员。

（4）提供施工现场　发包人应最迟于开工日期 7 天前向承包人移交施工现场。

（5）提供施工条件　发包人应负责提供施工所需要的条件，包括：

将施工用水、电力、通信线路等施工所必需的条件接至施工现场内。

保证向承包人提供正常施工所需要的进入施工现场的交通条件。

协调处理施工现场周围地下管线和邻近建筑物、构筑物、古树名木的保护工作，并承担相关费用。

按照专用合同条款约定应提供的其他设施和条件。

（6）提供基础资料　发包人应当在移交施工现场前向承包人提供施工现场及工程施工所必需的毗邻区域内供水、排水、供电、供气、供热、通信、广播电视等地下管线资料，气象和水文观测资料，地质勘察资料，相邻建筑物、构筑物和地下工程等有关基础资料，并对所提供资料的真实性、准确性和完整性负责。按照法律规定确需在开工后方能提供的基础资料，发包人应尽其努力及时地在相应工程施工前的合理期限内提供，合理期限应以不影响承包人的正常施工为限。

（7）逾期提供的责任　因发包人原因未能按合同约定及时向承包人提供施工现场、施工条件、基础资料的，由发包人承担由此增加的费用和（或）延误的工期。

（8）资金来源证明及支付担保　发包人应在收到承包人要求提供资金来源证明的书面通知后28天内，向承包人提供能够按照合同约定支付合同价款的相应资金来源证明。除专用合同条款另有约定外，发包人要求承包人提供履约担保的，发包人应当向承包人提供支付担保。支付担保可以采用银行保函或担保公司担保等形式，具体由合同当事人在专用合同条款中约定。

（9）支付合同价款　发包人应按合同约定向承包人及时支付合同价款。

（10）组织竣工验收　发包人应按合同约定及时组织竣工验收。

（11）现场统一管理协议　发包人应与承包人、由发包人直接发包的专业工程的承包人签订施工现场统一管理协议，明确各方的权利义务。施工现场统一管理协议作为专用合同条款的附件。

2. 承包人的义务

承包人在履行合同过程中应遵守法律和工程建设标准规范，并履行以下义务：

1）办理法律规定应由承包人办理的许可和批准，并将办理结果书面报送发包人留存。

2）按法律规定和合同约定完成工程，并在保修期内承担保修义务。

3）按法律规定和合同约定采取施工安全和环境保护措施，办理工伤保险，确保工程及人员、材料、设备和设施的安全。

4）按合同约定的工作内容和施工进度要求，编制施工组织设计和施工措施计划，并对所有施工作业和施工方法的完备性和安全可靠性负责。

5）在进行合同约定的各项工作时，不得侵害发包人与他人使用公用道路、水源、市政管网等公共设施的权利，避免对邻近的公共设施产生干扰。承包人占用或使用他人的施工场地，影响他人作业或生活的，应承担相应责任。

6）按照合同约定负责施工场地及其周边环境与生态的保护工作。

7）按合同约定采取施工安全措施，确保工程及其人员、材料、设备和设施的安全，防止因工程施工造成的人身伤害和财产损失。

8）将发包人按合同约定支付的各项价款专用于合同工程，且应及时支付其雇用人员工资，并及时向分包人支付合同价款。

9）按照法律规定和合同约定编制竣工资料，完成竣工资料立卷及归档，并按专用合同条款约定的竣工资料的套数、内容、时间等要求移交发包人。

7.4　勘察、设计合同管理

7.4.1　勘察、设计合同概念与特征

建设工程勘察、设计合同是委托方与承包方之间为了完成一定的勘察、设计任务而签订的，明确双方相互权利义务关系的协议。委托方一般是业主或建设工程（包括勘察、设计、建筑、安装）的总包单位，而承包方则是勘察、设计单位。

勘察、设计合同的特征是：

1）合同的当事人必须是具有权利能力和行为能力的特定的法人资格的社团组织。

勘察设计单位要由国家建设主管部门对其技术力量和工作能力进行审查、核定承包范围，发给资格证明或勘察、设计证书，并由当地工商行政管理部门批准，发给营业执照后，才有权对外签订勘察、设计合同。

2）合同必须符合国家规定的基本建设程序。设计合同必须以国家批准的设计任务书或其他有关文件作为签订的先决条件。如单独委托施工图设计任务，应同时具有经有关部门批准的初步设计文件方能签订。

3）合同的履行受国家有关主管部门的监督，当事人有义务接近监督。合同的监督检查，主要是工商行政管理机关和各级业务主管部门，检查签约双方订立和履行合同的情况，发现违约，立即制止。

4）合同的发行要求双方当事人密切协调、通力合作，才能确保整个合同义务得以按时全面完成。

7.4.2　勘察设计合同的谈判与签署

当事人在互相了解对方的资格、资信和履行能力之后，可就勘察设计合同的正式签订进行谈判。谈判时要对合同中的条款逐一讨论、协商，明确双方的权利和义务。合同中对其标的及其数量和质量的要求、酬金、合同的期限等须明确地、具体地作出约定，以免日后履行合同时发生纠纷。在双方当事人达成一致协议后，由双方负责人或指定的代表签字并加盖公章，勘察设计合同即具有法律约束力。

7.4.3　勘察设计合同的内容

1. 建设工程勘察合同的内容

（1）建设工程勘察合同示范文本　建设工程勘察合同按照委托勘察任务的不同分为两个不同版本。

《建设工程勘察合同示范文本》（GF—2000—0203）适用于为设计提供勘察工作的委托任务，包括岩土工程勘察、水文地质勘察、工程测量、工程物探等勘察。合同条款主要内容包括：

1）工程概况。

2）发包人应提供的资料。

3）勘察成果的提交。

4）勘察费用的支付。

5）发包人、勘察人责任。

6）违约责任。

7）未尽事宜的约定。

8）其他约定事项。

9）合同争议的解决。

10）合同生效。

《建设工程勘察合同示范文本》（GF—2000—0204）委托工作内容仅涉及岩土工程，包括取得岩土工程的勘察资料，对项目的岩土工程进行设计、治理和监测工作。由于委托工作范围包括岩土工程的设计、处理和监测，因此合同条款的主要内容除了上述勘察合同应具备的条款外，还包括变更及工程费的调整，材料设备的供应，报告、文件、治理工程等的检查和验收等方面的约定条款。

（2）建设工程勘察合同当事人双方责任　具体如下。

1）发包人责任。主要包括以下内容：

① 发包人委托任务时，必须以书面形式向勘察人明确勘察任务及技术要求，并提供文件资料。

② 在勘察工作范围内，没有资料、图纸的地区（段），发包人应负责查清地下埋藏物，若因未提供上述资料、图纸，或提供的资料、图纸不可靠，地下埋藏物不清，致使勘察人在勘察工作过程中发生人身伤害或造成经济损失时，由发包人承担民事责任。

③ 发包人应及时为勘察人提供并解决勘察现场的工作条件和出现的问题（如落实土地征用、青苗树木赔偿、拆除地上、地下障碍物、处理施工扰民及影响施工正常进行的有关问题、平整施工现场、修好通行道路、接通电源、水源、挖好排水沟渠及水上作业用船等），并承担其费用。

④ 若勘察现场需要看守，特别是在有毒、有害等危险现场作业时，发包人应派人负责安全保卫工作，按国家有关规定，对从事危险作业的现场人员进行保健防护，并承担费用。

⑤ 工程勘察前，若发包人负责提供材料的，应根据勘察人提出的工程用料计划，按时提供各种材料及其产品合格证明，并承担费用和运到现场，派人与勘察人的人员一起验收。

⑥ 勘察过程中的任何变更，经办理正式变更手续后，发包人应按实际发生的工作量支付勘察费。

⑦ 为勘察人的工作人员提供必要的生产、生活条件，并承担费用；如不能提供时，应一次性付给勘察人临时设施费。

⑧ 由于发包人原因造成勘察人停工、窝工，除工期顺延外，发包人应支付停工、窝工费；发包人若要求在合同规定时间内提前完工（或提交勘察成果资料）时，发包人应按每提前一日向勘察人支付加班费。

⑨ 发包人应保护勘察人的投标书、勘察方案、报告书、文件、资料、图纸、数据、特殊工艺（方法）、专利技术和合理化建议，未经勘察人同意，发包人不得复制、泄露、擅自修改、传送或向第三人转让或用于本合同外的项目。如发生上述情况，发包人应负法律责任，勘察人有权索赔。

⑩ 本合同有关条款规定和补充协议中发包人应负的其他责任。

2）勘察人责任。主要包括以下内容：

① 勘察人应按国家技术规范、标准、规程和发包人的任务委托书及技术要求进行工程勘察，按本合同规定的时间提交质量合格的勘察成果资料，并对其负责。

② 由于勘察人提供的勘察成果资料质量不合格，勘察人应负责无偿给予补充完善使其达到质量合格；若勘察人无力补充完善，需另行委托其他单位时，勘察人应承担全部勘察费用；或因勘察质量造成重大经济损失或工程事故时，勘察人除应负法律责任和免收直接受损失部分的勘察费外，并根据损失程度向发包人支付赔偿金，赔偿金由发包人、勘察人商定为实际损失的百分比。

③ 在工程勘察前，提出勘察纲要或勘察组织设计，派人与发包人的人员一起验收发包人提供的材料。

④ 勘察过程中，根据工程的岩土条件（或工作现场地形、地貌、地质和水文条件）及技术规范要求，向发包人提出增减工作量或修改勘察工作的意见，并办理正式变更手续。

⑤ 在现场工作的勘察人员，应遵守发包人的安全保卫及其他有关的规章制度，承担有关资料的保密义务。

⑥ 本合同有关条款规定和补充协议中勘察人应负的其他责任。

3）违约责任。主要包括以下几方面：

① 由于发包人未给勘察人提供必要的工作生活条件而造成停工、窝工或来回进出场地，发包人除应付给勘察人停工、窝工费（金额按预算的平均工日产值计算），工期按实际工日顺延外，还应付给勘察人来回进出场费和调遣费。

② 由于勘察人的原因造成勘察成果资料质量不合格，不能满足技术要求时，其返工费用由勘察人承担。

③ 合同履行期间，由于工程停建而终止合同或发包人要求解除合同时，勘察人未进行勘察工作的，不退还发包人已付定金；已进行勘察工作时，按照完成的工作量向勘察人支付相应的勘察费。

④ 发包人未按合同规定时间（日期）拨付勘察费，每超过一日，应偿付未支付勘察费的 1% 作为逾期违约金。

⑤ 由于勘察人原因未按合同规定时间（日期）提交勘察成果资料，每超过一日，应减收勘察费的 1% 作为违约金。

⑥本合同签订后，发包人不履行合同时，无权要求返还定金；勘察人不履行合同时，双倍返还定金。

2. 建设工程设计合同的内容

（1）建设工程设计合同示范文本　民用建设工程设计的合同示范文本即《建设工程设计合同示范文本（房屋工程）》（GF—2015—0209）主要条款包括：

1）订立合同的依据文件。

2）工程设计范围、阶段与服务内容。

3）工程设计周期。

4）合同价格形式与签约合同价。

5）发包人代表与设计人项目负责人。

6）合同文件构成。

7）承诺。

8）词语含义。

9）签订地点。

10）合同生效。

11）合同份数。

（2）建设工程设计合同双方当事人义务　具体如下。

1）发包人一般义务：发包人应遵守法律，并办理法律规定由其办理的许可、批准或备案，包括但不限于建设用地规划许可证、建设工程规划许可证等许可和批准。发包人负责本项目各阶段设计文件向有关管理部门的送审报批工作，并负责将报批结果书面通知设计人。因发包人原因未能及时办理完毕前述许可、批准或备案，由发包人承担由此增加的费用和（或）延误的工期。发包人应当负责工程设计的所有外部关系的协调（包括但不限于当地政府主管部门等），为设计人履行合同提供必要的外部条件。

① 发包人应遵守法律，并办理法律规定由其办理的许可、核准或备案，包括但不限于建设用地规划许可证、建设工程规划许可证、建设工程方案设计批准、施工图设计审查等许可、核准或备案。

② 发包人负责本项目各阶段设计文件向规划设计管理部门的送审报批工作，并负责将报批结果书面通知设计人。

③ 发包人应当负责工程设计的所有外部关系（包括但不限于当地政府主管部门等）的协调，为设计人履行合同提供必要的外部条件。

④ 专用合同条款约定的其他义务。

⑤ 发包人应按合同约定向设计人及时足额支付合同价款。

⑥ 发包人应按合同约定及时接收设计人提交的工程设计文件。

⑦ 发包人应当在工程设计前或专用合同条款附件2约定的时间向设计人提供工程设计所必需的工程设计资料，并对所提供资料的真实性、准确性和完整性负责。

2）设计人一般义务：设计人应遵守法律和有关标准规范的强制性规定，完成合同约定范围内的专业建设工程初步设计、施工图设计，提供符合标准和规范及合同要求的工程设计文件，提供施工配合服务。设计人应当完成合同约定的工程设计其他服务。

① 设计人应当按照专用合同条款约定配合发包人办理有关许可、核准或备案手续的，由设计人的原因造成发包人未能及时办理许可、核准或备案手续，导致设计工作量增加和（或）设计周期延长时，由设计人自行承担由此增加的设计费用和（或）设计周期延长的责任。

② 设计人应当完成合同约定的工程设计其他服务。

③ 专用合同条款约定的其他义务。

④ 除专用合同条款对期限另有约定外，设计人应在接到开始设计通知后7天内，向发包人提交设计人项目管理机构及人员安排的报告，其内容应包括建筑、结构、给水排水、暖通、电气等专业负责人名单及其岗位、注册执业资格等。

⑤ 设计过程中如有变动，设计人应及时向发包人提交工程设计人员变动情况的报告。设计人更换专业负责人时，应提前7天书面通知发包人，除专业负责人无法正常履职情形外，还应征得发包人书面同意。通知中应当载明继任人员的注册执业资格、执业经验等资料。

⑥ 发包人对于设计人主要设计人员的资格或能力有异议的，设计人应提供资料证明被

质疑人员有能力完成其岗位工作或不存在发包人所质疑的情形。发包人要求撤换不能按照合同约定履行职责及义务的主要设计人员的，设计人认为发包人有理由的，应当撤换。设计人无正当理由拒绝撤换的，应按照专用合同条款的约定承担违约责任。

⑦ 设计人不得将其承包的全部工程设计转包给第三人，或将其承包的全部工程设计肢解后以分包的名义转包给第三人。设计人不得将工程主体结构、关键性工作及专用合同条款中禁止分包的工程设计分包给第三人，工程主体结构、关键性工作的范围由合同当事人按照法律规定在专用合同条款中予以明确。设计人不得进行违法分包。

3）设计的修改与停止。具体包括以下内容：

① 设计文件批准后，就具有一定的严肃性，不能任意修改和变更，如果必须修改，也须经有关部门批准，其批准权限，视修改的内容所涉及的范围而定。如果修改部门是属于初步设计的内容（如总布置图、工艺流程、设备、面积、标准、定员、概算等），须经设计的原批准单位批准；如果修改部门是属于设计任务书的内容（建设规模、产品方案、建设地点及主要协议关系等），则须经设计任务书的原批准单位批准；施工图设计的修改，须经设计单位的批准。

② 委托人因故要求修改工程的设计，经承包人同意后，除设计文件的提交时间另订外，委托方还应按照承包方实际返工修改的工作量增付设计费。

③ 原定设计任务书或初步设计如有重大变更而需重新设计或进行个性设计时，须经设计任务书或初步设计批准机关同意，并经双方当事人协商后另订合同。委托方负责支付已经进行的设计的费用。

④ 委托人因故要求中途停止设计时，应及时书面通知承包方，已付的设计费不退并按该阶段实际消耗工日，增付和结清设计费，同时结束合同关系。

4）勘察、设计费的数量和拨付办法。委托人应按国家有关规定向承包人支付勘察、设计费。

5）违约责任。如表 7-3 所示。

表 7-3　委托方与承包方的违约责任

委托方的违约责任	承包方的违约责任
（1）合同生效后，发包人因非设计人原因要求终止或解除合同，设计人未开始设计工作的，不退还发包人已付的定金或发包人按照专用合同条款的约定向设计人支付违约金；已开始设计工作的，发包人应按照设计人已完成的实际工作量计算设计费，完成工作量不足一半时，按该阶段设计费的一半支付设计费；超过一半时，按该阶段设计费的全部支付设计费。 （2）由发包人未按专用合同条款附件 6 约定的金额和期限向设计人支付设计费的，应按专用合同条款约定向设计人支付违约金。逾期超过 15 天时，设计人有权书面通知发包人中止设计工作。自中止设计工作之日起 15 天内发包人支付相应费用的，设计人应及时根据发包人要求恢复设计工作；自中止设计工作之日起超过 15 天后发包人支付相应费用的，设计人有权确定重新恢复设计工作的时间，且设计周期相应延长。	（1）合同生效后，设计人因自身原因要求终止或解除合同，设计人应按发包人已支付的定金金额双倍返还给发包人或设计人按照专用合同条款约定向发包人支付违约金。 （2）由于设计人原因，未按专用合同条款附件 3 约定的时间交付工程设计文件的，应按专用合同条款的约定向发包人支付违约金。

(续)

委托方的违约责任	承包方的违约责任
(3) 发包人的上级或设计审批部门对设计文件不进行审批或本合同工程停建、缓建，发包人应在事件发生之日起15天内按本合同第16条（合同解除）的约定向设计人结算并支付设计费。 (4) 发包人擅自将设计人的设计文件用于本工程以外的工程或交第三方使用时，应承担相应法律责任，并应赔偿设计人因此遭受的损失。	(3) 设计人对工程设计文件出现的遗漏或错误负责修改或补充。由于设计人原因产生的设计问题造成工程质量事故或其他事故时，设计人除负责采取补救措施外，应当通过所投的建设工程设计责任保险向发包人承担赔偿责任或者根据直接经济损失程度按专用合同条款约定向发包人支付赔偿金。 (4) 由于设计人原因，工程设计文件超出发包人与设计人书面约定的主要技术指标控制值比例的，设计人应当按照专用合同条款的约定承担违约责任。

6）纠纷的处理。建设工程勘察设计合同发生纠纷时，双方应及时协商解决。协商不成时，双方属于同一部门的，由上级主管部门调解；调解不成或不属于同一部门的，可向国家规定的合同管理机关申诉调解或仲裁，也可直接向人民法院起诉。

7）其他。建设工程勘察设计合同须明确合同的生效和失效日期。一般勘察合同在全部勘察工作验收合格后失效，设计合同在全部设计任务完成后失效。

勘察设计合同的未尽事宜，需经双方协商，作出补充规定。补充规定与原合同具有同等效力，但不得与原合同内容冲突。

7.5 设备材料采购合同管理

7.5.1 设备采购合同管理

1. 设备采购合同的主要内容

成套设备采购合同的主要内容包括：产品的名称、品种、型号、规格、等级、技术标准或技术性能指标，数量和计量单位，包装标准及包装物的供应与回收规定，交货单位、交货方法、运输方式、到货地点、接（提）单位，交（提）货期限，验收方法，产品价格，结算方式，开户银行、账户名称、账号，结算单位，违约责任，其他事项。

2. 设备采购合同中供应方的责任

设备成套公司要遵守国家法律，执行国家计划、履行经济合同。设备成套公司承包的设备如因自身的原因未按承包质量、数量、时间供应，从而影响工程项目建设进度的，设备成套公司要承担经济责任。在项目建设过程中，设备成套公司对承包项目要派驻现场服务组或驻厂员负责现场成套技术服务。现场服务组的主要职责：

1）组织有关生产企业到现场进行技术服务，处理有关设备的问题。

2）了解、掌握工程建设进度和设备到货、安装进度，协助联系设备的交、到货进度等工作。

3）参与大型、专用、关键设备的开箱验收，配合建设单位或安装单位处理设备在接运、检验过程中发现的设备质量和缺损件等问题。

4）及时向有关主管单位报告重大设备质量问题，以及项目现场不能解决的其他问题，当出现重大意见分歧而施工单位或用户单方坚持处理时，应及时写出备忘录备查。

5）参加工程的竣工验收，处理在工程验收中发现的有关设备的问题。

6）关心和了解生产企业派往现场的技术服务人员的工作情况和表现，建议有关部门或生产企业予以表扬和批评。

7）做好现场服务工作日志，及时记录日常服务工作情况、现场发生的设备质量问题和处理结果，定期向上级和有关单位报送报表，汇报工作情况，做好现场服务工作总结。

3. 设备采购合同中需方的责任

业主要向设备成套公司提供设备的详尽设计技术资料和施工要求；要配合设备成套部门做好设备的计划接运工作，安置并协助驻现场服务组开展工作；要按照合同要求督促施工安装单位按进度计划安装并试车；要牵头并组织各有关方面提出验收报告等。

7.5.2 建筑材料采购合同管理

1. 建筑材料采购合同的主要内容

建筑材料采购合同是建设单位或建筑承包企业与建筑材料供应商之间就有关材料供应达成的、明确相互间权利义务关系的协议。其主要内容：

1）产品名称、商标、型号、生产厂家、订购数量、合同金额、供货时间及每次供应数量。

2）质量要求的技术标准。

3）交（提）货地点、方式。

4）运输方式及到站、港和费用的负担责任。

5）合理损耗及计算方法。

6）包装标准、包装物的供应与回收。

7）验收标准、方法及提出异议的期限。

8）随机备品、配件工具数量及供应办法。

9）结算方式及期限。

10）违约责任。

11）解决合同争议的方法。

2. 建筑材料采购合同的履行

合同一经订立，当事人双方应按照合同中的各项规定，去承担各自应尽的义务，全面完成合同所约定的事项和要求。在上述合同履行过程中要注意以下几个方面：

（1）建筑材料采购合同的计量方法　建筑材料数量的计量方法，有理论换算计重、检斤计量和计件论数三种。按理论换算计重的应作检尺计量换算：一般采用钢卷尺、皮尺等进行计量，然后根据理论质量换算表计算。按检斤计量供货的，可采用轨道衡、磅秤、台秤等衡器；按计件论数的，应作件数计算或用求积方法。

（2）建筑材料的验收与处理　如表7-4和表7-5所示。

（3）验收时双方责任的确定　需方对建材物资验收时，应根据情况确定供需双方的责任：

1）凡所交货物的原包装、原封记、原标记完好无异状的包装内产品数量短少，应由生产企业或包装单位负责。

2）凡由供方组织装车或装船、凭封印交接的产品，需方在卸货时如果车、船封印完整无其他异状，但件数短缺的，应由供方负责。这时需方应向运输部门取得证明，凭运输部门编制的记录证明，在托收承付期内可以拒付短缺部门的货款，并在货到后 10 天内通知供方，否则即认为验收无误，供方在接到通知后 10 天内答复，提出处理意见，逾期不答复处理，即按少交论处。

表 7-4　建筑材料的验收

验 收 依 据	验 收 内 容	验 收 方 式
1. 供货合同 2. 供方提供的发货单、计量单、装箱单及其他有关凭证 3. 国家标准或专业标准 4. 产品合格证、化验单 5. 图样及其他技术证件 6. 当事人双方共同封存的样品	1. 查明产品的名称、规格、型号、数量、质量是否与供货合同及其他技术证件相符 2. 设备的主机、配件是否齐全 3. 包装是否完整、外表有无损坏 4. 对需要化验的材料进行必要的物理化学检验 5. 合同规定的其他需检验事项	1. 驻厂验收 2. 提运验收 3. 接运验收 4. 入库验收

表 7-5　建筑材料的处理

数量不符	需方验收时发现建材物资实到数量与合同规定数量不符，按下列情况分别处理： 1. 供方交货建筑物资多于合同规定数量，需方不同意接收，则在托收承付期内拒付多交部分的货款和运杂费 2. 供方交货建筑物资少于合同规定数量，需方凭有关合法证明，并在货到 10 天内将详细情况和处理意见通知供方，供方接到通知后应在 10 天内答复处理，否则即被认为默许需方的意见 3. 发货数与实际验收数之间的差额，不超过有关主管部门规定的正、负尾差，合理磅差及自然减量范围的，不按多交或少交论处，双方互不退补
质量不符	需方在验收中，如果发现产品质量不符合合同规定的，应一方面将货物妥善保管，一方面向供方提出书面异议。需方在向供方提出书面异议时，应按以下规定处理： 1. 建材的外观、品种、型号、规格不符合合同规定的，需方应在货到 10 天内提出书面异议 2. 建材的内在质量不符合规定的，需方应在合同规定的条件和期限内检验，提出书面异议 3. 对某些安装后才能发现内在质量缺陷的产品，除另有规定或当事人双方另行商定提出异议的期限外，一般在运转之日起 6 个月内提出异议 4. 在书面异议中，应说明合同号与检验情况，提出检验证明，对质量不符合合同规定的产品提出具体意见

3）凡由供方组织装车或装船，凭现状或件数交换的产品，需方在卸货时无法从外部发现产品丢失、短少、损坏的，应由供方负责的部分，需方凭运输单位的交接证明和本单位的验收书面证明，在托收承付期内可以拒付丢失、短少、损坏部分的货款，并在货到后 10 天内通知供方，否则视为验收无误，供方接到通知后，应在 10 天内答复处理，否则按少交论处。

7.6　工程索赔管理

7.6.1　索赔的概念和分类

1. 索赔的概念

索赔是指在合同实施过程中，对于非自己的过错，而是应由对方承担责任时造成的实际损失向对方提出经济补偿和（或）时间补偿的要求。工程索赔是工程承包中经常发生的正常现象，因此，索赔管理是监理工程师合同管理的重要组成内容。由于施工现场条件、气候条件的变化，施工进度、物价的变化，以及合同条款、规范、标准文件和施工图的变更、差异、延误等因素的影响，使得工程承包中不可避免地出现索赔。我国《民法通则》第一百一十一条规定，当事人一方不履行合同义务或履行合同义务不符合约定条件的，另一方有权要求履行或者采取补救措施，并有权要求赔偿损失，这就是索赔的法律依据。

索赔的性质属于经济补偿行为，而不是惩罚。索赔的损失结果与被索赔人的行为并不一定存在法律上的因果关系。索赔工作是承发包双方之间经常发生的管理业务，是双方合作的方式，而不是对立。经过实践证明，索赔的健康开展对于培养和发展社会主义建设市场，促进建设事业的发展，提高工程的效益，起着非常重要的作用。

2. 索赔的分类

（1）按索赔的目的分类　可分为工期索赔和费用索赔。

1）工期索赔就是要求业主延长施工时间，使原定的工程竣工日期顺延，从而避免了违约罚金的发生。

2）费用索赔就是要求业主补偿费用损失，进而调整合同价款。

（2）按索赔的有关当事人分类　可分为：

1）承包商同业主之间的索赔。

2）总承包商同分包商之间的索赔。

3）承包商同供货商之间的索赔。

4）承包商向保险公司、运输公司索赔等。

（3）按索赔的对象分类　可分为索赔与反索赔。

1）索赔是指承包商向业主提出的索赔。

2）反索赔主要是指业主向承包商提出的索赔。

（4）按索赔的业务性质分类　可分为工程索赔和商务索赔。

1）工程索赔是指涉及工程项目建设中施工条件或施工技术、施工范围等变化引起的索赔，一般发生频率高，索赔费用大。

2）商务索赔是指实施工程项目过程中的物资采购、运输、保管等方面活动引起的索赔事项。由于供货商、运输公司等在物资数量上短缺、质量上不符合要求，运输损坏或不能按期交货等原因，给承包商造成经济损失时，承包商向供货商、运输商等提出索赔要求；反之，当承包商不按合同规定付款时，则供货商或运输公司向承包商提出索赔。

7.6.2　施工索赔程序

施工索赔的程序如图 7-2 所示。

1. 承包人提出索赔

承包人提出索赔通常可分为以下两个步骤：

（1）发出索赔意向通知　索赔事件发生后，承包人应在索赔事件发生后的 28 天内向监理工程师提交索赔意向通知，声明将对此事件提出索赔。如果超过此期限，监理工程师有权拒绝处理承包商的索赔要求。

（2）递交索赔报告　在索赔意向通知提交后的28天内，或监理工程师可能同意的其他合同时间内，承包人应递交正式的索赔报告，其内容包括：事件发生的原因、索赔的依据、

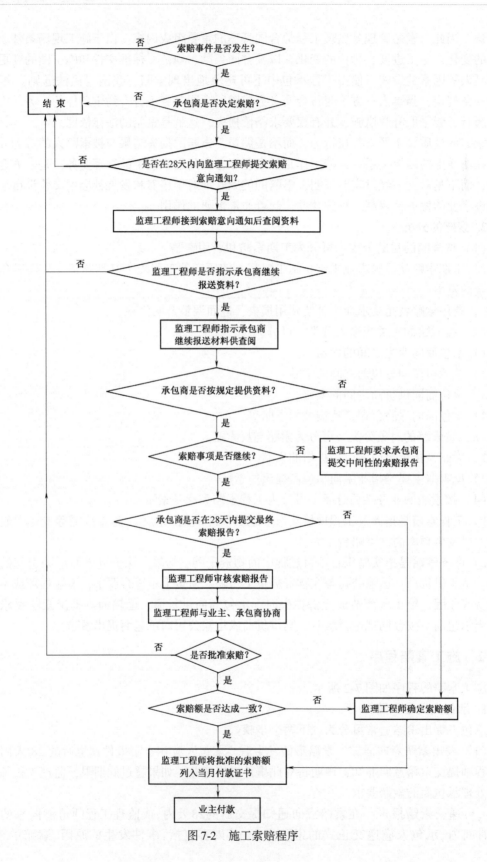

图 7-2　施工索赔程序

索赔的证据、索赔的金额或工期顺延天数，及其详细计算。如果索赔事件的影响持续存在，承包人应按监理工程师合理要求的时间间隔（一般为 28 天），定期提交每一时间段内的索赔证据资料和索赔要求，在该索赔事件的影响结束后的 28 天内，提出最终的详细报告，提出索赔的资料和累计索赔额。

2. 监理工程师对承包商提出索赔的处理

审核承包人提交的索赔报告是监理工程师处理索赔的一项重要工作内容。

（1）审核承包人的索赔申请　接到承包人的索赔意向通知后，监理工程师应当建立自己的索赔档案，密切关注事件的影响，检查承包人的同期记录，并随时就记录内容提出意见。在接到承包人的正式索赔报告后，监理工程师应认真研究承包人提交的索赔资料。首先应当在不确认责任归属的情况下，客观分析事件发生的原因，重温合同的有关条款，研究承包人的索赔证据，并检查承包人的同期记录；然后在此基础上，再依据合同条款划清责任界限，必要时还应要求承包人进一步提供补充资料。尤其是承包人与业主都有一定责任的事件，更应划分出各方应当承担合同责任的比例。最后，审查承包人提出的索赔补偿要求，剔除其中的不合理部分，计算自己认为合理的索赔款额及工期顺延天数。

（2）判断索赔能否成立的条件　主要依据以下几个方面：

1）此项索赔是否具有合同依据。

2）索赔报告中引用的索赔理由是否充分。

3）索赔事件的发生是否为承包人的责任。

4）在索赔事件初发时，承包人是否采取了控制措施。

5）此项索赔是否属于承包人的风险范畴。

6）承包人是否在合同规定的时限（一般为发生索赔事件后的 28 天内）向监理工程师报送了索赔意向通知。

（3）对索赔报告的审查　主要包括五个方面的内容：

1）通过对合同实施情况的跟踪，分析了解事件经过和前因后果，掌握事件详细情况。

2）分析索赔事件引起的原因，责任该由谁来承担。在实际工作中，索赔事件往往是多方面原因造成的，这时必须进行责任分解，划分责任范围。

3）依据合同文件判断和分析索赔理由是否充分。主要是分析索赔事件是否属于承包人未履行合同义务或未正确履行合同义务所导致，是否在合同规定的可索赔范围以内。

4）对索赔报告中所提供的证据资料的有效性、合理性和正确性进行分析。如果监理工程师认为承包人提供的证据不能说明其索赔要求的合理性时，可以要求承包人进一步提交索赔的证据资料。

5）对索赔事件的影响程度进行分析，确定实际损失。这时应对损失情况调查，对比实际和计划的施工进度、工程费用等方面的资料，在此基础上核算索赔金额和工期顺延时间。

（4）确定合理的补偿额　当监理工程师核查后初步确定出应补偿额后，往往还需要与承包人进行协商。对于持续影响时间超过 28 天的工期延误事件，当工期索赔条件成立时，对承包人每隔 28 天报送的阶段索赔临时报告，监理工程师审查后每次均应作出监理延长工期的决定，并在接到承包人的最终索赔报告后，作出最终批准工期总延长天数的决定。这时应注意的是，最终批准的工期总延长天数，不应少于以前各阶段已同意顺延天数之和。

监理工程师在收到承包人提交的索赔报告和有关资料后，应当在 28 天内给予答复或要求承包商进一步补充索赔理由或证据。根据《建设工程施工合同（示范文本）》规定，若监理工程师在 28 天内既未给予答复，也未对承包人作进一步要求的话，则视为承包人提出的该项索赔要求已经认可。

不论监理工程师与承包人协商达成一致，还是监理工程师单方面作出的处理决定，批准给予补偿的款额及顺延工期的天数如果在授权范围内，则监理工程师可将此结果通知承包人，并抄送业主。若此批准的额度超过了监理工程师的权限，则监理工程师还必须报请业主批准。

3. 发包人提出索赔

根据合同约定，发包人认为有权得到赔付金额和（或）延长缺陷责任期的，监理人应向承包人发出通知并附有详细的证明。

发包人应在知道或应当知道索赔事件发生后 28 天内通过监理人向承包人提出索赔意向通知书，发包人未在前述 28 天内发出索赔意向通知书的，丧失要求赔付金额和（或）延长缺陷责任期的权利。发包人应在发出索赔意向通知书后 28 天内，通过监理人向承包人正式递交索赔报告。

4. 监理工程师对发包人提出索赔的处理

对发包人索赔的处理如下：

1）承包人收到发包人提交的索赔报告后，应及时审查索赔报告的内容、查验发包人证明材料。

2）承包人应在收到索赔报告或有关索赔的进一步证明材料后 28 天内，将索赔处理结果答复发包人。如果承包人未在上述期限内作出答复的，则视为对发包人索赔要求的认可。

3）承包人接受索赔处理结果的，发包人可从应支付给承包人的合同价款中扣除赔付的金额或延长缺陷责任期；发包人不接受索赔处理结果的，按争议解决约定处理。

7.6.3 监理工程师进行索赔管理的原则

为了使索赔得到公正合理的解决，监理工程师在工作中必须坚持公正、及时、实事求是、充分协商和诚实信用的基本原则。

1. 公正性原则

监理工程师在处理索赔事件时必须公正地行事，以没有偏见的方式解释和履行合同，独立地作出判断，行使自己的权利。由于承包合同双方的利益和立场存在不一致、矛盾，甚至冲突，索赔是不可避免的，监理工程师虽然受业主委托实施合同管理，但在处理索赔事件时保持公正性，这是监理工程师的职业准则。公正处理索赔主要体现在以下几个方面：

1）从工程总体效益、工程总目标的角度出发作出判断，或采取行动，坚持使合同风险分配、干扰事件责任分担、索赔的处理和解决不损害工程整体效益和不违背工程总目标，争取友好公正地处理索赔。

2）严格按照合同行事。坚持按合同中规定的责权利来进行判断索赔事件的责任，公正地处理索赔。

3）在对合同解释时，决不单纯站在业主一方解释合同。而是站在公正的立场上遵循一定的原则进行解释。如坚持从整体上解释合同的原则，即从整个合同的意图出发，解释各个构成条款的含义，使该合同的每一个条款与整个合同的意图一致。对于合同中模糊或引起歧义的条款，进行词义分析，参照合同文件中的其他明示条款和默示条款，找出符合整个合同意图的条款，作为主导条款，据此解释含义模糊的条款。坚持根据合同文件的文字含义及签约意向，以及合理的默示条款作出判断的原则。而不会偏向业主，按对业主有利的情况修改条款含义。坚持遵循定量优先的原则解释合同，即定量方式所做的解释优先于其他任何方式的解释等。

4）按照工程的实际实施过程、干扰事件的实情、承包人的实际损失和所提供的证据独立作出判断。

2. 及时性原则

在工程施工中，监理工程师必须及时地作出决定，下达通知、指令，表示认可或满意等，接到承包人的索赔意向通知及时处理索赔事件，避免争端升级，影响工程的进展。

1）及时履行监理工程师合同中规定的职责，从而减少自己工作失误引起的承包人的索赔机会。如果监理工程师不能迅速及时地履行职责，造成承包人的损失必须给予工期和费用的补偿。

2）及时处理干扰事件，避免干扰事件影响的扩大。若不及时处理就会造成承包人停工等待，或继续施工而造成更大范围的影响和损失。所以在施工过程中，监理工程师对于一个已发生的干扰事件应当及时采取措施，防止风险损失的扩大，保证工程顺利施工。

3）监理工程师在接到承包人的索赔意向通知后应迅速作出反应，在规定时间内，认真研究，密切注意干扰事件的发展，并要求承包人进一步提供资料，及时采取措施降低损失，同时为分析、评价、反驳承包人的索赔要求做准备。

4）监理工程师要按合同规定的索赔处理程序和时限，争取尽早处理索赔事件。因为如果索赔事件拖着不予以解决，往往会加深双方的不理解、不一致和矛盾。而且会使承包人资金周转困难，履约积极性受到影响，最后造成施工进度缓慢，承包人对监理工程师和业主不信任，反过来业主则会抱怨承包人拖延工程，不积极履约，最终可能导致双方激烈的冲突，最终影响项目目标的实现。此外，由于不及时处理单个索赔事件，使索赔事件越积越多，往往给索赔分析、评价带来困难，而且会产生一系列的连锁反应，导致更多的索赔发生。

3. 实事求是的原则

监理工程师在处理索赔事件时，必须遵循实事求是的原则，即在判断索赔事件的责任时，要以客观事实和证据为准。要充分分析承包人所提供的施工记录、文件等，并与自己所做的检查、验收记录等相对照，对索赔证据中发生的矛盾和不一致情况要认真检查分析。索赔费用的确定，要依据补偿损失为原则来进行。不论是对承包人索赔要求还是对业主索赔要求的审核，都要以尊重事实为原则，用事实说话，用数据说话。使业主和承包人都能尊重监理工程师的判断，从而使索赔事件容易解决。

4. 充分协商的原则

监理工程师在处理和解决索赔问题时应及时地与业主和承包人沟通，保持经常联系。在作出决定，特别是调整价格、决定工期和费用补偿时，应与承包人和业主双方充分协商，最好达成一致，取得共识。这是避免索赔争执的最有效的办法。监理工程师应充分认识到，如果他的调解不成功，使索赔争执升级，将会造成业主与承包人关系紧张，严重干扰工程施工过程，也造成监理工程师的合同管理难度加大，从而影响工程项目的整体效益。

在索赔处理中，由于业主和承包人立场不同，对合同的理解、策略的不同，致使双方索赔要求有很大的差异。监理工程师要进行艰苦的说明工作，向双方施加影响，减少差距，加深理解。监理工程师在处理索赔时，要经常向业主作解释，分析并说明承包人的困难和索赔要求的合理性；同时又要指出承包人索赔中不合理的索赔要求，最终使双方妥协、接近，达成一致。

5. 诚实信用原则

在工程管理方面，业主授予监理工程师很大的权力，对工程的整体效益起到关键性作用。承包人也期望监理工程师作为专业人士能够公正行事。但由于监理工程师提供的是一种管理服务，因此经济责任较小，缺少制约机制。所以监理工程师的工作在很大程度上依赖于职业道德来维持。为了完成监理合同，监理工程师必须取得业主和承包人双方的信任，监理工程师既要使业主认为聘请监理工程师进行项目管理对工程的总体效益有利，同时又要使承包人认为与监理工程师合作对其履行合同有益。为了做到这一点，监理工程师必须诚实信用，从而在业主和承包人之间营造信任的氛围，从而使合同履行过程中减少索赔事件的发生，或使索赔处理时更容易达成谅解，取得一致意见。

7.6.4　监理工程师索赔管理的任务

在工程实施过程中处理承包人索赔和业主索赔事务是监理工程师的一项极其重要的工作。一项工程的索赔工作能否处理好，一方面取决于监理工程师的工作责任心和职业道德，另一方面取决于监理工程师处理索赔的技术水平和能力。监理工程师的索赔管理贯穿于项目实施的全过程。为了实施有效的索赔管理，监理工程师主要应做好预防索赔、及时处理承包人索赔事宜、做好业主索赔事宜等几方面的工作。

1. 作好预防索赔的工作

在工程项目实施过程中，索赔是合同管理中的一项重要内容，也是十分正常的现象。因为建设工程项目一般工期长、规模大、投资多，在实施过程中总会发生一些问题，使合同的一方由于非自身原因或风险范围而遭受损失，因此，在合同中通常赋予受损失方向合同另一方索赔以弥补损失的权利。但是，从合同双方的利益出发，应该使索赔事件的发生次数越少越好。为此，监理工程师应做好以下工作：

（1）协助业主作好设计工作　在工程施工中，由于设计图错误，如尺寸标注错误，各专业图不一致，如建筑图与结构图不一致，或者设计考虑不周等，往往造成工程施工过程中发生设计变更或造成承包人窝工、返工等，从而给承包人带来损失，引起承包人的索赔。因此，认真做好设计，减少设计错误和设计变更，是减少索赔的一个重要的预防措施。

在国际工程实践中，监理工程师实际上通常就是项目的咨询设计单位的人员，项目的设计文件就是由该单位编制的。此时，作为设计者，监理工程师就应该认真做好设计。但是在我国，监理工程师通常来自于专门从事项目监理的监理公司而不是来自于设计单位，因此，监理公司不从事项目的设计。但是监理工程师通常也都主持或参加设计会审工作，对项目的设计也有权提出意见。在我国《建设工程监理规范》中明确规定，在设计交底前，总监理工程师应组织监理人员熟悉设计文件，并对设计图中存在的问题通过建设单位向设计单位提出书面意见和建议。因此，这个阶段，监理工程师应该通过对设计文件的审查和学习，尽可能地协助业主向承包单位提供尽量完善的设计图，从而也可尽量避免或减少由于设计原因造成的索赔。此外，监理工程师如果承担设计监理的话，在验收设计文件时，一定要认真把关。

（2）协助业主做好项目招标工作，认真签订合同文件　监理工程师往往受业主委托参与项目的招标工作，而项目的招标文件和招标工作中的一些事项直接会影响到项目实施过程中索赔事件的发生和处理。因此，协助业主做好项目招标工作是索赔预防的一个极其重要的环节。具体来讲主要包括投标前的资格预审，组织标前会议，组织公开开标，评审投标文件，做出评标报告，参加合同商签及签订施工协议书等工作。为了减少施工期间的索赔争议，要注意处理好两个问题：一是选择好中标的承包人，即选择信用好、经济实力强、施工水平高的承包人。特别要注意：报价最低的承包人不一定就是最合适的承包人。二是做好签订协议书的各项审核工作，在合同双方对合同价、合同条件、支付方式和竣工时间等重大问题上彻底协商一致以前，不要仓促签订施工合同，否则将会带来一系列的问题。

在签订工程项目的施工合同时，如果对工程项目的合同价总额没有达成明确一致的意见，或者合同双方对合同价条款有不同的理解，或者合同一方否认了自己在合同价总额上的允诺，都会使合同含糊不清，双方各执一词，形成合同争端，导致索赔的发生。因此，合同双方在签订施工协议书以前，一定要慎重仔细，避免索赔的发生。

监理工程师在这个阶段应当注意以下几个方面：

1）合同条件的内容要尽量详细、条款齐全，对各种问题的规定比较具体，有可操作性。尤其是当选择了 FIDIC 或我国建设工程施工合同等带有标准条件（款）的合同形式时，工作重点要放在专用条件（款）的编制，要注意结合工程项目的具体情况、工程所在国的法律等对通用条件（款）进行修改、调整与补充。

2）监理工程师应协助业主提供尽可能完备、详细的技术文件、水文地质勘探资料和各种环境资料，为承包商快速而准确地确定方案和报价提供条件，从而减少施工过程中由此引起的设计变更、不利物质条件等索赔事件的发生。

3）合同条款和技术文件应准确，没有矛盾、错误和歧义。从而不会在实施过程中由于这些矛盾、错误和歧义等造成承包人的损失索赔，以及索赔事件处理复杂化。

4）合同中合理地分配责权利和风险。监理工程师要协助业主预测这些项目工作、责任、风险的范围，通过招标文件加以准确地定义，并且在合同的双方之间公平地分配。这时，承包人可以比较准确地投标报价，有利于业主获得低而合理的报价，而且也会减少合同实施过程中的索赔和争执。监理工程师应使用（或向业主推荐）标准的合同文本，或按照标准文本起草合同，这有利于合理分配合同双方的责权利和风险。

5）协助业主选择好承包人。承包人的信誉、工程经验、履约能力、报价的合理性都会影响工程索赔的数量。报价过低的承包人可能履约能力不强，他可能在工程施工过程中设置埋伏，或扩大干扰事件影响，扩大索赔值，加价索赔，或不能按时交工。监理工程师应当好业主的参谋，做好评标工作。如果承包人报价偏低，监理工程师应当要求他作出解释。如果得不到满意的解释，则不能轻易接受。国际工程实践证明，报价越低，工程中索赔频率越高，索赔值越大，合同争执越大。

（3）做好施工期间的索赔预防工作　监理工程师在施工期间的索赔预防工作，主要应当作好四个方面的工作。首先，应当严格按照合同授与的权限和工作职责，认真进行工作，不要因为自己的工作失误造成承包人的索赔；积极与业主沟通，协助业主履行合同责任与义务，尽量减少由于业主的违约行为造成的承包人的索赔；严格进行进度控制、投资控制和质量控制的预先控制工作，从而尽量减少由于承包人原因的业主索赔；在施工过程中，积极协调与沟通各方面关系，及时召开各种工地会议，参与项目的各方协调一致地开展工作，使潜在的争端趋于缓和，将问题消灭在萌芽状态，防止问题激化，形成争议。

2. 处理承包人的索赔问题

当承包人提出索赔要求时，监理工程师首先应详细审阅索赔报告，对有疑问的地方或者证据不足之处，要求承包人补充证据资料，并且应亲自进行现场调查研究，了解索赔事件的真实程度，确定承包人是否具有索赔权。然后分清责任程度，根据网络分析和费用分析方法测算工期延长的天数和经济补偿的款额，提出索赔处理建议。

对于监理工程师的处理意见，如果承包人不同意，或者承包人和业主都不满意，监理工程师有责任听取双方的意见，修改索赔评审报告和处理建议，直到合同双方均表示同意。通常的工作程序是，监理工程师首先要对承包人的索赔处理方案与业主协商一致，然后监理工程师通知承包人进行索赔谈判。如果承包人坚持不同意，而且监理工程师坚持自己的处理建议时，此项索赔争端将提交进一步的评审机构或提交仲裁。

在处理承包人的索赔事务时，监理工程师应当坚持公正的立场，在业主与承包人间探求合理的索赔处理方案，与业主方项目经理尽量协调，力争使业主和承包人就索赔事项达成协议，促成索赔争端的友好解决。

3. 处理业主对承包人的索赔

如果是由于承包人违约的，如不能按期建成工程，施工质量不符合技术规程的标准，施工中给业主或第三方造成财产损害或人身伤亡等，业主应提出索赔。对于业主的索赔要求，监理工程师要对照合同条件和具体证据进行研究，肯定合理的要求，对有异议的同业主再次讨论，确定后，根据合同条件的规定，将业主的索赔决定正式通知承包人，并在月结算单中加以扣减。

4. 加强施工合同管理

在工程施工中，监理工程师的任务就是受业主委托进行施工承包合同管理。监理工程师在履行自己职责的时候应当注意以下问题：

（1）严格按合同规定行使自己的权力　在工程施工过程中，监理工程师工作中的任何失误、不严密的地方都可能是承包人的索赔机会。为此，监理工程师必须认真工作，尽量不为承包商提供这种索赔机会。

1）监理工程师在工作中要加强合同意识，提高自己的合同管理水平。从而切实保证工作中作出的任何指令、调解、决定等符合合同精神。

2）及时地履行自己的合同责任，例如，及时颁发施工图、指令和作出决定，及时履行合同的检查、检验和验收职责，尽量不要提出苛刻的超过合同范围的检查，避免进行一些事后的破坏性检查等。

3）敦促并协助业主及时履行业主的合同责任与义务，例如及时向承包人交付施工场地，提供施工条件，按时支付工程款，避免干扰工程等。

4）正确地履行职责，避免设计图、计划、指令、协调方案中的错误。

5）做好组织协调工作，尤其是各承包人、材料和设备供应商、设计承包人之间的协调工作，减少协调不力，交叉影响。

（2）加强对干扰事件的控制　在工程施工中，许多干扰事件并不是监理工程师所能避免的，但是，如果监理工程师能够预先分析，采取有效的措施，就可以减少干扰事件的影响。具体应当做好以下几个方面的工作。

1) 做好干扰事件的预测。干扰事件的发生是具有一定的规律性的，作为一个有经验的监理工程师，可以根据自己的经验并采取相应的手段，是可以对干扰事件的发生可能、发生规律和发生后的影响和损失的大小在一定程度上进行预测的。因此，监理工程师在合同管理工作中，要事先进行干扰事件的预测，并制定相应的防范措施或应对措施。例如完善合同条文，做好周密的计划，准备应变方案等。

2) 及时处理干扰事件。当干扰事件发生时，监理工程师应迅速作出反应，及时按合同规定程序发出指令，控制干扰事件的影响范围和程度。

（3）注意行使职权应承担的责任后果 注意事项包括：

1) 监理工程师不可随便指示承包人改变进度计划、施工次序和施工方案，或必须按照自己提出的方案进行等。如果监理工程师发出指示，由此带来的问题容易产生索赔。

2) 承包人的施工方案要经过监理工程师批准后才能实施或修改。监理工程师在审查施工方案时应注意：

① 如果监理工程师没有充分的证据和理由证明承包人提出的施工方案无法履行其合同责任，则不能轻易不批准承包商的施工方案。

② 由于承包人自身原因（包括承包人应承担的风险）导致需要修改施工方案的，修订的施工方案也需得到监理工程师的批准。监理工程师签字同意时，应特别说明费用不予补偿，以免留下活口，引起不必要的争执。

③ 监理工程师在签字同意承包人修改实施方案时，应考虑到它对相应计划的影响，特别是业主配套工作的调整和相关的其他承包人、供应商工作的调整，这些属于业主责任。虽然由于承包人原因的计划调整业主有权索赔，但是因为监理工程师一经签字同意承包人的修改方案，则这个新方案对合同双方都有约束力。如果业主无法提供相应的配合，使承包商受到干扰，则承包人有权索赔。

7.6.5 索赔费用的组成与计算方法

1. 索赔费用的组成

索赔费用的主要组成部分，同建设工程施工承包合同价的组成部分相似。由于我国关于施工承包合同价的构成与国际惯例不尽一致，所以在索赔费用的组成内容上也有所差异。按照我国现行规定，建筑安装工程合同价一般包括直接费、间接费、利润和税金。而国际上的惯例是将建筑安装工程合同价分为直接费、间接费和利润三个部分。

根据国际惯例，索赔费用中主要包括的项目如下：

（1）人工费 人工费是工程成本直接费中主要项目之一，它包括生产工人基本工资、工资性质的津贴、加班费、奖金等。对于索赔费用中的人工费部分来说，主要是指完成合同之外的额外工作所花费的人工费用，由于非承包人责任的工效降低所增加的人工费用，超过法定工作时间的加班费，法定的人工费增长及非承包商责任造成的工程延误导致的人员窝工。

（2）材料费 材料的索赔包括：

1) 由于索赔事件使材料实际用量超过计划用量而增加的材料费。

2）由于客观原因材料价格大幅度上涨。

3）由于非承包人责任工程延误导致的材料价格上涨。

4）由于非承包人原因致使材料运杂费、材料采购与储存费用的上涨等。

（3）施工机械使用费 施工机械使用费的索赔包括：

1）由于完成额外工作增加的机械使用费。

2）非承包人责任致使增加的机械使用费。

3）由于业主或监理工程师原因造成的机械停工的窝工费。机械台班窝工费的计算，如系租赁设备，一般按实际台班租金加上每台班分摊的机械调入调出费计算；如系承包商自有设备，一般按台班折旧费计算，而不能按全部台班费计算，因台班费中包括了设备使用费。

（4）工地管理费 索赔款中的工地管理费是指承包商完成额外工程、索赔事件工作，以及工期延长、延误期间的工地管理费，包括管理人员工资、办公费、通信费、交通费等。

（5）利息 在索赔款额的计算中，经常包括利息。利息的索赔通常发生于下列情况：

1）业主拖延支付工程进度款或索赔款，给承包人造成较严重的经济损失，承包人因而提出拖期付款和利息的索赔。

2）由于工程变更和工期延误增加投资的利息。

3）施工过程中业主错误扣款的利息。

（6）总部管理费 索赔款中的总部管理费主要指的是工程延误期间所增加的管理费，一般包括总部管理人员工资、办公费用、财务管理费用、通信费用等。这项索赔款的计算，目前没有统一的方法。在国际工程施工索赔中，常用的总部管理费用的计算方法有以下几种。

1）按照投标书中总部管理费的比例计算：

总部管理费 = 合同中总部管理费比率（%）×（直接费索赔款额 + 工地管理费索赔款额等）

2）按照公司总部统一规定的管理费比率（%）计算：

总部管理费 = 公司管理费比率（%）×（直接费索赔款额 + 工地管理费索赔款额等）

3）以工程延期的总天数为基础，计算总部管理费的索赔额，计算步骤如下：

第一步：对某一工程提取的管理费 = 同期内公司的总管理费 ×（该工程的合同额/同期内公司的总合同额）。

第二步：该工程的每日管理费 = 该工程向总部上缴的管理费/合同实施天数。

第三步：索赔的总部管理费 = 该工程的每日管理费 × 工程延期的天数。

（7）分包费用 索赔款中的分包费用是指分包人的索赔款额，一般也包括人工费、材料费、施工机械使用费等。分包人的索赔款额应如数列入总承包商的索赔款总额以内。

（8）利润 对于不同性质的索赔，取得利润索赔的成功率是不同的。一般地说，由于工程范围的变更和施工条件变化引起的索赔，承包人是可以列入利润的；由于业主的原因终止或放弃合同，承包人也有权获得已完成的工程款以外，还应得到原定比例的利润。而对于工程延误的索赔，由于利润通常是包括在每项实施的工程内容的价格之内的，而延误工期并未影响削减某些项目的实施，而导致利润的减少；所以，一般监理工程师很难同意在延误的费用索赔中加进利润损失。

2. 索赔费用的计算

（1）分项法 该方法是按每个索赔事件所引起损失的费用项目分别分析计算索赔值的

一种方法。这一方法是在明确责任的前提下，将需索赔的费用分项列出，并提供相应的工程记录、收据、发票等证据资料，这样可以在较短时间内给以分析、核实，确定索赔费用并顺利处理索赔事项。在实际中，绝大多数工程的索赔都采用分项法计算。

分项法计算通常分为三步：

1）分析每个或每类索赔事件所影响的费用项目，不得有遗漏。这些费用项目通常应与合同报价中的费用项目一致。

2）计算每个费用项目受索赔事件影响后的数值，通过与合同价中的费用值进行比较即可得到该项费用的索赔值。

3）将费用项目的索赔值汇总，得到总费用索赔值。分项法中索赔费用主要包括该项工程施工过程中所发生的额外人工费、材料费、施工机械使用费、相应的管理费，以及应得的间接费和利润等。由于分项法所依据的是实际发生的成本记录或单据，所以施工过程中，对第一手资料的收集整理就显得非常重要。

（2）总费用法　又称总成本法，就是当发生多次索赔事件后，重新计算出该工程的实际总费用，再从这个实际总费用中减去投标报价时的估算总费用，计算出索赔余额，具体公式是：

$$索赔金额 = 实际总费用 - 投标报价估算总费用$$

采用总费用法进行索赔时应注意如下几点：

1）采用这种方法，往往是由于施工过程受到严重干扰，造成多个索赔事件混杂在一起，导致难以准确地进行分项记录和收集资料、证据，也不容易分项计算出具体的损失费用，只得采用总费用法进行索赔。

2）承包人报价必须合理，不能是采取低中标策略后过低的标价。

3）该方法要求必须出具足够的证据证明其全部费用的合理性，否则其索赔款额将不容易被接受。

4）有些人对采用总费用法计算索赔费用持批评态度，因为实际发生的总费用中有可能包括承包人的原因（如施工组织不善、浪费材料等）而增加了费用，同时投标报价估算的总费用由于想中标而过低。所以这种方法只有在难以用分项法计算索赔款费用时，才使用此法。

（3）修正总费用法　修正总费用法是对总费用法的改进，即在总费用计算的原则上，去掉一些不合理因素，使其更合理。修正的内容如下：

1）将计算索赔款的时段局限于受外界影响的时间，而不是整个施工期。

2）只计算受影响时段内的某项工作所受影响的损失，而不是计算该时段内所有施工工作所受的损失。

3）与该项工作无关的费用不列入总费用中。

4）对投标报价费用重新进行核算。按受影响时段内该项工作的实际单价进行核算，乘以实际完成的该项工作的工作量，得出调整后的报价费用。

按修正后的总费用计算索赔金额的公式如下：

$$索赔金额 = 某项工作调整后的实际总费用 - 该项工作的报价费用$$

修正的总费用法与总费用法相比，有了实质性的改进，已相当准确地反映出实际增加的费用。

复习思考题

1. 建设工程合同有哪些类型？
2. 监理合同有哪几种类型？
3. 监理委托合同主要包括哪些内容？
4. 竞争性招标选择监理企业的程序如何？
5. 监理任务书主要包括哪些内容？
6. 监理合同的标准条件与专用条件有何区别？
7. 什么是索赔？索赔的种类有哪几种？
8. 监理工程师索赔管理的任务有哪些？
9. 监理工程师处理索赔时应遵循哪些原则？
10. 索赔处理程序如何？
11. 举例说明索赔费用的组成？
12. 索赔的证据有哪些？
13. 勘察设计合同的主要内容是什么？
14. 施工合同双方的权利和义务是什么？
15. 设备采购合同双方的责任是什么？
16. 建筑材料采购合同履行过程中应注意哪些问题？

第8章 建设工程安全管理

8.1 建设工程安全管理概述

8.1.1 建设工程安全和安全管理基本概念

安全,指没有危险,不出事故,未造成人身伤亡、资产损失。安全不仅包括人员安全,而且包括资产安全。

建筑业属事故多发行业之一,每年施工死亡人数仅次于矿山井下行业,在全国各行业中高居第二位。安全问题成为建设工程管理中应当解决的关键问题之一。

建设工程项目施工安全管理就是通过有效的管理活动,使生产要素的不安全行为和不安全状态减少或消除,达到减少一般事故,杜绝伤亡事故,从而实现安全施工的目标。作为建设工程的参与者,按照国家法律法规的规定,建设单位、勘察单位、设计单位、施工单位、工程监理单位及其他与建设工程安全生产有关的单位,均必须遵守安全生产法律、法规的规定,保证建设工程安全生产,依法承担建设工程安全生产责任。

8.1.2 影响建设工程安全的主要因素

1. 人的不安全行为

据统计,在建设工程中有80%以上的安全事故是由人的不安全行为造成的。主要体现在身体缺陷、错误行为和违纪违章三个方面。身体缺陷主要指疾病、紧张、疲劳、环境过敏、应变能力差等。错误行为主要指嗜酒、吸烟、追逐、错视、错听、错嗅、误触、误判断、意外滑倒等。违纪违章主要是指违反操作规程作业、不认真进行安全检查、玩忽职守,不按规定使用防护用品,不按照规定的方法施工等有意或无意的行为。因此,针对人的生理和心理特点采取纠正与预防措施,采取增强人的安全意识和安全知识的措施,对预防安全事故具有举足轻重的作用。

2. 物的不安全状态

物的不安全状态,主要是指设备、装置的缺陷,机械设备、电器设备等的技术性能降低，结构不良、磨损、失灵、腐蚀等，或者重物与机械的振动、断裂、倾覆、抛飞等。因此，在进行安全管理时，必须采取有效的管理和技术措施识别和避免现场物的不安全状态。

3. 不良的环境条件

不良的环境条件主要是指作业场所的缺陷、物质和环境的危险源。作业场所的缺陷主要是指施工现场狭窄，组织不当，多工种交叉作业的干扰，交通道路不畅，机械车辆拥挤，不同单位不同专业共用场地施工等。物质和环境的危险源主要指施工现场易燃、易爆、腐蚀性的物料，环境方面的辐射线、红外线、粉尘等。对这方面采取相应管理措施和技术措施，可以有效地改良环境条件。

8.1.3　建设工程监理安全管理的目标与注意事项

1. 建设工程监理安全管理目标

在《建设工程安全生产管理条例》中明确规定工程监理单位的安全管理责任包括：

1）工程监理单位应当审查施工组织设计中的安全技术措施或者专项施工方案是否符合工程建设强制性标准。

2）工程监理单位在实施监理过程中，发现存在安全事故隐患的，应当要求施工单位整改；情况严重的，应当要求施工单位暂时停止施工，并及时报告建设单位。施工单位拒不整改或者不停止施工的，工程监理单位应当及时向有关主管部门报告。

3）工程监理单位和监理工程师应当按照法律、法规和工程建设强制性标准实施监理，并对建设工程安全生产承担监理责任。

因此，监理工程师安全管理的责任实际上就是施工安全监理。建设工程监理安全管理的目标就是通过有效的安全管理工作和具体的安全管理措施，对施工单位的施工活动和施工安全管理工作实施有效的监控，从而力求实现项目的安全施工。在履行安全管理责任时，一定要树立"预防为主，安全第一"的观念，增强安全风险防范意识，熟悉安全法律法规，掌握安全管理的知识和安全技术规范的要求，严格进行事前审查，经常进行事中检查，使施工单位的安全管理落到实处。

2. 建设工程监理安全管理注意事项

监理工程师并不是直接的建设生产者，在进行安全管理时并不能够直接制定施工方案和安全措施并加以落实。因此，监理工程师必须在详熟有关安全管理的法律法规和国家强制性标准的前提下，充分利用审查权、监督权、否决权等监理权限，有效使用开工令、监理整改通知、暂停施工令、复工令等管理手段，才能减少监理自身的风险，实现安全监理的目标。

8.2　建设工程监理安全管理的工作内容

8.2.1　施工项目安全管理体系的审查

施工项目安全管理体系是施工组织设计的重点内容之一，作为监理工程师安全管理的一项重要手段就是要使施工企业建立完善的施工安全管理体系，只有施工单位的安全管理体系有效运行，才能真正做到安全施工。关于施工单位安全管理体系的建立，我国的《建筑法》《建设工程安全生产管理条例》《消防条例》《建设工程施工现场管理规定》对此均有规定。

因此，监理工程师对施工组织设计进行审查时，必须按照这些规定对施工项目安全管理体系进行认真审查。

1. 施工项目安全管理体系的建立原则

（1）满足法律法规要求　符合《建筑法》《安全生产法》和《建设工程安全生产管理条例》的规定。

（2）符合企业和项目实际　安全生产管理体系应当符合施工企业和项目施工特点。

（3）体系健全并形成文件　体系文件应包括安全计划，施工企业制定的各类安全管理标准，相关的国家、行业、地方法律和法规文件、各类记录、报表和台账。

2. 对施工项目安全管理体系的审查要点

1）施工组织设计中必须明确建立以施工项目经理为领导的安全生产管理体系，做到安全管理组织体系合理，分工明确，责任清晰。

2）施工组织设计中必须明确施工单位施工过程中拟采用的安全监督手段，审查其实用性，是否有利于及时发现安全隐患。

3）审查施工单位项目安全生产管理规章制度是否齐全完善。例如，安全生产责任制，安全技术交底制度，施工现场文明施工管理制度，安全生产宣传教育与入场安全教育制度，特种作业人员安全管理制度，机械设备安全管理制度，安全生产值日制度，安全生产奖罚制度，施工现场安全防火、防爆制度，职工安全教育与培训制度，班组安全管理制度等。

4）事故隐患处理程序是否合理，是否满足项目安全管理需要。

5）安全记录的种类、格式和管理制度是否满足有关规定的要求，是否确定了记录的部门或相关人员。

6）施工企业是否对项目安全管理体系进行了内部审核，是否有企业相应负责人的签字和盖章。

8.2.2　对施工安全技术措施和专项施工方案的审查

施工安全技术措施是施工组织设计的重点内容，并且，对于达到《危险性较大的分部分项工程安全管理办法》中标准的分部分项工程，还要编制安全专项施工方案，作为监理工程师安全管理的一项重要工作，就是对施工组织设计中的施工安全技术措施和专项施工方案进行审查。

1. 施工安全技术措施的总体要求

对施工安全技术措施必须符合全面性、预见性、针对性、可靠性和可操作性的要求。因此，从总的审查原则来看，要求施工单位提交的措施能达到这几方面的要求。

（1）全面性　施工组织设计中必须对工程施工安全造成影响的所有方面，从技术上采取有效的措施。尤其是在国家强制性标准中包含的内容必须反映出来。

（2）预见性　施工安全技术措施是在开工前编制的，因此，在编制时必须对施工中可能出现的安全隐患进行预先分析，对影响施工安全的因素进行预先分析，从而制定预防措施。

（3）针对性　施工安全技术措施是针对每项工程特点而制定的。必须针对不同的施工方法、机械设备和变配电设施，针对施工中不同的有毒有害作业和易燃易爆作业，针对不同的施工现场和周围环境等采用针对性的技术措施，才能最有效地保障安全。

（4）可靠性　施工安全技术措施应将多种因素和各种不利条件考虑周全，并采取相应的对策措施，才能真正做到预防事故。

（5）可操作性 施工安全技术措施不能过于简单笼统，无法直接执行。对于重点复杂的工程内容除了在施工组织设计中列出技术措施外，还需编制专项施工方案。

2. 对安全技术措施和专项施工方案的审查

监理工程师在审查项目施工组织设计中的安全技术措施和专项施工方案时，要求必须结合具体的项目内容。审查的重点放在是否符合国家强制性标准，是否存在安全隐患等方面。对于常见的房屋建筑工程项目来说，其内容通常包括：

（1）审查基坑支护与降水工程的安全措施或专项施工方案 在土方工程施工中应根据基坑、基槽、地下室等土方开挖深度和土质种类选择开挖的方法，设置安全边坡或支护方案，需要降低地下水时，设置详细的降水方案。基坑支护、降水工程和土方开挖工程必须编制专项施工方案，并附有具体的安全验算结果。方案中必须有安全隐患的预先分析和安全技术措施，并且措施要合理、有针对性、具有可实施性。例如严禁坑槽边堆放物料的要求，或机械作业时对地面采取的加固措施等。如果施工可能造成毗邻建筑物、构筑物和地下管线的损害时，方案中应有专项防护措施。而且专项施工方案必须经过施工单位技术负责人签字。对于深基坑和地下暗挖工程，还必须要求施工单位提交已组织专家论证的材料和论证结论。

（2）审查脚手架工程的安全技术措施。主要审查搭设方案有无针对性，是否能够满足本项目施工需要。例如，落地式钢管脚手架应有详细搭设方案，并绘制搭设设计图，说明脚手架基础的做法，立杆、大横杆纵横向的间距，小横杆与墙的距离，连墙点和剪刀撑的设置方法等。当搭设高度超过25m时，还必须附有设计计算书。在搭设方法上必须符合安全强制性条文的规定，脚手架的搭设方案必须要有编制人、技术审核人和批准人。

（3）审查模板工程安全措施或专项施工方案 尤其是高层或复杂的模板工程，必须编制专项施工方案，进行模板设计，并附有具体的安全验算结果。例如模板的制作、安装、拆除等施工程序、施工方法、质量要求与检查验收方法等。对模板支撑设计要有计算书和细部构造的放样图，对模板材料、规格尺寸、间距、连接方法以及剪刀撑的设置等应有详细说明，对模板的拆除应有具体的安全措施。监理人员主要审查这些内容是否齐全，方案中是否有安全隐患的分析和具体的安全技术措施。

（4）审查高空作业和独立悬空作业的安全防范措施 主要是指施工现场"四口"，即楼梯口、电梯井口、预留洞口、通道口（或出入口）的防护和"五临边"即未安装栏杆的阳台周边、无外架防护的屋面周边、框架工程的楼层周边、上下通道斜道两侧边、卸料平台外侧边的防护，以及独立悬空作业所采取的安全防范措施。主要是对照安全生产强制性条文进行检查，审查是否有不满足防护规定的地方。

（5）审查垂直运输机械设备的安全措施和起重吊装工程施工方案 主要是指塔式起重机、井字架等机械的安装、使用和拆卸所采取的安全措施，审查有无经过安全资格认证和取得安全使用合格证。审查是否有详细的塔式起重机安装和拆除施工方案，在方案中是否对塔式起重机基础进行了专项计算，对安装和拆卸的施工工序、安全技术措施、注意事项以及特殊情况的防范技术措施是否齐全与合理。对于吊装机械的选择与吊装方案的选择，必须有安全验算、相应的安全技术措施和管理措施。

（6）审查施工现场用电安全措施 重点审查措施是否具体、全面，是否切实可行，是否符合相应法规和安全技术规范的要求。主要内容包括：

1）审查施工现场临时用电施工组织设计或施工方案，要求明确编制人、技术审核人、批准人，以落实安全用电责任制。

2）审查安全用电的技术措施。例如是否实行三相五线制，各级配电箱和开关是否均有相应防雨措施、有门锁和专人负责；是否有明确的送电或停电的操作顺序；是否实行一机、一闸、一漏、一箱制等。

3）审查电气防火措施，例如施工现场是否超负荷用电；电气装置和线路周围是否堆放易燃、易爆和强腐蚀介质，设备是否超负荷工作等。

（7）审查施工现场防火、防爆的安全措施　重点审查措施是否具体、全面，是否切实可行，是否符合相应法规和安全技术规范的要求。例如，易燃易爆作业场所，如木工操作间、仓库等是否按规定配备消防灭火器材，是否严禁吸烟和明火，是否悬挂醒目的防火标志；氧气瓶和乙炔气瓶存放是否符合要求；临时宿舍是否建在建筑物 20m 以外，未建在煤气管道和高压架空线路下方；现场一切架空电线须用固定瓷瓶绝缘，电线穿墙时是否使用瓷管或使用硬塑料过管等。

（8）审查季节性安全技术措施　主要内容有夏季、雨季和冬季三个季节施工的安全技术措施。夏季措施是否有夏季防暑降温的教育措施，中暑病人的急救措施，合理调整作业时间、避高温的措施，通风降温措施，调离措施，歇凉措施，检查措施，清凉饮料措施等。雨季措施是否有防触电措施、防坍塌措施和防雷击措施等。冬季措施是否有冬季施工安全教育措施、防风措施、防冻防滑措施、防火措施、防毒措施和安全防护措施等。

（9）审查拆除、爆破工程专项施工方案　审查方案中是否有具体的安全技术措施，措施是否切实可行，是否符合国家相应的法规要求。例如拆除现场的照明是否设置了专门的配电线路，拆除建筑物是否按照自上而下的顺序进行，在采取控制爆破撤除工程时，是否严格遵守《土方与爆破工程施工及验收规范》等。

（10）审查生产安全事故应急救援预案的制订情况　一旦意外发生，是否有切实可行的疏散人员、救助伤员和最大限度减少事故影响的应急措施。

项目监理单位在审查完施工单位报审的专项施工方案时，如认为符合要求，则应由总监理工程师签认后报建设单位，超过一定规模的危险性较大的分部分项工程的专项施工方案，应检查施工单位组织专家论证、审查的情况，以及是否附具安全验算结果。

8.2.3　施工企业安全资质与人员资格的审查

1. 审查施工企业安全资质

企业的安全资质是由当地行业主管部门审查与颁发的企业安全资质合格证书。即施工单位安全许可证，劳务分包队伍资质，安装消防安全资格认证。在施工之前，监理工程师应要求施工单位提供资质合格证书备查。

2. 审查施工单位人员资格

审查施工单位人员资格即审查项目管理人员和作业操作人员的上岗资格。具体包括：

（1）审查项目管理人员的资格　即审查项目经理、项目技术负责人、施工员、质检员、机管员、材料员，尤其是施工项目安全员和 HSE 安全监督员等是否取得上岗资格证书，配备的数量是否满足项目要求。管理人员必须按规定每年参加安全培训学习，并有学时数要求，因此应当审查是否达到了规定的标准，是否持有安全培训学习合格证上岗。

（2）审查施工特种作业人员操作证　特种作业人员包括维修与安装电工、架子工、各种机械操作工、焊工、爆破工、打桩机操作工、厂内机动车辆司机等。除进行一般安全教育外，还要经过本工种的安全技术教育，经考试合格发证后，方可独立进行操作，每年还要进行一次复审，过期不参加复审者按无证者处理。

8.2.4 施工单位安全管理体系的运行监督

在项目实施过程中，应经常进行施工单位安全管理体系的运行情况检查，监督施工单位各种管理制度的落实情况，通过监督施工单位安全管理体系的正常运行来保障施工安全。

8.2.5 施工过程中进行巡视检查，及时发现施工安全隐患

在项目的施工过程中，监理工程师要经常巡视施工现场，检查施工方案和安全技术措施是否认真落实；对持证上岗情况进行检查，检查是否有人证不符情况，是否有没经过复检或复检不合格的操作证；施工中是否有不遵守操作规范违章作业的情况，是否有不遵守国家强制性标准的情况，是否有意外事件或安全隐患出现。对于发现的情况，应根据情况的严重程度发出监理通知或暂停施工令。

8.2.6 监理施工安全管理资料的管理

监理工程师在进行安全管理时，必须将安全管理的内容纳入项目监理文件中。既应当注意编制专门的安全监理规划或安全监理实施细则，也应当在其他的监理文件中体现安全监理的内容。这方面的资料包括监理规划（其中关于安全管理的内容）、安全监理实施细则、就安全管理中的问题与隐患所下达的监理通知和暂停施工指令、监理日志（其中涉及安全监理内容）。

8.3 建设工程监理安全管理的程序与措施

8.3.1 建设工程监理安全管理的程序

监理工程师在进行安全管理时，首先在监理规划中制定安全管理规划，并对易出现安全事故的方面制定具体的安全管理实施细则。在项目监理部明确职责和任务分工，然后按照图 8-1所示的安全管理程序进行安全管理工作。

1. 编制监理规划和监理实施细则

通常在编制项目监理规划时，安全管理规划作为监理规划中的一项重要内容，同时针对安全管理编制安全监理实施细则，或在编制每一专业工程监理实施细则时，将安全管理的实施细则作为重要部分。对于复杂的、安全风险大的项目，必须编制专项施工安全监理规划。具体的编制内容目前并没有统一的规定，但一般应当包括以下几个方面：

（1）工程项目概况及分析 这部分应包括项目的建筑结构特征、环境与施工条件情况、施工的特点及难点、主要的安全隐患和安全管理的难点等。

（2）安全监理工作的目标 根据项目特点，制定项目安全监理工作的总目标和分解目标。

（3）安全监理工作的依据 明确列出安全监理所依据的法律法规、国家强制性的标准和施工合同的相关内容。

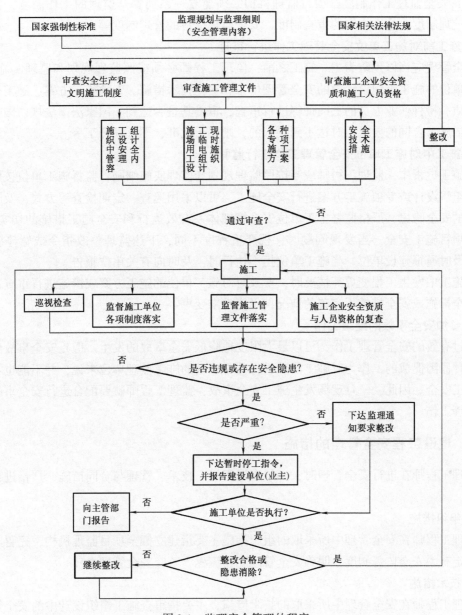

图 8-1　监理安全管理的程序

（4）安全监理工作的范围和内容　根据项目施工的内容和监理委托范围，明确监理工程师具体的安全管理内容。

（5）安全监理人员岗位职责和工作程序　明确在整个项目监理机构中安全监理岗位职责，如果不设置专门的安全监理人员，也必须明确每一个监理人员的安全管理职责，建立监理机构的安全监理组织体系。然后按照监理工作内容和任务分工，确定相应的工作程序。

（6）安全监理工作的具体措施和应急预案　除了对监理工程师所从事的审查与监督工作制定具体的工作措施外，必须按照施工单位所要进行的施工内容，制定具体的审查与监督的内容和措施。同时，对发生意外事故要建立应急预案。

（7）安全监理工作制度 项目监理机构必须建立一系列安全监理的工作制度，例如安全隐患处理制度，施工方案的审查制度，安全监理资料的管理制度等。

2. 施工前对施工单位安全管理工作进行审查

安全管理应当以预防为主。施工之前，监理工程师必须按照监理规划和监理实施细则，对施工单位的施工组织设计中的安全管理体系和安全技术措施、专项施工方案、施工企业的安全资质、特种作业人员的上岗证等进行审查，审查其是否达到了国家法律法规、国家强制性标准或施工合同的要求，对达不到要求的，则不予批准，不签发开工令。

3. 施工中对施工单位安全管理工作进行监督

在施工过程中，监理工程师应当按照监理规划和监理实施细则，监督施工单位按照批准的施工组织设计或专项施工方案进行安全施工，可以采用巡查、定期检查等方式，及时发现施工中的安全隐患，严格监督施工单位安全管理体系有效运行和安全施工措施的切实贯彻，以控制项目施工安全。当发现问题时，视严重程度不同，下达监理整改指令或暂停施工令等，并及时通报建设单位。当施工单位拒不执行时，及时向有关单位报告。

当施工中发生工程变更等情况时，要及时对施工单位的施工方案或措施进行审查，对于没有安全措施或安全措施不完善的情况，不能批准变更。

4. 参加安全事故的处理工作

通过有效的安全管理工作，可以最大限度地降低安全事故的发生。但是安全事故的发生是由各种原因促成的，作为对施工活动进行监督管理的施工监理单位来说，并不能也不应该担保施工安全。因此，一旦现场发生施工安全事故，监理工程师就要配合进行安全事故的调查和处理工作。

8.3.2 建设工程安全管理的措施

监理工程师在进行安全管理时，必须采取组织、技术、管理与合同措施，严格进行过程管理。

1. 组织措施

监理工程师在安全管理中所采取的组织措施主要指建立健全项目监理机构，完善职责分工，制定有关安全监督制度，明确安全管理工作流程，落实安全管理责任。

2. 技术措施

监理工程师在安全管理中所采取的技术措施，主要指审查施工组织设计中的安全管理体系和安全技术措施等，严格进行施工前和施工过程中的安全检查和监督。

3. 管理措施

监理工程师在安全管理中所采取的管理措施可以包括对施工单位没有达到安全管理要求，存在安全隐患时采用下发监理通知、暂停施工令，通过审核权、签字权等管理措施有效监督和控制施工活动，以达到安全监理的目的。

4. 合同措施

监理工程师在安全管理中所采取的合同措施可以包括根据施工合同，对于由于施工安全事故造成的工期延误给业主带来的损失，以及依据合同对施工单位未按合同约定保证安全施工的行为采取停工、整改等所造成的成本增加等进行索赔工作，还包括依据合同所进行的其他活动。

8.4　建设工程安全事故的处理

8.4.1　安全事故概述

伤亡事故是指职工在劳动过程中，由于企业设备和设施不安全、劳动条件和作业环境不良、管理不善或企业领导指派到企业外从事企业活动过程中，所发生的人身伤害（轻伤、重伤、死亡）和急性中毒事故。

1. 常见事故

《企业职工伤亡事故分类标准》（GB 6441—1986）把事故分为 20 类，建筑施工现场常见事故包括以下几类：

1）物体打击。指落物、滚石、锤击、碎裂崩块、碰伤等伤害，包括因爆炸而引起的物体打击。

2）车辆伤害。包括挤、压、撞、倾覆等。

3）机具伤害。包括绞、碾、碰、割、戳等。起重伤害，指起重设备或操作过程中所引起的伤害。

4）触电。包括雷击伤害。

5）火灾。

6）高处坠落。包括从架子、屋架上坠落以及从平地坠入地坑等。

7）坍塌。包括建筑物、堆置物、土石方倒塌等。

8）中毒和窒息，指煤气、油气、沥青、化学品、一氧化碳中毒等。

9）其他伤害。包括扭伤、跌伤、野兽咬伤等。

高处坠落、触电、物体打击、机械伤害及坍塌是建筑施工现场最常发生的事故。造成这些事故的主要原因是脚手架搭设不规范、高处作业防护不严、基坑及模板工程支护不牢、施工临时用电不规范、机械设备使用不当等。

2. 工程建设重大事故的分类

工程建设重大事故，是指在工程建设过程中由于责任过失造成工程倒塌或报废、机械设备毁坏和安全设施失当造成人身伤亡或者重大经济损失的事故。重大事故分为四级。

（1）一级重大事故　具有下列条件之一者为一级重大事故：

① 死亡 30 人以上。

② 直接经济损失 300 万元以上。

（2）二级重大事故　具备下列条件之一者为二级重大事故：

① 死亡 10 人以上，29 人以下。

② 直接经济损失 100 万元以上，不满 300 万元。

（3）三级重大事故　具备下列条件之一者为三级重大事故：

① 死亡 3 人以上，9 人以下。

② 重伤 20 人以上。

③ 直接经济损失 30 万元以上，不满 100 万元。

（4）四级重大事故　具备下列条件之一者为四级重大事故：

① 死亡 2 人以下。

② 重伤 3 人以上，19 人以下。

③ 直接经济损失 10 万元以上，不满 30 万元。

8.4.2 安全事故处理的原则和程序

1. 安全事故处理的原则

安全事故处理必须坚持"四不放过"原则，即事故原因不清楚不放过、事故责任者和员工没有受到教育不放过、事故责任者没有处理不放过、没有制定防范措施不放过。

2. 安全事故处理的程序

按照国家有关规定，安全事故的处理应按以下程序进行：

（1）报告安全事故 当发生安全事故时，受伤人员或最先发现事故的人员应立即用最快的传递手段，将发生事故的时间、地点、伤亡人数、事故原因等情况上报至施工企业安全主管部门。施工企业安全主管部门视事故造成的伤亡人数或直接经济损失情况，按规定向政府主管部门报告。

（2）事故处理 事故发生后，首先要迅速抢救伤员，排除险情，制止事故蔓延扩大，同时为调查分析事故需要，做好标识，保护好现场。

（3）事故调查 按照规定，施工企业接到事故报告后，施工企业负责人和各业务部门主管领导及有关人员应立即赶到现场组织抢救，并迅速成立调查组开展调查。发生轻重伤事故，调查组由施工企业负责人和施工生产、技术、安全、劳资、工会等部门有关人员组成。死亡事故由施工企业主管部门会同现场所在地区的劳动部门、公安部门、人民检察院、工会组成事故调查组进行调查。重大死亡事故应按企业隶属关系，由省、自治区、直辖市企业主管部门或国务院有关主管部门、公安、监察、检查部门、工会组成调查组，并邀请有关专业和技术人员参加。

（4）写出事故调查报告 通过观察和调查，查明事故发生的经过，通过对现场和事故发生情况的分析，找出事故发生原因，从而确定事故的性质，研究制定防止发生类似事故的具体方法措施，并要定人、定时间、定标准，迅速执行措施规定的各项条款。调查组在完成以上工作后，应立即撰写事故调查报告，内容包括事故发生的经过、原因、责任分析和处理意见及本次事故的教训并估算实际发生的损失，对事故单位提出改进安全生产工作意见、措施和建议。报告经全体调查组人员同意签名后报有关部门审批。

（5）事故的审理和结案 事故调查处理结论报出后，需经当地有关机关审批后方能结案。对事故责任者的处理，应根据事故情节轻重、各种损失大小、责任轻重加以区分，予以严肃处理。事故资料应专案存档。

8.4.3 监理工程师在参与安全事故处理时应注意的问题

当施工现场发生安全事故时，现场监理工程师必须及时将安全事故情况报告所在的监理公司，并通知建设单位。同时，监理工程师要积极参与组织现场的救护工作，及时下达有关排除险情保护现场的监理通知。监理工程师要参与项目事故调查，就施工安全事故的发生原因进行分析，并监督检查事故处理方案的实施。

复习思考题

1. 我国法规中规定的监理安全管理的责任有哪些？

2. 建设工程监理安全管理的工作内容有哪些？

3. 建设工程监理安全管理的程序如何？

4. 结合实际项目分析监理安全管理的具体措施有哪些？

5. 安全事故处理时应遵循什么原则？

6. 建设工程的安全事故主要有哪些类型？重大事故如何分类？

7. 国家规定安全事故的处理程序如何？

8. 当现场发生安全事故时，监理工程师应当如何做？

第9章 建设工程风险管理

9.1 建设工程风险管理概述

9.1.1 风险的概念

风险的概念可以从经济学、保险学、风险管理等不同的角度给出不同的定义，至今尚无统一的定义。其中一种较为普遍接受的表述为：在给定情况和特定时间内，可能发生的结果之间的差异，差异越大则风险越大。这个定义强调的是结果的差异。另一种表述为：风险是不期望发生事件的客观不确定性。它强调不利事件发生的不确定性。由上述定义可知，风险要具备两方面的条件，即不确定性和产生损失后果。

9.1.2 风险的相关概念

1. 风险因素

风险因素是指能产生或增加损失概率和损失程度的条件或因素，它是风险事件发生的潜在原因，是造成损失的内在或间接原因。通常可分为以下三种：

（1）自然风险因素 指有形的，并能直接导致某种风险的事物。

（2）道德风险因素 指无形的，与人的品德修养有关的，能导致某种风险的因素。

（3）心理风险因素 指无形的，与人的心理状态有关的，能导致某种风险的因素。

2. 风险事件

风险事件是指造成损失的偶发事件，是造成损失的外在原因或直接原因，如失火、地震等事件。

3. 损失

损失是指非故意的、非计划的和非预期的经济价值的减少，通常以货币单位来衡量。可分为直接损失和间接损失两种。

4. 损失机会

损失机会是指损失出现的概率。分为客观概率和主观概率两种。客观概率是指某事件在长时期内发生的频率，而主观概率是指个人对某事件发生可能性的估计。

5. 风险因素、风险事件、损失和风险四者之间的关系

风险因素、风险事件、损失和风险四者之间的关系如图 9-1 所示。

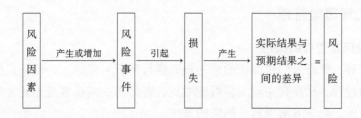

图 9-1　风险因素、风险事件、损失和风险四者之间的关系

9.1.3　风险的种类

根据不同的角度，风险可以分为不同的种类。常见的风险分类方式主要有以下几种：

1. 按风险的后果分类

按照风险所造成的不同后果，可以将风险分为纯风险和投机风险两种。

（1）纯风险　它是指只会造成损失而不会带来收益的风险，如自然灾害。

（2）投机风险　它是指既可能造成损失也可能创造额外收益的风险，如一项投资决策可能带来巨大的投资收益也可能由于决策失误造成损失。

2. 按风险产生的原因分类

按照风险产生原因的性质不同，可将风险分为政治风险、经济风险、自然风险、技术风险、商务风险、信用风险和其他风险。

（1）政治风险　指工程项目所在地的政治背景及其变化可能带来的风险，不稳定的政治环境可能给各市场主体带来风险。

（2）经济风险　指国家或社会一些大的经济因素的变化带来的风险，如通货膨胀导致材料价格上涨、汇率变化带来的损失等。

（3）自然风险　指自然因素带来的风险，如工程实施过程中出现地震、洪水等造成损失。

（4）技术风险　指一些技术的不确定性可能带来的风险，如设计文件的失误、采用新技术的失误等。

（5）商务风险　指合同条款中有关经济方面的条款和规定可能带来的风险，如风险分配、支付等方面的条款明示或隐含的风险。

（6）信用风险　指合同一方的业务能力、管理能力、财务能力等有缺陷或者没有圆满履行合同而给合同另一方带来的风险。

（7）其他风险　指上述六项中未包括，但建设工程可能面临的风险，如当地民俗可能带来的风险等。

3. 按风险的影响范围分类

按照风险的影响范围大小可以将风险分为基本风险和特殊风险。

（1）基本风险　基本风险是指作用于整个经济或大多数人群的风险。这种风险具有普遍性，影响范围大，如自然灾害、通货膨胀带来的风险。

（2）特殊风险 它是指仅作用于某一个特定单体（个人或企业）的风险。这种风险不具有普遍性，如失火的风险。

9.1.4 建设工程风险管理

1. 建设工程风险管理的概念

所谓风险管理，就是人们对潜在的意外损失进行辨识与评估，并根据具体情况采取相应措施进行处理的过程，从而在主观上尽可能做到有备无患，或在客观上无法避免时能寻求切实可行的补救措施，减少或避免意外损失的发生。

建设工程风险管理是指参与工程项目建设的各方，如施工承包方和勘察、设计、监理等企业在工程项目的筹划、勘察设计、工程施工各阶段采取的辨识、评估、处理工程项目风险的管理过程。

由于建设工程风险大，参与工程建设的各方均有风险，但各方的风险不尽相同。因此，在对建设工程风险进行具体分析时，必须首先明确从哪一方面进行分析。由于监理企业是受建设单位委托，代表建设单位的利益来进行项目管理，因此，本章主要考虑建设单位在建设工程实施阶段的风险及其相应的风险管理问题。同时，由于特定的工程项目风险，各方预防和处理的难易程度不同，通过平衡、分配，由最适合的当事人进行风险管理，可大大降低发生风险的可能性和风险带来的损失。由于建设单位在工程建设的过程中处于主导地位，因此，建设单位可以通过合理选择承发包模式、合同类型和合同条款，进行风险的合理分配。

2. 建设工程风险管理过程

风险管理就是一个识别、确定和度量风险，并制定、选择和实施风险处理方案的过程，通常包括风险识别、风险评价、风险对策决策、实施决策、检查五个环节的内容，它是一个不断循环的过程。

3. 建设工程风险管理的目标

风险管理是一项有目的的管理活动，只有目标明确，才能进行评价与考核，从而起到有效的作用。在确定风险管理的目标时，通常要考虑风险管理目标与风险管理主体的总体目标相一致，要使目标具有实现的客观可能性，同时目标必须明确，以便于正确选择和实施各种方案，并对其实施效果进行客观评价。此外，目标必须具有层次性，以利于区分目标的主次，提高风险管理的综合效果。

从风险管理目标与风险管理主体的总体目标相一致的角度出发，建设工程风险管理的目标可具体地表述为：

1）实际投资不超过计划投资。

2）实际工期不超过计划工期。

3）实际质量满足预期的质量要求。

4）建设过程安全。

因此，从风险管理目标的角度分析，建设工程风险可分为投资风险、进度风险、质量风险和安全风险。建设工程项目管理的目标与风险管理的目标是相一致的，风险管理是为目标控制服务的。

9.2　建设工程风险识别

9.2.1　风险识别的过程

风险识别是风险管理的第一步，从风险初始清单入手，通过风险分解，不断找出新的风险，最终形成建设工程风险清单，作为风险识别过程的结束。通常按照以下步骤进行。

1. 建设工程风险分解

建设工程风险分解是指根据工程风险的相互关系将其分解成若干个子系统。分解的程序要足以使人们容易地识别出建设工程的风险，使风险识别具有较好的准确性、完整性和系统性。

通常根据建设工程的特点，可以采用以下途径进行建设工程的风险分解：

（1）目标维　按照所确定的建设工程目标进行分解，即考虑影响建设工程投资、进度、质量和安全目标实现的各种风险。

（2）时间维　按照基本建设程序的各个阶段进行分解，也就是分别考虑决策阶段、设计阶段、施工招标阶段、施工阶段、竣工验收阶段等各个阶段的风险。

（3）结构维　按建设工程组成内容进行分解，如按照不同的单位工程分别进行风险识别。

（4）因素维　按照建设工程风险因素的分类进行分解，如政治、经济、自然、技术和信用等方面的风险。

在风险识别过程中，往往需要将几种分解方式组合起来使用，才能达至目的。常用的一种组合方式是由时间维、目标维、结构维三方面从总体上进行建设工程目标分解。

2. 建设工程风险识别过程

建设工程风险识别过程如图 9-2 所示，其核心工作是建设工程风险分解和识别建设工程风险因素、风险事件及后果。

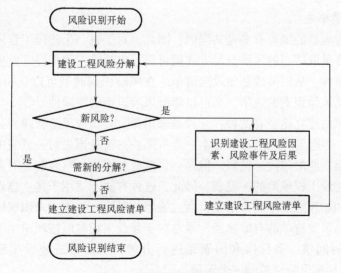

图 9-2　建设工程风险识别过程

9.2.2 风险识别的方法

建设工程风险识别的方法主要有专家调查法、财务报表法、流程图法、初始风险清单法、经验数据法和风险调查法。

1. 专家调查法

专家调查法是指向有关专家提出问题，了解相关风险因素，并获得各种信息。调查的方式通常有两种：一种是召集有关专家开会，让专家充分发表意见，起到集思广益的作用；另一种方法是采用问卷式调查，各专家根据自己的看法单独填写问卷。在采用专家调查法时，应注意所提出的问题应当具有指导性和代表性，并具有一定的深度，问题要提得尽量具体一些。同时，还应注意专家的面应尽可能广泛。最后，这种方法还要由风险管理人员归纳、整理和分析专家意见。

2. 财务报表法

财务报表法是指通过分析财务报表来识别风险的方法。因为，财务报表法有助于确定一个特定企业或特定的建设工程可能遭受哪些损失及在何种情况下遭受这些损失。因此，通过分析资产负债表、现金流量表、营业报表及有关补充资料，可以识别企业当前的所有资产、责任及人身损失风险。将这些报表与财务预测、预算结合起来，可以发现企业或建设工程未来的风险。

采用财务报表法进行风险识别时，要对财务报表中所列的各项会计科目作深入的分析研究，并提出分析研究报告，以确定可能产生的损失。同时，还应通过一些实地调查及其他信息资料来补充财务记录。

3. 流程图法

流程图法是将一项特定的生产或经营活动按步骤或阶段顺序以若干个模块形式组成一个流程图系列，在每个模块中都标出各种潜在的风险因素或风险事件，从而给决策者一个清晰的总体印象。对于建设工程可以按时间维划分成各个阶段，再按照因素维识别各阶段的风险因素或风险事件。

4. 初始风险清单法

由于建设工程面临的风险有些是共同的，因此，对于每一个建设工程风险的识别不必都要从头做起。只要采取适当的风险分解方式就可以找出建设工程中经常发生的典型的风险因素和相应的风险事件，从而形成初始风险清单。在风险识别时就可以从初始风险清单入手，这样做既可以提高风险识别的效率，又可以降低风险识别的主观性。

初始风险清单的建立途径有两种：一种是采用保险公司或风险管理协会颁布的潜在损失一览表作为基础，风险管理人员再结合本企业所面临的潜在损失对一览表中的损失予以具体化，从而建立特定企业的风险一览表。但是，目前潜在损失一览表都是对企业风险进行公布的，还没有针对建设工程风险的一览表，因此，这种方法不适用于建立建设工程初始风险清单。另一种建立初始风险清单的方法是，通过适当的风险分解方式来识别风险，这种途径是建立建设工程初始风险清单的有效途径。通常对于建设工程可以按照单项工程、单位工程分解，再将其按照时间维、目标维和因素维进行分解，从而形成建设工程初始风险清单。表9-1为建设工程初始风险清单的一个示例。

表 9-1　建设工程初始风险清单

风 险 因 素		典型风险事件
技术风险	设计	设计内容不完整、设计缺陷、设计错误、应用规范不当、地质条件考虑不周、未考虑施工可行性
	施工	施工工艺落后、施工方案不合理、施工安全措施不当、应用新技术失败、现场条件考虑不周、技术措施不合理
	其他	工艺流程不合理、工艺设计未达到要求等
非技术风险	自然	洪水、地震等自然灾害，不明的水文气象条件，复杂的地质条件，恶劣气候
	法律	法律及规章的变化
	经济	通货膨胀或紧缩、汇率的变动、市场的动荡等
	合同	合同条款表述错误、合同类型选择不当、合同纠纷处理不利
	人员	工人素质差、管理人员素质差
	材料设备	材料和设备供货不及时、质量差，设备不配套、安装失误、选型不当等
	组织协调	建设单位与设计方的协调不充分、业主方与政府相应管理部门未协调好、监理与施工单位未协调好等

在使用初始风险清单法时必须明确一点，那就是初始风险清单并不是风险识别的最终结论，它必须结合特定建设工程的具体情况进一步识别风险，修正初始风险清单。因此，这种方法必须与其他方法结合起来使用。

5. 经验数据法

经验数据法又称为统计资料法。它是根据已建各类建设工程与风险有关的统计资料来识别拟建工程的风险。

统计资料的来源主要是参与项目建设的各方主体，如房地产开发商、施工单位、设计单位、监理企业，以及从事建设工程咨询的咨询单位等。虽然不同的风险管理主体从各自的角度保存着相应的数据资料，其各自的初始风险清单一般会有所差异，但是，当统计资料足够多时，借此建立的初始风险清单基本可以满足对建设工程风险识别的需要。因此，这种方法一般与初始风险清单法结合使用。

6. 风险调查法

虽然建设工程会面临一些共同的风险，但是不同的建设工程不可能有完全一致的工程风险。利用初始风险清单和统计资料等方法对识别共性风险比较有效，但是，为了识别每个建设工程的特殊风险，在风险识别的过程中，花费人力、物力和财力进行风险调查是必不可少的。

风险调查法就是从分析具体建设工程的特点入手，一方面对通过其他方法已经识别出的风险进行鉴别和确认，另一方面，通过风险调查有可能发现此前尚未识别出的特殊的工程风险。风险调查可以采用现场直接考察并向有关行业或专家咨询等形式，如工程投标报价前施工单位进行现场踏勘，可以取得现场及周围环境的第一手资料。风险调查可以从组织、技术、自然及环境、经济、合同等方面分析拟建建设工程的特点及相应的潜在风险。

应当注意，风险调查不是一次性的行为，而应当在建设工程实施全过程中不断地进行，这样才能随时了解不断变化的条件对工程风险状态的影响。当然，随着工程的进展，风险调查的内容和重点会有所不同。

综上所述，风险识别的方法有很多，但是在识别建设工程风险时，不能仅仅依靠一种方法，必须将若干种方法综合运用，才能取得较为满意的结果。而且不论采用何种风险识别的方法，风险调查法都是必不可少的风险识别方法。

9.3 建设工程风险评价

系统而全面地识别建设工程风险只是风险管理的第一步，衡量出风险的大小，并对风险进行进一步的分析，即风险评价，是风险管理的重要一环，在对风险有一个确切的风险评价，才有可能作出正确的风险对策。风险评价可以采用定性和定量两种方法来进行。

9.3.1 风险衡量

识别工程项目所面临的各种风险以后，就应当分别对各种风险进行衡量，从而进行比较，以确定各种风险的相对重要性。根据风险的基本概念可知，损失发生的概率和这些损失的严重性是影响风险大小的两个基本因素。因此，在定量评价建设工程风险时，首要工作是将各种风险的发生概率及其潜在损失定量化，这一工作就称为风险衡量。

1. 风险量函数

风险量是指各种风险的量化结果，其数值大小取决于各种风险的发生概率及其潜在损失。因此，以 R 代表风险量，以 p 表示风险的发生概率，以 q 表示潜在损失，则 R 可以表示为 p 和 q 的函数，即：

$$R = f(p, q) \tag{9-1}$$

式（9-1）反映了风险量的基本原理，具有一定的通用性。其应用前提是能通过适当的方式建立关于 p 和 q 的连续性函数。但是，这一点很难做到。在大多数情况下以离散形式来定量表示风险的发生概率和潜在损失，此时，风险量函数可用下式表示：

$$R = \sum p_i q_i \tag{9-2}$$

式中　i——1，2，…，n，表示风险事件的数量。

如果用横坐标表示潜在损失 q，用纵坐标表示风险发生的概率 p，就可以根据风险量函数，在坐标上标出各种风险事件的风险量的点，将风险量相同的点连接而成的曲线，称为等风险量曲线。当然，离原点越近的等风险量曲线上的点风险越小，反之越大。由此就可以将各种风险根据风险量排出大小顺序，作为风险决策的依据。

2. 风险损失的衡量

风险损失的衡量就是定量确定风险损失值的大小。对于建设工程风险损失来说，通常包括以下几个方面的损失：

（1）投资风险损失　它通常是由于法规、价格、汇率和利率等的变化或资金使用安排不当等风险事件所引起的实际投资超出计划投资的数额。因此，可以直接用损失的货币形式来表现，即损失额。

（2）进度风险损失　它通常是由于进度的拖延而导致的风险损失，虽然表现形式上属于时间范畴，但损失的实质是经济损失。具体由以下几个部分内容组成：

1）货币的时间价值。进度风险的发生可能会对现金流动造成影响，在利率的作用下，引起经济损失。

2）为赶上计划进度所需的额外费用，即通常所说的赶工费。通常包括加班的人工费、机械使用费、管理费、夜间施工照明费等一切因赶工而发生的非计划费用。

3）延期投入使用的收入损失。这种损失不仅仅是延期期间的收入损失，可能还由于产品投入市场过迟而失去商机，从而大大降低市场份额的损失。

（3）质量风险损失　质量风险导致的损失通常包括以下几个方面：

1）建筑物、构筑物或其他结构倒塌所造成的直接经济损失。

2）复位纠偏、加固补强等补救措施和返工的费用。

3）造成的工期延误的损失。

4）永久性缺陷对于建设工程使用造成的损失。

5）第三者责任的损失。

（4）安全风险损失　安全风险是由于安全事故所造成人身财产损失、工程停工等遭受的损失，还可能包括法律责任。具体包括以下几个部分：

1）受伤人员的医疗费用和补偿费用。

2）财产损失，包括材料、设备等财产的损失或被盗。

3）因工期延误而带来的损失。

4）为恢复建设工程正常设施所发生的费用。

5）第三者责任损失。

综上所述，不论是投资风险损失，还是进度风险损失、质量风险损失，或者是安全风险损失，最终都可以归结为经济损失。因此，损失的计量就是计算经济损失额。

3. 风险概率的衡量

与某结果相联系的概率是该结果发生的可能性，其概率在 0 ~ 1 之间变化。如果某一结果发生的可能性为 0，即该结果的发生概率为 0，因此该结果不可能发生；如果该结果发生的概率接近 1，则表明该结果很可能发生。依据主观判断而得出的概率称为主观概率，依据长期统计分析而得出的概率称为客观概率。在衡量建设工程风险概率时，通常有两种方法，一种是主要依据主观概率的相对比较法，一种是接近于客观概率的概率分布法。

（1）相对比较法　它是由美国的风险管理专家 Richard Prouty 提出的方法。这种方法是估计各种风险事件发生的概率，将其分为以下四种情况：

1）"几乎为零"：这种风险事件可认为不会发生。

2）"很小的"：这种风险事件虽然有可能发生，但现在没有发生并且将来发生的可能性也不大。

3）"中等的"：这种风险事件偶尔会发生，并且能预期将来有时会发生。

4）"一定的"：这种风险事件一直在有规律地发生，并且能够预期未来也是有规律地发生。因此可以认为风险事件发生的概率较大。

（2）概率分布法　概率分布表明每一种可能结果发生的概率。由于在构成概率分布所相应的时间内，每一项目的潜在损失的概率分布仅有一个结果能够发生，因此，各项目中的损失概率之和必然等于1。这样就可以通过潜在损失的概率分布，较为全面地衡量建设工程风险。

概率分布法的常见形式是建立概率分布表。建立时应参考相关的历史资料，依据理论上的概率分布，并借鉴其他的经验对自己的判断进行调整和补充。历史资料可以是外界资料，也可以是本企业历史资料。外界资料主要是保险公司、行业协会、统计部门等的资料。利用这些资料时应注意一点，那就是这些资料通常反映的是平均数字，且综合了众多企业或众多建设工程的损失经历，因而在许多方面不一定与本企业或本建设工程的情况相吻合，使用时必须作客观分析。本企业的历史资料比较有针对性，但应注意资料的数量可能偏少，甚至缺乏连续性，不能满足概率分析的需要。另外，在使用历史资料时必须注意其资料的背景。最后应当注意的一个问题是，必须结合拟建工程的特点来建立概率分布表。

9.3.2　风险评价

风险评价是指运用各种风险分析技术，用定量、定性或两者相结合的方式处理不确定的过程，其目的是评价风险的可能影响。风险分析与评价的方法有很多种，本书只简单介绍其中的几种。

1. 风险分析与评价的主要内容

通常对风险应从以下几个方面进行分析：

（1）风险存在和发生的时间分析　主要是分析各种风险可能在建设工程的哪个阶段发生，具体在哪个环节发生。

（2）风险的影响和损失分析　主要是分析风险的影响面和造成的损失大小。如通货膨胀引起物价上涨，就不仅会影响后期采购的材料、设备费支出，可能还会影响工人的工资，最终影响整个工程费用。

（3）风险发生的可能性分析　也就是分析各种风险发生的概率情况。

（4）风险级别分析　建设工程有许多风险，风险管理者不可能对所有风险采取同样的重视程度进行风险控制。这样做，既不经济，也不可能实现。因此，在实际中必须将各种风险进行严重性排队，只对比较严重的风险实施控制。

（5）风险起因和可控性分析　风险的起因是为预测、对策和责任分析服务的。而可控性分析主要是对风险影响进行控制的可能性和控制的成本的分析。如果是人力无法控制的风险，或控制成本十分巨大的风险，是不能采取控制的手段来进行风险管理的。

2. 风险分析与评价的主要方法

（1）专家打分法　专家打分法是向专家发放风险调查表，由专家根据经验对风险因素的重要性进行评价，并对每个风险因素的等级值进行打分，最终确定风险因素总分的方法。步骤如下：

1）识别出某一特定建设工程项目可能会遇到的所有风险，列出风险调查表。

2）选择专家，利用专家经验，对可能的风险因素的重要性 W 进行评价，确定每个风险因素的权重，以表征其对项目风险的影响程度。

3）确定每个风险因素发生可能性 C 的等级值，即可能性很大、比较大、中等、不大、较小五个等级，对应的分数为 1.0、0.8、0.6、0.4、0.2。由专家给出各个风险因素的分值。

4）将每项风险因素的权数与等级值相乘，求出该项风险因素的得分，即风险度 WC。再求出此工程项目风险因素的总分 $\sum WC$。总分越高，则风险越大。表 9-2 是一个风险调查表的简单示例。

表 9-2　风险调查表

可能发生的风险因素	权数 W	风险因素发生的可能性 C					WC
		很大 1.0	比较大 0.8	中等 0.6	不大 0.4	较小 0.2	
物价上涨	0.25	✓					0.25
融资困难	0.10		✓				0.08
新技术不成熟	0.15			✓			0.09
工期紧迫	0.20		✓				0.16
汇率浮动	0.30				✓		0.12
总分 $\sum WC$							0.70

利用这种方法可以对建设工程所面临的风险按照总分从大到小排队，从而找出风险管理的重点。这种方法适用于决策前期，因为决策前期往往缺乏建设工程的一些具体的数据资料，借助于专家的经验以得出一个大致的判断。

（2）蒙特卡罗模拟技术　又称为随机抽样技术或统计试验方法。应用蒙特卡罗技术可以直接处理每一个风险因素的不确定性，并把这种不确定性在成本方面的影响以概率分布的形式表示出来。蒙特卡罗模拟技术的分析步骤如下：

1）通过结构化方式，把已识别出来的影响建设工程项目目标的重要风险因素构造成一份标准化的风险清单。此清单应能充分反映出风险分类的结构和层次性。

2）采用专家调查法确定风险的影响程序和发生概率，编制出风险评价表。

3）采用模拟技术，确定风险组合。即对上一步专家的评价结果加以定量化。

4）通过模拟技术得到项目总风险的概率分布曲线。从曲线上可看出项目总风险的变化规律，据此可确定应急费用的大小。

（3）风险量函数　根据风险量函数，可以在坐标图上画出许多等风险量曲线，离坐标原点位置越近，则风险量越小。据此，将风险发生概率和潜在损失分别分为小（L）、中（M）、大（H）三个区间。由于风险量是发生概率与潜在损失两个参数的函数，因此，两两结合，就将等风险量图划分为 LL、ML、HL、LM、MM、HM、LH、MH、HH 九个区域。在这九个不同的区域中，有些区域的风险量是大致相等的，因此将风险量的大小分为五个等级，如图 9-3 所示，分别为：

1）很小（VL）。即发生概率和潜在损失均为小（LL）。

图 9-3　风险等级图

2）小（L）。即发生概率为中，但潜在损失为小（ML）；或发生概率为小，但潜在损失为中（LM）。

3）中等（M）。即发生概率和潜在损失均为中（MM）；或发生概率为大，但潜在损失为小（HL）；或发生概率为小，但潜在损失为大（LH）。

4）大（H）。即发生概率为中，但潜在损失为大（MH）；或发生概率为大，但潜在损失为中（HM）。

5）很大（VH）。即发生概率和潜在损失均为大（HH）。

9.4　建设工程风险对策

建设工程风险管理、风险处理的对策可以划分为两大类，一类是风险控制的对策，一类是风险的财务对策。也可将其划分为风险回避、损失控制、风险自留和风险转移四种。

9.4.1　风险回避

风险回避是指以一定的方式中断风险源，使其不发生或不再发生或不再发展，从而避免可能产生的潜在损失。这是属于风险控制对策的一种。回避风险的途径有两种：一种是拒绝承担风险，如了解到某种新设备性能不够稳定，则决定不购置此种设备。二是放弃以前所承担的风险，如发现由于市场环境的变化，使得正在建设的某个项目建成后将面临没有市场前景的风险，则决定中止项目，以避免后续的风险。

回避风险虽然是一种风险防范措施，但它是一种消极的防范手段。因为风险是广泛存在的，要想完全回避也是不可能的。而且很多风险属于投机风险，如果采用风险回避的对策，在避免损失的同时，也失去了获利的机会。因此，在采取这种对策时，必须对这种对策的消极性有一个清醒的认识。同时，还应当注意到这样一点，那就是当回避一种风险的同时，可能会产生另一种新的风险。例如在施工招标时，某施工单位害怕价报低了会亏损，于是决定回避这种风险，采用高价投标的策略。但是采用高价投标的策略的同时，它又会面临中不了标的风险。此外，在许多情况下，风险回避是不可能或不实际的。因为，工程建设过程中会面临许多风险，无论是业主还是承包商，或者是监理企业，都必须承担某些风险，因此，除了回避风险之外，各方都需要适当运用其他的风险对策。

9.4.2　损失控制

损失控制是一种积极主动的风险处理对策，实现的途径有两种，即预防损失和减少损失。预防损失措施的主要作用是降低或消除损失发生的概率，而减少损失措施的作用在于降低损失的严重性或遏制损失的进一步发展，使损失最小化。

在采用损失控制的对策时，应当注意两个方面的问题。一个是必须以定量风险评价的结果作为依据，因为只有这样才能确保损失控制措施具有针对性，也才能衡量取得的效果。另外一个就是一定要考虑损失控制措施的代价。因为，实施损失预防和减少的措施本身是要花费时间和成本的，如果代价高于风险发生的损失，当然就不应当采取损失控制的措施。因此，在选择控制措施时应当进行多方案的技术经济分析和比较，尽可能选择代价小且效果好的损失控制措施。

在采用损失控制的风险处理对策时，所制定的措施应当形成一个周密的损失控制计划系统。在施工阶段，该系统应当由预防计划、灾难计划和应急计划三部分组成。

1. 预防计划

预防计划是指为预防风险损失的发生而有针对性地制订的各种措施。它包括组织措施、技术措施、合同措施和管理措施。

组织措施是指建立损失控制的责任制度，明确各部门和人员在损失控制方面的职责分工和协调方式，以使各方人员都能为实施预防计划而认真工作和有效配合。同时建立相应的工作制度和会议制度；并可能包括必要的人员培训等。

管理措施，包括风险分离和风险分散。所谓风险分离，是指将各风险单位间隔开，以避免发生连锁反应或互相牵连。这种处理方式可以将风险局限在一定范围内，从而达到减少损失的目的。例如，在进行设备采购时，为尽量减少因汇率波动而导致的汇率风险，在若干个不同的国家采购设备，就属于风险分离的措施。所谓风险分散，是指通过增加风险单位以减轻总体风险压力，达到共同分摊集体风险的目的。如施工承包时，对于规模大、施工复杂的项目采取联合承包的方式就是一种分散承包风险的方式。

合同措施，包括选择合适的合同结构，每一合同的条款严密，且作出特定风险的相应规定，如要求承包商提供履约担保等。

技术措施是在建设工程施工过程中常用的预防措施，如在深基础施工时，作好切实的深基础支护措施。技术措施通常都要花费时间和成本方面的代价，必须慎重比较后作出选择。

2. 灾难计划

灾难计划是指预先制定的一组应对各种严重的、恶性的紧急事件发生时，现场人员应当采取的工作程序和具体措施。有了灾难计划，现场人员在紧急事件发生后，就有了明确的行动指南，从而不至于惊慌失措，也不需要临时讨论研究应对措施，也就可以及时、妥善地进行事故处理，减少人员伤亡及财产损失。

灾难计划是针对严重风险事件制订的，其内容应当满足以下要求：

1）安全撤离现场人员。

2）援救及处理伤亡人员。

3）控制事故的进一步发展，最大限度地减少资产和环境损害。

4）保证受影响区域的安全，尽快恢复正常。

灾难计划通常是在严重风险事件发生时或即将发生时付诸实施。

3. 应急计划

应急计划是在风险损失基本确定后的处理计划。其目的是要使因严重风险事件而中断的工程实施过程尽快全面恢复，并减少进一步的损失，将事故的影响降低到最小。

应急计划中不仅要制定所要采取的措施，而且还要规定不同工作部门的工作职责。其内容一般应包括：

1）调整整个建设工程的进度计划，并要求各承包人相应调整各自的进度计划。

2）调整材料、设备的采购计划，并及时与供应商联系，必要时，签订补充协议。

3）准备保险索赔依据，确定保险索赔额，起草保险索赔报告。

4）全面审查可使用资金的情况，必要时需调整筹资计划等。

9.4.3 风险自留

风险自留就是将风险留给自己承担。这种对策有时是无意识的，即由于管理人员缺乏风险意识、风险识别失误或评价失误，也可能是决策延误，甚至是决策实施延误等各种原因，都会导致没有采取有效措施防范风险，以致风险事件发生时，只好自己承担。但是风险自留有时是有计划的风险处理对策，它是整个建设工程风险对策计划的一个组成部分。这种情况下，风险承担人通常已做好了处理风险的准备。

有计划的风险自留，至少应当符合以下条件之一：

1）自留风险损失费用低于保险公司所收取的保险费用。

2）企业的期望损失低于保险人的估计。

3）企业的最大潜在或期望损失较小。

4）短期内企业有承受最大潜在或期望损失的经济能力。

5）投资机会很好。

6）内部服务或非保险人服务优良。

7）损失可以准确地预测。

计划性风险自留的计划性主要体现在风险自留水平和损失支付方式两个方面。所谓风险自留水平，是指选择哪些风险事件作为风险自留的对象。可以从风险量数值大小的角度进行考虑，选择风险量比较小的风险事件作为自留的对象。而且还应当从费用、期望损失、机会成本、服务质量和税收等方面与工程保险比较后再作出决定。所谓损失支付方式，就是指在风险事件发生后，对所造成的损失通过什么方式或渠道来支付。有计划的风险自留通常应预先制订损失支付计划。损失支付方式通常有以下几种：

1）设立风险准备金。风险准备金是从财务角度为风险作准备，在计划（或合同价）中另外增加一笔费用，专门用于自留风险的损失支付。

2）建立非基金储备。这种方式是指设立一定数量的备用金，但其用途不是专门用于支付自留风险损失的，而是将所有额外费用均包括在内的备用金。

3）从现金净收入中支出。这种方式是指在财务上并不对自留风险作任何特别的安排，在损失发生后从现金净收入中支出，或将损失费用记入当期成本。因此，此种方式是非计划性风险自留进行损失支付的方式。

9.4.4 风险转移

根据风险管理的基本理论，建设工程风险应当由各有关方分担。而风险分担的原则就是：任何一种风险都应由最适宜承担该风险或最有能力进行损失控制的一方承担。因此，风险转移成为建设工程风险管理中非常重要的并得到广泛应用的一项对策。其转移的方法有两种：保险转移和非保险转移。

1. 保险转移

保险转移就是保险，它是指建设工程业主、承包人或监理单位通过购买保险将本应由自己承担的工程风险转移给保险公司，从而使自己免受风险损失。保险这种风险转移方式之所以得到越来越广泛的运用，原因在于保险人较投保人更适宜承担有关的风险。对于投保人来说，某些风险的不确定性很大，因此，风险很大；但对于保险人来说，这种风险的发生则趋近于客观概率，不确定性大大降低，因此，风险降低。

当然，保险转移这种方式受到保险险种的限制。如果保险公司没有此种保险业务，则无法采用保险转移的方式。在工程建设方面，目前我国已实行了人身保险中的意外伤害保险、财产保险中的建筑工程一切险和安装工程一切险。此外，像职业责任保险对于监理工程师自身风险管理来说，也是非常重要的。

保险转移这种方式虽然有很多优点，但是缺点也是存在的。其中之一就是机会成本增加，再就是工程保险合同的内容较复杂，保险费没有统一固定的费率，需要根据特定建设工程的类型、建设地点的自然条件、保险范围、免赔额等加以综合考虑，因而保险谈判常耗费较多的时间和精力。此外，在进行工程投保以后，投保人可能麻痹大意而疏于制订损失控制计划，以致增加实际损失和未投保损失。

2. 非保险转移

非保险转移通常也称为合同转移。一般通过签订合同的方式将工程风险转移给非保险人的对方当事人。在实际中常见的非保险转移有以下三种：

（1）在承发包合同中将合同责任和风险转移给对方当事人　这种情况下，一般是建设单位将风险转移给承包单位。如签订固定总价合同将涨价风险转移给承包单位。不过，这种转移方式建设单位应当慎重对待，建设单位不想承担任何风险的结果将会造成合同价格的增高或工程不能按期完成，从而给业主带来更大的风险。由于建设单位在选择合同形式和合同条款时占有绝对的主导地位，更应当全面考虑风险的合理分配，绝不能够滥用此种非保险转移的方式。

（2）工程分包　工程分包是承包单位转移风险的重要方式。但采用此方式时，承包单位应当考虑将工程中专业技术要求高而自己缺乏相应技术的工程内容分包给专业分包单位，从而以更低的成本、更好的质量完成工程，此时，分包单位的选择成为一个至关重要的工作。

（3）工程担保　工程担保是指合同当事人的一方要求另一方为其履约行为提供第三方担保。担保方所承担的风险仅限于合同责任，即由于委托方不履行或不适当履行合同及违约所产生的责任。目前，工程担保主要有投标保证担保、履约担保和预付款担保三种。

1）投标保证担保，或称投标保证金，它是指投标人向招标人出具的，以一定金额表示的投标责任担保。常见的形式有银行保函和投标保证书两种。

2）履约担保是指招标人在招标文件中规定的要求中标人提交的保证履行合同义务的担保。常见的形式有银行保函、履约保证书和保留金三种。

3）预付款担保是指在合同签订以后，建设单位给承包单位一定比例的预付款，但需由承包单位的开户银行向业主出具的预付款担保。其目的是保证承包商能按合同规定施工，偿还建设单位已支付的全部预付款。

非保险转移的优点首先体现在可以转移某些不可保险的潜在损失，如物价上涨的风险；其次体现在被转移者往往能更好地进行损失控制，如承包商能较业主更好地把握施工技术风险。

9.4.5　风险对策决策过程

风险对策决策过程如图 9-4 所示。

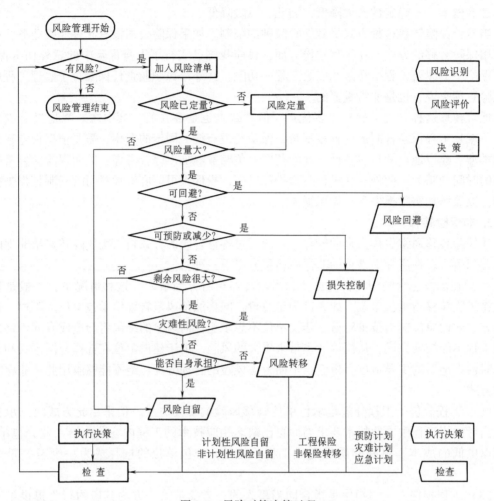

图 9-4　风险对策决策过程

复习思考题

1. 风险的最基本特征是什么？
2. 风险的种类有哪些？
3. 风险识别的方法有哪些？
4. 如何衡量风险的大小？
5. 举例说明何时宜采用风险回避对策？
6. 损失控制的途径有哪些？试举例说明。
7. 为什么要有计划地风险自留？
8. 保险转移有何优点？监理企业是否可以采用此对策转移风险？
9. 非保险转移的途径有几种？试举例说明。

第10章 建设工程信息管理与计算机辅助监理

10.1 信息管理概述

10.1.1 信息的基本概念

1. 信息的内涵

信息论的创始人申农认为，信息是对事物不确定性的量度。由于信息的客观存在，才有可能使人们由表及里、由浅入深地认识事物发展的内涵和规律，进而使人们在社会经济活动中作出正确而有效的决策。

建设工程信息是对参与建设各方主体（如业主、设计单位、施工单位、供货厂商和监理企业等）从事工程建设项目管理（或监理）提供决策支持的一种载体，如项目建议书、可行性研究报告、设计图及其说明、各种建设法规及建设标准等。在现代建设工程中，能及时、准确、完善地掌握与建设有关的大量信息，处理和管理好各类建设信息，是建设工程项目管理（或监理）的重要内容。

建设工程信息与建设工程的数据及资料等，既相联系，又有一定的区别。数据是反映客观事物特征的描述，如文字、数值、语言、图表等，是人们用统计方法经收集而获得的信息，是人们所收集的数据、资料经加工处理后，对特定事物具有一定的现实或潜在的价值，且对人们的决策具有一定支持的载体。因此，数据与信息的关系是：数据是信息的载体，而信息则是数据的内涵；只有当数据经加工处理后，具有确定价值而对决策产生支持时，数据才有可能成为信息，数据与信息的关系如图 10-1 所示。

图 10-1　数据与信息的关系

2. 信息的特点

由于建设工程及其技术经济的特点，使建设工程信息具有如下的性质：

（1）真实性 真实性是建设工程信息的最基本性质。如果信息失真，不仅没有任何可利用的价值，反而还会造成决策失误。

（2）时效性 时效性又称适时性。它反映了建设工程信息具有突出的时间性的特点。某一信息对某一建设目标是适用的，但随着建设进程，该信息的价值将逐步降低或完全丧失。因此，信息的时效性是反映信息现实性的关键，对决策的有效性产生重大的影响。

（3）系统性 信息本身需要全面地掌握各方面的数据后才能得到。因此，在工程实际中，不能片面地处理数据，片面地产生和使用信息，信息也是系统中的组成部分之一，必须用系统的观点来对待各种信息。

（4）不完全性 由于使用数据的人对客观事物认识的局限性，使得信息具有不完全性。

（5）层次性 信息对使用者是有不同的对象的，不同的管理需要不同的信息，因此必须针对不同的信息需求分类提供相应的信息。通常可以将信息分为决策级、管理级、作业级三个层次。

3. 建设工程信息的划分

为了便于建立建设工程监理信息系统，对建设工程信息可以按建设工程信息的性质、用途、载体和建设阶段等划分其类型。

（1）按建设工程信息的性质划分 建设工程可以划分为引导信息和辨识信息。

1）引导信息是用于指导人们的正确行为，以便有效地从事工程项目建设中的各种技术经济活动。引导信息包括施工方案、施工组织设计、工程建设计划、各种技术经济措施、各类建设指令、施工图样及设计更改通知、技术标准及规程等。

2）辨识信息是用于指导人们正确认识建设工程中各类事物的性能、特征和效果，如原材料、配构件、机械设备的出厂证明书；技术合格证书；试验检验报告；中间产品和最终产品的检查验收签证等。

对建设工程中的某些信息，如施工图样、技术方案既属于引导信息，又属于辨识信息。

（2）按建设工程信息的用途划分 建设工程信息可以划分为投资控制信息、进度控制信息、质量控制信息、合同管理信息、组织协调信息及其他用途的信息等。

1）投资控制信息包括：费用规划信息，如投资计划、投资估算、工程概（预）算等；实际费用信息，如各类费用支出凭证、工程量计算数据、工程变更资料、工程结算签证，以及物价指数，人工、材料、设备、机械台班使用费的市场信息价格等；投资控制的分析比较信息，如费用的历史经验数据、现行数据、预测数据及经济与财务分析的评价数据等。

2）进度控制信息包括：建设项目进度规划，如总进度计划、分目标进度计划、各建设阶段的进度计划、单项工程施工进度计划、资金及物资供应计划、劳动力及设备的配置计划等；工程实际进度的统计信息，如项目日志、实际完成工程量、实际完成工作量等；进度控制比较信息，如工期定额、实现指标等。

3）质量控制信息包括：建设项目实体质量信息，如质量检查数据、测试数据、隐蔽验收记录、质量事故处理报告，以及材料、设备质量证明及技术验证单等；建设项目的功能及使用价值信息，如有关标准和规范，质量目标指标，设计文件、资料说明等；建设项目的工作质量信息，如质量体系文件，质量管理工作制度，质量管理的考核制度，质量管理工作的组织制度等。

4）合同管理信息包括：合同管理法规，如《建筑法》《招标投标法》《合同法》等；建设工程合同文本，如勘察合同、设计合同、施工合同、采购合同等；合同实施信息，如合同执行情况、合同变更、签证记录、工程索赔等。

5）组织协调信息包括：建设进度调整及建设项目调整的指令；建设合同变更及其协议书；政府及主管部门对建设工程过程中的指令、审批文件；有关建设法规及技术标准等。

6）其他用途的信息是除上述五类用途的信息外，对建设工程决策提供辅助支持的某些其他信息，如工程中往来函件、国民经济计划执行中的有关资料、建设场地的有关资料等。

（3）按建设工程信息的载体划分　建设工程信息包括文字信息、语言信息、符号及图表信息、电视信息等。

（4）按建设工程阶段信息划分　建设工程信息包括投资前期的决策信息、设计信息、施工信息、招标投标信息及工程保修阶段的信息等。

通过对建设工程信息的分类，有利于充分地、合理地、有效地利用各种建设信息，以便对工程建设项目管理或建设工程监理提供可靠的决策支持。

10.1.2　建设工程信息管理

1. 建设工程信息管理的概念

建设工程信息管理是指在建设工程的各个阶段，对所产生的面向建设工程管理业务的信息进行收集、传输、加工、储存、维护和使用等的信息规划及组织管理活动的总称。信息管理的目的是通过有效的建设工程信息规划及其组织管理活动，使参与建设各方能及时、准确地获得有关的建设工程信息，以便为建设项目全过程或各个建设阶段提供建设项目决策所需要的可靠信息。

2. 建设工程信息管理的任务

监理工程师作为项目管理者，承担着项目信息管理的任务，具体包括：

1）组织项目基本情况信息的收集并系统化，编制项目手册。

2）项目报告及各种资料的规定。

3）按照项目实施、项目组织、项目管理工作过程建立项目管理信息系统流程，在实际工作中保证这个系统正常运行，并进行信息流控制。

4）文件档案管理工作。

10.1.3　信息管理系统

随着现代计算机科学技术的发展，信息管理技术也得到了突飞猛进的发展，而形成一门新兴的信息管理系统学科。

1. 信息管理系统的概念

信息管理系统主要是研究系统中信息传递的逻辑程序和信息处理的数学模型，并研究如何利用计算机来处理各类信息和描述数学模型的方法与手段，信息管理通过提供的多种信息管理方案并实施系统管理，能为决策者提供辅助决策支持。

建设工程信息管理系统是利用信息管理技术所开发的适用于对建设工程项目规划和建设目标控制的一种信息管理系统。一个完整的建设工程信息管理系统应该具有对建设目标控制、合同管理及信息管理提供辅助支持的功能，其系统结构如图 10-2 所示。

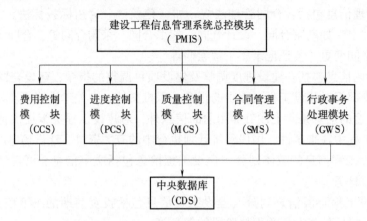

图 10-2　建设工程信息管理系统结构示意图

　　开发建设工程信息管理系统是一项复杂的系统工程活动。各参与工程项目的建设主体（即建设单位、承包单位、设计单位和监理单位），可以根据其自身对建设工程信息管理的要求、目的、用途等的不同，开发出具有不同功能、不同系统结构的建设工程信息管理系统，如设计单位可开发工程项目设计信息管理系统；施工单位可开发工程项目施工信息管理系统；监理企业可开发工程项目监理信息管理系统，以及适用于工程项目管理某方面管理任务需要的一些子系统，如费用、质量、进度等方面的信息管理系统。信息系统开发的一般程序如图 10-3 所示。

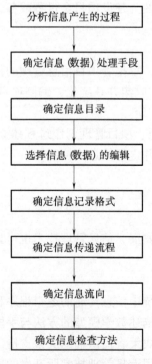

图 10-3　信息系统开发程序

2. 信息管理系统的设计原则

由于建设工程项目的特点及施工的技术经济特点，在对工程项目施工监理信息管理系统总体设计中，应遵循下述基本原则：

（1）科学性原则　系统总体设计除应符合建设工程项目施工的技术经济规律外，还应灵活地利用相关学科及技术方法，以便于开发建设工程项目施工监理的信息管理系统软件，为建设工程监理提供有效的服务。

（2）实用性原则　系统总体设计应以当前建设工程监理企业实际水平和能力出发，分步骤、分阶段加以实施。应力求简单，便于操作，有利于实际推广应用。

（3）数量化与模型化相结合的原则　系统总体设计应以数据处理和信息管理为基础，并配以适量的数学模型，包括工程施工成本、施工进度、施工质量与安全、消耗等方面的控制，以及对施工风险、施工效果等方面的评价，以实现数量化与模型化相结合的信息管理系统软件开发方向，为建设工程项目管理（或监理）提供计算机辅助的决策支持。

（4）独立性与组合性相结合的原则　系统总体设计应考虑到不同用户的要求，既要保持各子系统的相对独立性，以满足单一功能的推广应用；又要保持相关子系统的联系性，以便组成集成管理系统。

（5）可扩充性与可移置性相结合的原则　出于简单，系统总体设计主要是以单位工程施工监理为对象，开发的信息管理软件应能扩充到由各个单位工程组成的群体工程的施工监理方面；同时，还能移置到工程项目施工管理方面，以便为业主的项目管理和施工单位的项目管理服务。

3. 信息管理系统的功能

根据建设工程监理的目标及其任务要求，建设工程项目施工监理信息管理系统的功能主要有文档管理、数据加工处理、图表制作与输出、计划编制与控制、成本管理与控制、质量和安全管理与控制、施工风险分析、施工效果评价、合同与索赔管理及系统的输入与输出等。系统功能设计示意图如图 10-4 所示。

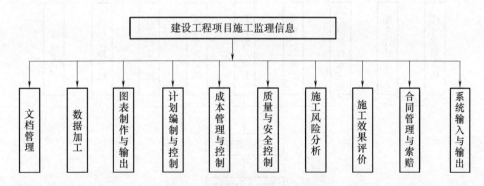

图 10-4　系统功能设计示意图

4. 信息管理系统结构

信息管理系统主要由文档管理子系统、数据库管理子系统、工程进度控制子系统、施工成本控制子系统、质量与安全管理子系统、合同管理子系统、资源管理子系统、风险管理子系统、施工效果评价子系统及人—机对话管理和操作人员总控等组成。各子系统涉及的有关模型，除通用模型包含在模型库内外，其余均包含在各子系统的运行程序中。图 10-5 为建设工程项目监理信息管理系统总体结构设计的示意图。

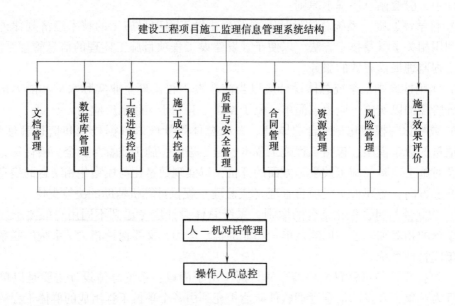

图 10-5　系统总体结构设计示意图

（1）文档管理子系统　本系统将由前述的九大类文档及其管理系统组成。文档管理子系统结构如图 10-6 所示。

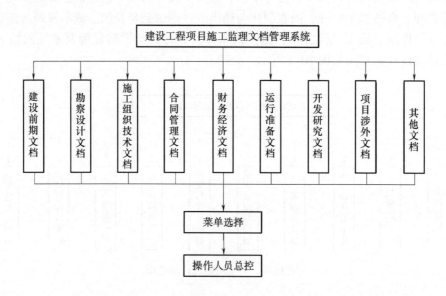

图 10-6　文档管理子系统结构示意图

各类文档的表格文件格式如表 10-1 所示。

表 10-1　各类文档的表格文件格式

序号	项目名称	项目代码	文件名称	文件代码	发文单位	发文日期	收文数量	收文日期	保存级别	入库日期	保管人员

注：1. 项目名称为各类文档的子项文档名称。

　　2. 保存级别分为 A 级（长期保存）和 B 级（有限期保存）。

（2）数据库系统结构　本系统可以建立三大类含 12 个子库的数据库系统，其结构如图 10-7 所示。

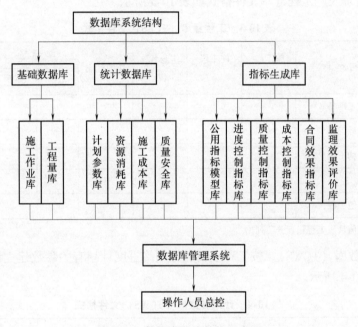

图 10-7　数据库系统结构示意图

1）施工作业库（TCWS）。施工作业库应参照建设项目划分的原则，以单位工程为对象划分为若干分部、分项工程，结合施工流水作业方案和工程施工控制点的设置，还应细分为若干施工层、施工段。施工作业库的库文件格式如表 10-2 所示。

表 10-2　施工作业库（TCWS）文件格式

序　号	项目名称	项目代码	施工层（K）	施工段（N）	作业名称（I）	作业代码
1	施工准备	CP –				
2	基础工程	BE –				
3	结构工程	CE –				
4	围护工程	PE –				
5	楼地面工程	FE –				
6	防水工程	WE –				

（续）

序　号	项目名称	项目代码	施工层 （K）	施工段 （N）	作业名称 （I）	作业代码
7	装饰工程	DE －				
⋮	⋮	⋮	⋮	⋮	⋮	⋮
M	其他工程	TE －				

注：有关参数赋值范围：项目容量 $M = 10 \sim 15$ 项；施工层 $K = 1 \sim 40$ 层；施工段 $N = 1 \sim 4$ 段；施工作业数 $I = 1 \sim 5$ 个。如结构工程某施工作业代码为 $CE － K － N － I$。

2）工程量库（TCES）。工程量库是按工程项目流水层和流水段的施工作业的实物工程量和价值工作量录入。工程量库文件格式如表 10-3 所示。

表 10-3　工程量库（TCES）文件格式

项目 代码	项目名称	施工层 （K）	施工段 （N）	作业名称 （I）	作业代码	实 物 量		价 值 量	
						单位	数量	单位	数量
CP －	施工准备								
BE －	基础工程								
CE －	结构工程								
⋮	⋮	⋮	⋮	⋮	⋮	⋮	⋮	⋮	⋮
TE －	其他工程								

注：实物量和价值量按工程预算分项列出。

3）计划参数库（TCWS）。按工程项目目标网络进度计划有关参数建立计划参数库。库文件格式如表 10-4 所示。

表 10-4　计划参数库（TCWS）文件格式

项目 代码	项目 名称	作业 代码	作业 名称	起始节点号	终止节点号	自由时差/天	总时差/天	关键节点		关键工作		非关键节点		非关键工作	
								节点号	节点工期/天	工作编号	持续时间/天	节点号	节点工期/天	工作编号	持续时间/天
…	…	…	…	…	…	…	…	…	…	…	…	…	…	…	…

注：1. 网络计划中的工作（或作业）由作业库提供。

2. 表中的时间参数均由目标网络计划提供。

3. 节点工期是指该节点实现的最迟时间。

还有其他几种数据库，如资源消耗库（ZXGS）、施工成本库（CCFS）、质量安全库（QTWS）、公用指标模型库（TDMS）、进度控制指标库（PCWS）、质量控制指标库（QC-WS）、成本控制指标库（FCWS）、合同效果指标库（SFWS）和监理效果评价库（SEWS）。

（3）建设工程项目监理信息管理系统运行　系统可以采用人—机对话和菜单选择两种方式来控制系统运行。各子系统具有相对的独立性，用户可根据自身的管理水平和技术装备能力，可以选择开发某单个子系统运行，如文档管理子系统；也可以选择开发几个子系统的组合系统运行，如进度、成本、质量控制的组合系统的开发运行等。建设工程项目监理信息管理系统运行如图 10-8 所示。

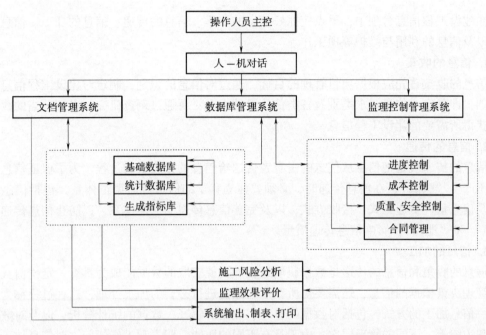

图 10-8 建设工程项目监理信息管理系统运行示意图

10.2 信息管理的内容、方法与手段

10.2.1 信息管理的内容

为了达到信息管理的目的，必须把握信息管理的各个环节，包括信息来源、信息分类、建立信息管理系统、正确应用信息管理手段、掌握信息流程的不同环节等。

信息管理系统的内部条件的前提是组织内部的管理工作必须具有良好的科学管理基础。信息管理系统的内部条件如表 10-5 所示。

表 10-5 信息管理系统的内部条件

内 部 条 件	具 体 内 容
组织内部职能分工的明确化	要明确每个职能部门的职责
日常业务的标准化	把管理工作中重复出现的业务，按照部门功能的客观要求和管理人员的长期经验，规定成标准的工作程序和工作方法，用制度把它们固定下来，成为行动的准则
报表文件的规范化	要设计一套统一的报表格式，避免各部门自行其事所造成的报表泛滥
数据资料的完整和代码化	组织所拥有的历史数据应该尽量完整，而且对一些不宜被计算机处理的数据进行编码

10.2.2 信息管理的方法

在建设工程信息管理中，重点应抓好信息的收集、信息的传递、信息的加工、信息的存储，以及信息的利用与维护等项工作。

1. 信息的收集

信息的收集首先应根据项目管理的目标，通过对信息的识别，制定对建设工程信息的需求规划，即确定对信息需求类别及各类信息量的大小；再通过调查研究，采用适当的收集方法来获得所需要的建设工程信息。

2. 信息的传递

信息的传递就是把信息从信息的占有者传送给信息的接收者的过程。为了保证信息传递不至于产生"失真"，在信息传递时，必须要建立科学的信息传递渠道体系，包括信息传递类型及信息量、传递方式、接收方式，以及完善信息传递的保障体系，以防止信息传递产生"失真"和"泄密"，影响信息传递质量。

3. 信息的加工

信息的收集和信息的传递是数据获取过程。要使获取的数据能成为具有一定价值且可以作为管理决策依据的信息，还需要对所获取的数据进行必要的加工处理，这种过程称为信息加工。信息加工的方式，包括对数据的整理、数据的解释、数据的统计分析，以及对数据的滤波和浓缩等。不同的管理层次，由于具有不同的职能、职责和工作任务，对信息加工的浓度也不尽相同。一般地，高层管理者要求对信息浓缩程度大，信息加工浓度也大；基层管理者对信息要求的细化程度高，对信息加工浓度较小。信息加工总原则是：由高层向低层对信息要求应逐层细化；由低层向高层对信息要求应逐层浓缩。

4. 信息的存储

信息存储的目的是将信息保存起来以备将来使用。对信息存储基本要求是应对信息进行分类、分目、分档有规律地存储，以便使用者检索。建设工程信息存储方式、存储时间、存储部门或单位等，应根据建设项目管理的目标和参与建设各方的管理体制水平而定。

5. 信息的使用与维护

信息的使用程度取决于信息的价值。信息价值高，使用频率高，如施工图样及施工组织设计这类信息。因此，对使用频率高的信息，应保证使用者易于检索，并应充分注意信息的安全性和保密性，防止信息遭受破坏。

信息维护是保持信息检索的方便性、信息修正的可扩充性及信息传递的可移置性，以便准确、及时、安全、可靠地为用户提供服务。

10.2.3 信息管理的手段

信息管理系统是对建设工程项目过程中信息流动的全过程管理的系统，对于大中型的项目，应该采用电子计算机辅助管理，其功能是收集、传递、处理、存储及分析项目的有关信息，供监理工程师作规划和决策时参考，以对项目的投资、进度、质量三大目标进行控制。

通过建立工程项目信息管理的过程，可以归纳出信息管理的主要手段，如图 10-9 所示。

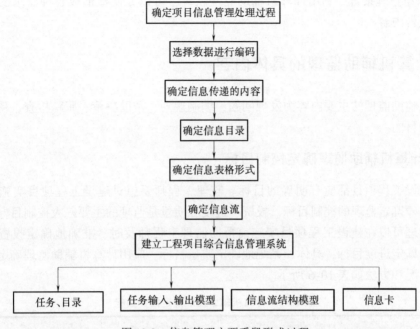

图 10-9　信息管理主要手段形成过程

10.3　计算机辅助监理概述

工程项目的投资、进度和质量控制是建设工程项目监理的三大基本目标。要实现对建设工程项目三大目标的控制，以及进行有效的合同管理，对工程项目的信息管理提出了更高的要求，即要快速、准确、有效地处理众多的建设工程信息，以便为目标管理者制定科学决策提供及时的支持。因此，国内外已开发出由计算机辅助的各种软件，作为工程项目监理人员从事建设工程项目监理的重要工具。

10.3.1　计算机辅助监理的意义

（1）计算机辅助监理是项目管理的需要　项目的信息量大，数据处理繁杂，应用计算机可以迅速、正确、及时地为监理提供信息，为决策服务。

（2）计算机辅助监理是项目监理业务的需要　高质量、高水平的建设工程监理离不开电子计算机。

（3）计算机辅助监理是对外开放的需要　监理项目有三资项目、国外贷款项目，将来还会有国外项目，而用计算机辅助监理则是国际上监理工程师的基本手段。

10.3.2　监理工作中的计算机辅助作用

（1）信息存储　利用计算机存储量大的特点，集中存储与项目有关的信息，以利于建设工程信息的储存。

（2）信息处理快速、准确　利用计算机速度快的特点，可以高速准确地处理项目监理所需的信息。

（3）快速整理报告　利用计算机辅助监理软件，可以方便地形成各种需求的报告，快速整理出报告内容。

10.4　计算机辅助监理的具体内容

计算机辅助监理的主要内容为发现问题、编制规划、帮助决策、跟踪检查，从而达到对工程控制的目的。

10.4.1　计算机辅助监理确定控制目标

任何建设工程项目都应有明确的目标。监理工程师要想对建设工程项目实施有效的监理，首先必须确定监理的控制目标。投资、进度和质量是监理的主要三大控制目标。应用计算机辅助监理可以在建设工程项目实施前帮助监理工程师及时、准确地确定投资目标；全面、合理地确定进度目标；具体、系统地确定质量目标。应用计算机辅助监理确定控制目标的内容、情况和方法如表 10-6 所示。

表 10-6　计算机辅助监理确定控制目标

控 制 内 容	目 前 情 况	控 制 方 法
及时、准确地确定投资目标	由设计单位根据定额来进行概预算，建设单位无自主权，带有笼统性	用计算机进行预决算，既快又准，避免了以往由设计单位进行预决算，最后造成预决算超预算、预算超概算的弊病
全面、合理地确定进度目标	1. 其目标为工期目标 2. 定额工期只能是客观控制 3. 没有经过合理工序比较 4. 施工单位组织管理的非科学性 5. 草率上马，导致工期延长	迫切需要计算机科学合理确定工期，实施进度目标控制
具体、系统地确定质量目标	质量目标 1. 脱离造价与工期 2. 笼统概括 3. 讲抽象概念	质量目标 1. 不能脱离造价与工期 2. 应具体明确，每个项目目标都应进行详细定义、说明 3. 需进行分解，不能只讲抽象概念

10.4.2　计算机辅助目标控制

1. 计算机辅助投资控制

（1）计算机辅助投资控制的内容　主要有以下三部分：

1）投资目标值的确定、分解和调整。

2）实际投资费用支出的统计分析与动态比较。

3）项目投资的查询及各种报表。

（2）投资控制系统功能模块　如图 10-10 所示。

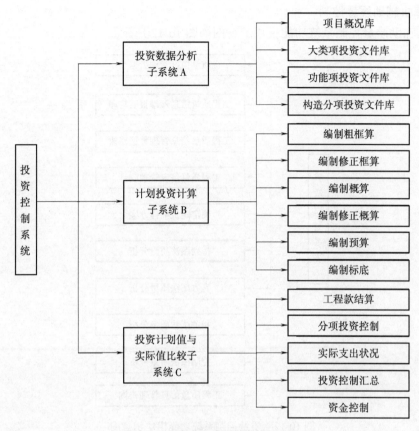

图 10-10　投资控制系统功能模块图

2. 计算机辅助进度控制

（1）计算机辅助进度控制的意义　归纳起来有三个方面：

1）通过计算机辅助进度控制可以确保总进度目标的完成，其具体内容包括：总进度目标的科学性取决于对目标计划值的合理确定；总进度目标实现的可能性在于对分阶段目标的最佳实现；及时调整进度目标是进度控制的核心。

2）通过计算机辅助进度控制可以实现项目实施阶段的科学管理，其具体内容包括：科学的计划管理、完善的现场管理、必要的风险管理。

3）对进度控制中突发事件能及时反映，能够迅速对进度进行调整，重新确定关键线路。

（2）进度控制系统的功能模块　如图 10-11 所示。

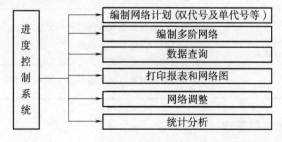

图 10-11　进度控制系统功能模块示意图

3. 计算机辅助质量控制

计算机辅助质量控制系统功能模块示意图如图 10-12 所示。

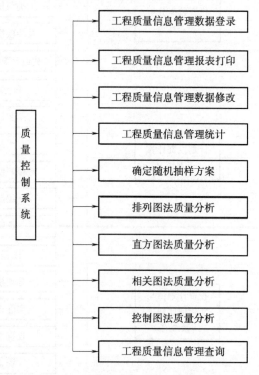

图 10-12 质量控制系统功能模块示意图

4. 计算机辅助合同管理

合同管理是监理工程师的一项重要工作内容。计算机辅助合同管理的功能如表 10-7 所示。

表 10-7 计算机辅助合同管理的功能

功　　能	属　　性	具 体 内 容
合同的分类登录与检索	主动控制（静态控制）	1. 合同结构模型的提供与选用 2. 合同文件、资料的登录、修改、删除等 3. 合同文件的分类、查询和统计 4. 合同文件的检索
合同的跟踪与控制	动态控制	1. 合同执行情况跟踪和处理过程的记录 2. 合同执行情况的打印报表等 3. 涉外合同的外汇折算 4. 建立经济法规库（国内经济法，国外经济法）

5. 计算机辅助现场组织管理

计算机辅助现场组织管理如图 10-13 所示。

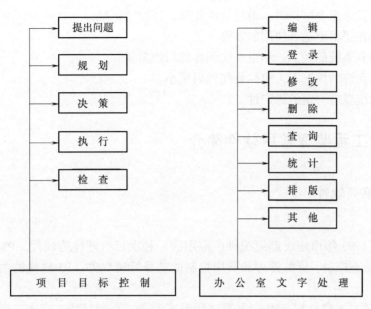

图 10-13　计算机辅助现场组织管理示意图

10.4.3　计算机辅助监理的编码系统

在建设工程监理过程中，监理工程师采用计算机辅助监理的编码系统，给查询文件档案和管理决策带来了方便。

1. 计算机辅助监理编码系统的意义

编码是指设计代码。而代码指的是代表事物名称、属性和状态的符号与数字，它可以大大节省存储空间，查找、运算、排序等也都十分方便。通过编码可以为事物提供一个精炼而不含混的记号，并且可以提高数据处理的效率。

2. 计算机辅助监理编码系统的编码方法与注意事项

（1）编码的方法　主要包括以下五种：

1）顺序编码：从 001 开始依次排下去，直至最后。

2）成批编码：从头开始，依次为数据编码，但在每批同类型数据之后留有一定余量，以备添加新的数据。

3）多面码：一个事物可能有多个属性，如果在码的结构中能为这些属性各规定一个位置，就形成了多面码。

4）十进制码：先把对象分成十大类，编以 0 ~ 9 的号码，每类中再分成十个小类，给以第二个 0 ~ 9 的号码，依次编下去。

5）文字数字码：用文字表明对象的属性，而文字一般用英语缩写或汉语拼音的字头。

（2）编码系统的注意事项　主要包括以下几个方面：

1）每一代码必须保证其所描述的实体是唯一的。

2）代码设计要留出足够的可扩充的位置，以适应新情况的变化。

3）代码应尽量标准化，以便与全国的编码保持一致，便于系统的开拓。

4）代码设计应该等长，便于计算机处理。

5）当代码长于五个字符时，最好分成几段，以便于记忆。

6）代码应在逻辑上适合使用的需要。

7）编码要有系统的观点，尽量照顾到各部门的需要。

8）在条件允许的情况下，应尽量使代码短小。

9）代码系统要有一定的稳定性。

10.5 建设工程监理常用软件简介

10.5.1 P3 系列软件

1. P3 软件

P3 软件是 1995 年由建设部组织推广应用的一种项目管理优秀软件。P3 主要是用于项目进度计划、动态控制、资源管理和费用控制的项目管理软件。P3 软件的主要内容包括以下几个方面。

（1）建立项目进度计划　P3 以屏幕对话形式设立一个项目的工序表，通过直接输入工序代码、工序名称、工序时间等完成对工序表的编辑，并自动计算各种进度参数，计算项目进度计划，生成项目进度横道图和网络图。

（2）项目资源管理、计划优化　P3 可以帮助编制工程项目的资源使用计划，并应用资源平衡方法对项目计划进行优化，包括资源一定的工期优化和工期一定的资源优化。

（3）项目进度的跟踪比较　P3 可以跟踪工程进度，随时比较计划进度和实际进度的关系，进行目标计划的优化。

（4）项目费用管理　P3 可以在任意一级科目上建立预算并跟踪本期实际费用、累计实际费用，给出完成的百分比、盈利率等，实现对项目费用控制。

（5）项目进展报告　P3 提供了 150 多个可自定义的报告和图形，用于分析反映工程项目的计划及其进展效果。

P3 还具有友好的用户界面，屏幕直观，操作方便；能同时管理多个在建项目；能处理工序多达 10 万个以上的大型复杂项目；具有与其他软件匹配的良好接口等优点。因此，P3 现已广泛应用于大型项目或施工企业的项目管理。

2. Sure Trak 软件

Sure Trak 软件又称为小 P3 软件，是 P3 系列软件之一。小 P3 软件是 Primavera 公司为了适用于中小型工程项目管理对 P3 软件简化而成。Sure Trak 软件具有 P3 软件 80% 的功能，但价格相对较低。项目施工现场若使用 Sure Trak 软件，通过 E-mail 电子邮件，能成功地实现工地与总部之间的数据交换，使总部 P3 软件能自动识别并接受 Sure Trak 的数据。

3. Expedition 软件

Expedition 软件也是 P3 软件系列中用于工程项目合同事务管理的软件，它有助于执行 FIDIC 合同条件。该软件的功能主要分为五大模块，即合同信息、通信、记事、请示与变更和项目概况。

合同信息模块：可以记录项目有关的合同、采购单、发票等，并能将上述文件中的费用分摊到费用计算表中。通过费用计算表，可以对项目的预算费用、合同费用和实际费用进行跟踪处理。

通信模块：可以对通信录、信函、收发文件录、会议记录、电话记录等内容进行记录、归类、事件关联等处理。

记事模块：可以对送审件、材料到货、日报登记、归类、检索等信息处理。

请示与变更模块：主要对整个变更过程中的往返函件进行自动关联与跟踪等。

项目概况模块：主要用于反映项目各方执行合同状态及项目的简要说明等。

10.5.2　Microsoft Project 系列软件

Microsoft Project 是由美国 Microsoft 公司推出的 Project 系列软件，专门用于工程项目管理的软件。

1. MS PROJECT 4.0 软件

20 世纪 80 年代末，Microsoft 公司开发用于 DOS 环境的 PROJECT 4.0，曾荣获美国八大优秀项目管理软件之一。该软件的主要功能有以下几个方面。

（1）编制进度计划　利用 MS PROJECT 4.0，操作者只需输入所要做的工作名称、工作持续时间和工作的逻辑关系，MS PROJECT 4.0 会自动计算各类进度时间参数，形成横道图进度计划，实现横道图计划与网络计划的相互转换。

（2）安排项目资源　MS PROJECT 4.0 可以给每种工作分配和安排所需资源，并利用资源均衡方法对计划进行自动调整。

（3）优化进度计划　利用 MS PROJECT 4.0 能方便地对计划进行分析、评价及调整，直至满足进度目标要求的优化进度计划。

（4）提供项目信息　MS PROJECT 4.0 能以多种方式提供项目状态及相关信息，通过屏幕图形变化，可以浓缩有关信息。

（5）进度跟踪比较　MS PROJECT 4.0 能迅速地计算出任何进度的变化，使用户掌握进度变化对项目总进度影响，以便及时调整计划，实现进度跟踪控制。

2. PROJECT 3.0 软件

Microsoft 公司于 1992 年推出的 PROJECT 3.0 软件也是用于工程项目进度计划管理的软件。该软件在 Windows 环境下，具有比 MS PROJECT 4.0 更强大的功能，操作更为简便。该软件具有 MS PROJECT 4.0 软件的全部功能，且还具有下列更为显著的功能。

1）PROJECT 3.0 可同时打开多个工程项目文件，在同一屏幕上同时显示多个不同的图表。

2）PROJECT 3.0 具有形成十几种不同形式的三维立体统计图形功能。

3）对计划动态跟踪简捷，调整方便。

4）PROJECT 3.0 操作均用鼠标，极其方便，且与其他软件接口能实现动态数据转换。

5）PROJECT 3.0 具有极大的容量，能满足大型工程项目进度管理的需要。其容量限制为：工序最多个数为 999 个；资源最多种数为 9999 个；同时打开工程项目（文件）个数为 20 个；每种资源最多可分配的工序为 10000 个；每道工序上最多可分配的资源数为 100 种；每个工序最多的紧前或紧后工作个数为 100 个。

10.5.3 监理通软件

监理通软件是由监理通软件开发中心开发。监理通软件开发中心是由中国建设监理协会和京兴国际工程管理公司等单位共同组建，于1996年成立。该软件目前包括七个版本：网络版、管理版、单机版、企业版、经理版、文档版和电力版。

1. 网络版

网络版在每个工作站上具有单机版的全部功能，同时数据库放在服务器上，实现各工作站上数据共享。服务器也可由一台档次较高的计算机代替。工作站与服务器连接方式有两种：工作站1～3与服务器的局域网连接方式（通过网络线），工作站4与服务器的广域网连接方式（通过电话线）。网络版适用于在较大工程上、多个专业的监理工程师共同输入数据，或在多个工地上输入数据，最终由该软件自动进行数据汇总分析。

2. 管理版

管理版的功能包括浏览工程信息（基本信息、工程照片、工程月报）、上传工程信息（基本信息、工程照片、工程月报）、工程信息删除（基本信息、工程照片、工程月报）、公司人员考勤管理、人员所在工程统计、工程人员分布统计、公司内部信息发布（可发布多媒体信息，如公司培训课程等）、合同信息（存档，查看）、公司人员信息管理统计（如公司人员学历、部门人数统计等，统计信息以图表形式动态显示）、甲方用户信息查看（甲方可以使用您为他建立的账号查看工程信息，仅限于自身工程）和系统远程管理。

3. 单机版

单机版涵盖了监理工作事前、事中、事后的"三控两管"全部内容，可以跨行业、跨地区使用。适用于现场只有一台计算机的情况。

10.5.4 斯维尔工程监理软件

该软件由深圳市清华斯维尔软件科技有限公司开发。软件功能包括：

1）工程项目管理：主要包括项目概况、项目组织情况、人员查询、项目地理信息、项目设计图浏览。

2）文档管理：主要包括文件收发、文件档案管理的全过程，并对工程监理中的建设函件（建筑施工函件、建筑监理函件、市政施工函件、市政监理函件）、监理相关文件及用户自定义报表进行管理。

3）合同管理：完成对合同基本索引情况的登记、合同全文录入（导入或扫描）、合同审查意见、执行情况、纠纷与索赔处理、修改与终止等的记录与管理。

4）组织协调：包括会议纪要、争议与分歧和监理程序流程查询。

5）质量控制：对设计、准备、施工、竣工、保养各个阶段的工程管理和分项工程工序质量控制。

6）投资控制：对各合同的合同价清单、费用计算、结算汇总、分项累计比较及月度费用偏差比较。

7）进度控制：对施工计划和实际施工进度信息编辑，用横道图、单代号图、双代号图来显示工程进度和进度调整。

8）系统设置：模板定制、维护，对整个系统中工程、代码、定额等基本信息进行预处理。

9) 数据通信：提供数据交换的方法，包括报盘、远程网络、Internet，交换的信息可由用户选择。

10) 辅助功能：用户管理、密码修改、系统日志、帮助、各种相关法律法规检索等功能。

10.5.5　PKPM 监理软件

PKPM 监理软件由中国建筑科学研究院建筑工程软件研究所开发，其主要功能包括：

1) 质量控制：提供质量预控库，辅助监理工程师完成质量控制，审批报表。

2) 进度控制：成熟的 PKPM 项目管理系统，可实现进度智能控制。

3) 造价控制：PKPM 监理软件提供工程款项支出明细表，并能通过实际与计划支付情况形成图形直观反映偏差。提供造价审核功能，完成预算审计工作，并能根据所报表格自动形成月支付统计表。能够对施工单位的月工程进度款、工程变更费用、索赔费用和工程款支付进行审批。

4) 合同管理：PKPM 监理管理软件提供合同备案管理功能。PKPM 监理管理软件可提供各种监理相关法律、法规。PKPM 监理管理软件提供合同预警设置，便于查阅合同到期及履行情况。

5) 资料管理：PKPM 监理管理软件结合现行的施工资料管理软件，快速、简单地完成资料的归档管理工作。PKPM 监理管理软件自动、智能生成监理月报。提供监理工作程序图，规范监理工作。提供监理日常工作所需功能，简化工作。

复习思考题

1. 信息的特点是什么？
2. 信息管理的作用有哪些？
3. 简述信息管理系统的功能。
4. 信息管理的方法有哪些？
5. 信息管理的手段有哪些？
6. 计算机辅助监理的内容有哪些？
7. 常见的计算机辅助监理软件有哪些？各自的优点有哪些？

第11章 建设工程监理组织业务管理

11.1 监理规划系列文件

建设工程监理规划是在总监理工程师组织下编制，经监理企业技术负责人批准，用来指导项目监理机构全面开展监理工作的指导性文件。监理规划的编制应针对项目的实际情况，明确项目监理机构的工作目标，确定具体的监理工作制度、程序、方法和措施，并应具有可操作性。建设工程监理大纲和监理细则是与监理规划相互关联的两个重要文件，它们与监理规划一起共同构成监理规划系列性文件。

11.1.1 监理大纲

监理大纲又称监理方案，它是监理企业在建设单位委托监理的过程中为承揽监理业务而编写的监理方案性文件。它的主要作用有两个：一是使建设单位认可大纲中的监理方案，从而承揽到监理业务；二是为今后开展监理工作制定方案。其内容应当根据监理招标文件的要求制定。通常包括的内容有：监理单位拟派往项目上的主要监理人员，并对他们的资质情况进行介绍；监理单位应根据建设单位所提供的和自己初步掌握的工程信息制定准备采用的监理方案（监理组织方案、各目标控制方案、合同管理方案、组织协调方案等）；明确说明将提供给建设单位的、反映监理阶段性成果的文件。项目监理大纲是项目监理规划编写的直接依据。

11.1.2 监理规划

监理规划是在总监理工程师主持下编制，经监理企业技术负责人批准，用来指导项目监理机构全面开展监理工作的指导性文件。监理规划是针对一个具体的工程项目编制的，主要是说明在特定项目的监理工作中做什么、谁来做、什么时候做、怎样做，即具体的监理工作制度、程序、方法和措施的问题，从而把监理工作纳入到规范化、标准化的轨道，避免监理工作中的随意性。它的基本作用是：指导的工程项目监理机构全面开展监理工作，为实现工程项目建设目标规划做好质量、进度和投资控制，做好合同、安全和信息管理，做好组织协调工作。监理规划是监理企业派驻现场的监理机构对工程项目实施监督管理的重要依据，也是业主确认监理机构是否全面履行建设工程监理合同的主要依据。

建设工程监理规划编制水平的高低，直接影响到该工程项目监理的深度和广度，也直接影响到该工程项目的总体质量。它是一个监理企业综合能力的具体体现，对开展监理业务有举足轻重的作用。所以要圆满完成一项建设工程监理任务，编制好建设工程监理规划就显得非常必要。

1. 监理规划编制的依据

监理规划涉及全局，其编制既要考虑工程的实际特点，考虑国家的法律、法规、规范，又要体现监理合同对监理的要求、施工承包合同对承包单位的要求。《建设工程监理规范》（GB 50319—2013）要求编制监理规划应依据：建设工程的相关法律、法规及项目审批文件；与建设工程项目有关的标准、设计文件、技术资料；监理大纲、委托监理合同文件，以及与建设工程项目相关的合同文件。具体化分解后，主要为以下几个方面：

（1）工程项目外部环境资料　包括以下几方面：

1）自然条件，如工程地质、工程水文、历年气象、地域地形、自然灾害等。这些情况不但关系到工程的复杂程度，而且会影响施工的质量、进度和投资。如在夏季多雨的地区进行施工，必须考虑雨期施工进行监理的方法、措施。在监理规划中要深入研究分析自然条件对监理工作的影响，给予充分重视。

2）社会和经济条件，如政治局势稳定性、社会治安状况、建筑市场状况、材料和设备厂家的供货能力、勘察设计单位、施工单位、交通、通信、公用设施、能源和后勤供应等。同样，社会问题对工程施工的三大目标也有着重要的影响。社会政治局势的稳定情况直接关系到工程项目能否顺利展开。如果工程中的大型构件、设备要通过运输进场，则要考虑公路、铁路及桥梁的承受力。而勘察设计单位的勘察设计能力、施工单位的施工能力及他们的易合作性，对监理工作起着很大的制约作用。设想，如果工程的承包单位能力很差，再强的监理单位也难以完成项目监理的目标。毕竟，监理单位不能代替承包单位进行施工。在监理单位撤换承包单位的建议被建设单位采纳后，势必又引发进场费与出场费的问题，对投资产生影响。

（2）建设工程方面的法律、法规　主要是指中央、地方和部门及工程所在地的政策、法律、法规和规定，建设工程的各种规范和标准。监理规划必须依法编制，要具有合法性。监理企业跨地区、跨部门进行监理时，监理规划尤其要充分反映工程所在地区或部门的政策、法律、法规和规定的要求。

（3）政府批准的建设工程文件　工程项目可行性研究报告、立项批文，规划部门确定的规划条件、土地使用条件、环境保护要求、市政管理规定等。

（4）工程项目相邻建筑、公用设施的情况　施工场地周围的建筑、公用设施对施工的开展有极其重要的影响。如在临近铁路的地方开挖基坑，对于维护结构的位移控制有严格要求，那么监理工作中位移监测的工作量就比较大，对监测设备的精度要求也很高。

（5）工程项目监理合同　监理单位与建设单位签订的工程项目监理合同明确了监理企业和监理工程师的权利和义务、监理工作的范围和内容、有关监理规划方面的要求等。

（6）与工程有关的设计合同、施工承包合同、设备采购合同等文件　建设工程项目的设计、施工、材料、设备等合同中明确了建设单位和承包单位的权利和义务。监理工作应该在合同规定的范围内，要求有关单位按照工程项目的目标开展工作。监理同时应该按照有关合同的规定，协调建设单位和设计、承包等单位的关系，维护各方的权益。

（7）工程设计文件等有关工程资料　主要有工程建设方案、初步设计、施工图设计等文件和工程实施状况、工程招标投标情况、重大工程变更、外部环境变化等资料。

（8）工程项目监理大纲　监理大纲是监理企业在建设单位委托监理的过程中为承揽监理业务而编制的监理方案性文件。监理大纲是项目监理规划编写的直接依据。监理规划要在监理大纲的基础上，进一步深化和细化。

2. 监理规划编制的原则

监理规划是指导监理机构全面工作的指导性文件。监理规划的编制一定要坚持一切从实际出发，根据工程的具体情况、合同的具体要求、各种规范的要求等进行编制。

（1）可操作性原则　作为指导项目监理机构全面开展监理工作的指导文件，监理规划要实事求是地反映监理企业的监理能力，体现监理合同对监理工作的要求，充分考虑所监理工程的特点，它的具体内容要适用于被监理的工程。绝不能照抄照搬其他项目的监理规划，使得监理规划失去针对性和可操作性。

（2）全局性原则　从监理规划的内容范围来讲，它是围绕着整个项目监理组织机构所开展的监理工作来编写的。因此，监理规划应该综合考虑监理过程中的各种因素、各项工作，尤其在监理规划中对监理工作的基本制度、程序、方法和措施要作出具体明确的规定。

但监理规划也不可能面面俱到。监理规划中也要抓住重点，突出关键问题。监理规划要与监理实施细则紧密结合。通过监理实施细则，具体贯彻落实监理规划的要求和精神。

（3）预见性原则　由于工程项目的"一次性""单件性"等特点，施工过程中存在很多不确定因素，这些因素既可能对项目管理产生积极影响，也可能产生消极影响，使工程项目在建设过程中存在很多风险。

在编制监理规划时，监理机构要详细研究工程项目的特点，承包单位的施工技术、管理能力，以及社会经济条件等因素，对工程项目质量控制、进度控制和投资控制中可能发生的失控问题要有预见性和超前的考虑，从而在控制的方法和措施中采取相应的对策加以防范。

（4）动态性原则　监理规划编制好以后，并不是一成不变。因为监理规划是针对一个具体工程项目来编写的，结合了编制者的经验和思想，而不同的监理项目的特点不同、项目的建设单位、设计单位和承包单位也各不相同，他们对项目的理解也各不相同。工程的动态性很强，项目动态性决定了监理规划具有可变性。所以，要把握好工程项目运行规律，随着工程建设项目的进展，要不断补充、完善、调整规划内容，使工程项目运行能够在规划的有效控制之下，最终实现项目建设的目标。

在监理工作实施过程中，如实际情况或条件发生重大变化，应由总监理工程师组织专业监理工程师评估这种变化对监理工作的影响程度，判断是否需要调整监理规划。在需要对监理规划进行调整时，要充分反映变化后的情况和条件的要求。新的监理规划编制好后，要按照原报审的程序经过批准后报告给建设单位。

（5）针对性原则　监理规划基本构成内容应当统一，但监理规划的具体内容应具有针对性。现实中没有完全相同的工程项目，它们各具特色、特性和不同的目标要求。而且每一个监理企业和每一个总监理工程师对一个具体项目的理解不同，在监理的思想、方法、手段上都有独到之处。因此，在编制项目监理规划时，要结合实际工程项目的具体情况及业主的要求，有针对性地编写，以真正起到指导监理工作的作用。也就是说，每一个具体的工程项目，不但有它自己的质量、进度、投资目标，而且在实现这些目标时所运用的组织形式、基本制度、方法、措施和手段都独具一格。

（6）格式化与标准化原则　监理规划要充分反映《建设工程监理规范》的要求，在总体内容组成上要力求与规范要求保持统一。这是监理规范统一的要求，是监理制度化的要求。在监理规划的内容表达上，要尽可能采用表格、图表的形式，以做到明确、简洁、直观，一目了然。

（7）分阶段编写原则　工程项目建设是有阶段性的，不同阶段的监理工作内容也不尽相同。监理规划应分阶段编写，项目实施前一阶段所输出的工程信息应成为下一阶段的规划信息，从而使监理规划编写能够遵循管理规律，做到有的放矢。

3. 监理规划的内容

建设工程监理规划是在建设工程监理合同签订后制定的指导监理工作开展的纲领性文件，它起着对建设工程监理工作全面规划和进行监督指导的重要作用。由于它是在明确监理委托关系及确定项目总监理工程师以后，在更详细掌握有关资料的基础上编制的，所以其内容与深度比建设工程监理大纲更为详细和具体。

建设工程监理规划应在项目总监理工程师的主持下，根据建设工程监理合同和建设单位的要求，在充分收集和详细分析研究建设工程监理项目有关资料的基础上，结合监理企业的具体条件编制。

建设工程监理企业在与建设单位进行建设工程监理委托谈判期间，就应确定建设工程监理的总监理工程师人选，并且该人应参与建设工程项目监理合同的谈判工作，在建设工程项目监理合同签订以后，项目总监理工程师应组织监理机构人员详细研究建设工程监理合同内容和工程项目建设条件，主持编制项目的监理规划。建设工程监理规划应将监理合同中规定的监理企业承担的责任及监理任务具体化，并在此基础上制定实施监理的具体措施。编制的建设工程监理规划，是编制建设工程监理细则的依据，是科学、有序地开展建设工程项目监理工作的基础。

建设工程监理是一项系统工程。既是一项"工程"，就要进行事前的系统规划和设计。监理规划就是进行此项工程的"初步设计"，各专业监理的实施细则则是此项工程的"施工图设计"。

《建设工程监理规范》规定的监理规划内容包括 11 个方面。

（1）工程概况　工程概况应包括以下内容：

1）工程项目简况，即项目的基本数据。如建设单位的名称、建设的目的、项目名称、项目的地点、相邻情况、总建筑面积、基础与围护的形式、主体结构的形式等。

2）项目结构图。以图表的形式表达出工程项目中建设单位、监理单位和承包单位的相互关系，以保证信息流通畅。

3）项目组成目录表。项目组成目录表要反映出工程项目组成及建筑规模、主要建筑结构类型等信息。

4）预计工程投资总额。工程项目投资总额、工程项目投资组成简表（列表表示）。

5）工程项目计划工期。工程项目计划工期可以以计划持续时间或以具体日历时间两种方法表示。如以持续时间表示，则为：工程项目计划工期为"×个月"或"××天"。如以具体日历时间表示，则为：工程项目计划工期由××××年×月×日到××××年×月×日。

6）工程项目计划单位和施工承包单位、分包单位情况（列表表示）。

7）其他工程特点的简要描述。

（2）监理工作范围、内容和目标　工程项目监理有其阶段性，应根据监理合同中给定的监理阶段、所承担的监理任务，确定监理范围和目标。一般工程项目分为立项、设计、招标、施工、保修五个阶段。建设单位委托监理企业进行监理工作的时段范畴、某个时段的内容范畴不尽相同。监理合同确定由监理企业承担的建设工程项目监理的任务，这个任务决定了监理的工作在时间上是从项目立项到维修保养期的全过程监理，还是仅仅是施工阶段的监理。如果是承担全部工程项目的建设工程监理任务，监理的空间范围为全部工程项目，否则应按监理合同的要求，承担工程项目的建设标段或子项目划分确定建设工程项目监理范围。

不同的监理项目，在项目的不同阶段，监理工作的内容也不完全相同。一般来说，在项目实施阶段，通常包括下述的内容。

1）工程项目立项阶段具体包括以下工作内容：

① 协助建设单位准备项目报建手续。

② 项目可行性研究。

③ 进行技术经济论证。

④ 编制工程建设估算。

⑤ 组织编写设计任务书。

2）设计阶段具体包括以下工作内容：

① 结合工程项目特点，收集设计所需的技术经济资料。

② 编写设计要求文件。

③ 组织设计方案竞赛或设计招标，协助业主选择勘测设计单位。

④ 协助建设单位拟订和商谈委托合同内容。

⑤ 向设计单位提供所需基础资料。

⑥ 配合设计单位开展技术经济分析，搞好方案比较，优化设计。

⑦ 配合设计进度，组织好设计与有关部门的协调工作，组织好设计单位之间的协调工作。

⑧ 参与主要设备、材料的选型。

⑨ 审核工程项目设计图、工程估算和概算、主要设备和材料清单。

⑩ 检查和控制设计进度及组织设计文件的报批。

3）施工招标阶段具体包括以下工作内容：

① 选择分析工程项目施工招标方案，根据工程的实际情况协助建设单位确定招标方式。

② 准备施工招标文件，向主管部门办理招标申请。

③ 参与编写施工招标文件。主要内容有工程综合说明；设计图及技术说明；工程量清单或单价表；投标须知；拟订承包合同的主要条款。

④ 编制标底，经建设单位认可后，报送所在地方建设主管部门审核。

⑤ 发放招标文件，进行施工招标，组织现场勘察与答疑会，回答投标者提出的问题。

⑥ 协助建设单位组织开标、评标和决标工作。

⑦ 协助建设单位与中标单位签订承包合同。承包单位的中标价格不是最后的合同价格，在承包单位中标后，监理企业要同建设单位一道与承包单位进行谈判，以确定合同价格。

⑧ 审查承包单位编写的施工组织设计、施工技术方案和施工进度计划，提出改进意见。

⑨ 审查和确认承包单位选择的分包单位。

⑩ 协助建设单位与承包单位编写开工报告，进行开工准备。

4）材料物资供应的监理。对业主负责采购供应的材料、设备等物资，监理的主要工作内容有：

① 制定材料物资供应计划和相应的资金需求计划。

② 通过质量、价格、供货期限、售后服务等条件的分析和比较，确定供应厂家。重要设备应访问现有用户，考察厂家质量保证体系。

③ 协助建设单位拟订并商签材料、设备的订货合同。

④ 监督合同的实施，确保材料设备的及时供应。

5）施工阶段监理。进行施工阶段的质量控制、进度控制、投资控制和安全管理。具体地说，大致包括以下几个方面：

① 督促检查承包单位严格依照工程承包合同和工程技术标准的要求进行施工。

② 检查进场的材料、构件和设备的质量，验看有关质量证明和质量保证书等文件。

③ 检查工程进度和施工质量，验收分部分项工程，并根据工程进展情况签署工程付款凭证。

④ 确认工程延期的客观事实，作出延期批准。

⑤ 检查工程安全管理体系的运行情况，对不执行安全法律法规标准的行为和安全隐患采取监理措施。

⑥ 调解建设单位和承包单位间的合同争议，对有关的费用索赔进行取证和督促整理合同文件和技术资料档案。

⑦ 组织设计单位与承包单位进行工程竣工初步验收，提出竣工验收报告。

⑧ 审查工程决算。

6）合同管理。建设工程项目监理的关键工作是合同管理，合同管理的好坏决定着监理工作的成败。在合同管理工作中有以下主要内容：

① 拟订监理工程项目的合同体系及管理制度，包括合同的拟订、会签、协商、修改、审批、签署、保管等工作制度及流程。

② 协助建设单位拟订项目的各类合同条款，并参与各类合同的商谈。

③ 合同执行情况的跟踪管理。

④ 协助建设单位处理与项目有关的索赔事宜及合同纠纷事宜。

7）监理工程师受建设单位委托，承担的其他管理和技术服务方面的工作。如为建设单位培训技术人员、水电配套的申请等。

监理工作目标包括总投资额、总进度目标、工程质量要求等方面。

1）投资目标。以年预算为基价，静态投资为万元（合同承包价为万元）。

2）工期目标。×个月或自××××年×月×日至××××年×月×日。

3）质量目标。工程项目质量等级要求，主要单项工程质量等级要求，重要单位工程质量等级要求。

（3）监理工作依据　通常来说，监理工作要依据下列文件进行：

1）建设工程监理合同。

2）建设工程施工合同等。

3）相关法律、法规、规范。

4）设计文件。

5）政府批准的建设工程文件等。

（4）监理组织形式、人员配备计划及监理人员岗位职责　具体如下。

1）项目监理机构的组织结构，是直线模式，还是职能制模式，或是矩阵制模式。总监理工程师的姓名、地址、电话及任务与责任，专业监理工程师的相关情况。

2）项目监理机构的人员配备计划应在项目监理机构的组织结构图中一道表示。对于关键人员，应说明他们的工作经历，从事监理工作的情况等。

3）根据监理合同的要求，结合《建设工程监理规范》的规定确定总监理工程师、专业监理工程师的岗位职责。

（5）监理工作制度　项目监理机构应根据合同的要求、监理机构组织的状况及工程的实际情况制定有关制度。这些制度应体现有利于控制和信息沟通的特点。既包括对项目监理机构本身的管理制度，也包括对质量、投资、进度三大目标控制，安全管理、合同管理、信息管理及组织协调方面的程序要求。项目监理机构应根据工程进展的不同阶段制定相应的工作制度。

1）立项阶段包括可行性研究报告评议制度，咨询制度，工程估算及审核制度。

2）设计阶段包括设计大纲、设计要求编写及审核制度，设计委托合同制度，设计咨询制度，设计方案评审制度，工程概预算及其审核制度，施工图审核制度，设计费用支付签署制度，设计协调会及会议纪要制度，设计备忘录签发制度。

3）施工招标阶段包括招标准备阶段的工作制度，编制招标文件有关制度，标底的编制及审核制度，合同拟订及审核制度和组织招标工作的有关制度。

4）施工阶段包括图纸会审及设计交底制度，设计变更审核处理制度，施工组织设计审核制度及工程开工申请审批制度，工程材料及半成品质量检验制度，隐蔽工程、分部分项工程质量验收制度及施工技术复核制度，单位工程和单项工程中间验收制度及技术经济签证制度，工地例会制度及施工备忘录签发制度，施工现场紧急情况处理制度及工程质量事故处理制度，工程款支付证书签审制度及工程索赔签审制度，施工进度监督及报告制度，工程质量检验方面的制度，投资控制方面的制度及工程竣工验收制度。

5）项目监理机构内部工作制度包括项目监理机构工作会议制度，对外行文审批制度，监理工作日志制度，监理周报和月报制度，技术经济资料及档案管理制度，项目监理机构监理费用预算制度，保密制度和廉政制度。

（6）工程质量控制　明确工程质量控制的目标、任务和各项控制措施。制定质量控制流程图，如图11-1所示。

（7）工程造价控制　明确工程造价控制的目标、任务和各项控制措施。制定造价控制流程图，如图11-2所示。

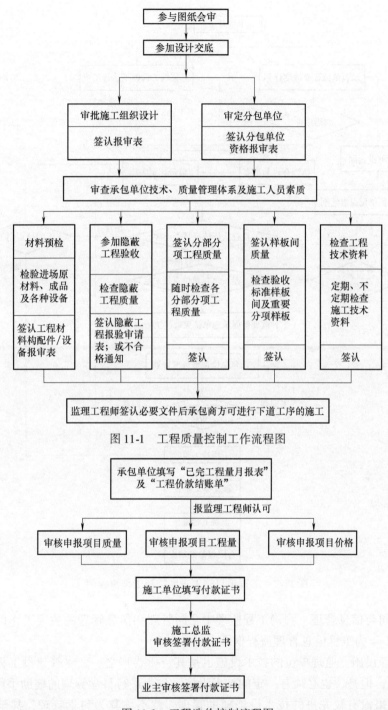

图 11-1　工程质量控制工作流程图

图 11-2　工程造价控制流程图

（8）工程进度控制　明确工程进度控制的目标、任务和各项控制措施。制定工程进度控制流程图，如图 11-3 所示。

（9）安全生产管理的监理工作　明确安全生产管理方面监理的目标、任务和各项控制措施。

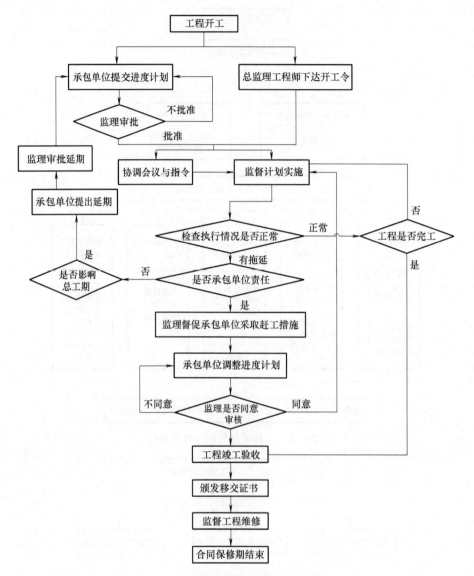

图 11-3 工程项目施工进度控制工作流程图

（10）合同与信息管理 明确工程监理中合同管理和信息管理的主要工作内容和各项控制措施。图 11-4 为工程信息管理流程框图。

（11）监理设施 监理单位的技术设施也是其资质要素之一。尽管建设工程监理是一门管理性的专业，但是，也必须有一定的技术设施，作为进行科学管理的辅助手段。在科学发达的今天，如果没有较先进的技术设施辅助管理，就不称其为科学管理，甚至就谈不上管理。何况，建设工程监理还不单是一种管理专业，还是必要的、验证性的、具体的建设工程实施行为。如运用计算机对某些关键部位结构设计或工艺设计的复核验算，运用高精度的测量仪器对建（构）筑物方位的复核测定，使用先进的无损探伤设备对焊接质量的复核检验等，借此作出科学的判断，加强对建设工程的监督管理。所以，对于监理企业来说，技术装备是必不可少的。综合国内外监理企业的技术设施内容，大体上有以下几项：

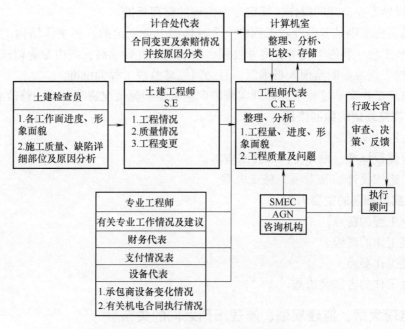

图 11-4　工程信息管理流通程序框图

1）计算机。主要用于电算、各种信息和资料的收集整理及分析，用于各种报表、文件、资料的打印等办公自动化管理，更重要的是要开发计算机软件辅助监理。

2）工程测量仪器和设备。主要用于对建筑物（构筑物）的平面位置、空间位置和几何尺寸及有关工程实物的测量。

3）检测仪器设备。主要用于确定建筑材料、建筑机械设备、工程实体等方面的质量状况。如混凝土强度回弹仪、焊接部件无损探伤仪、混凝土灌注桩质量测定仪，以及相关的化验、试验设备等。

4）交通、通信设备。主要包括常规的交通工具，如汽车、摩托车等；常用的通信设备，如电话机、传真机、传呼机、步话机等。装备这类设备主要是为了适应高效、快速现代化工程建设的需要。

5）照相、录像设备。工程建设活动是不可逆转的，而且就其中的产品（或叫过程产品）随着工程建设活动的进展，绝大部分被隐蔽起来。为了相对真实地记载工程建设过程中重要活动及产品的情况，为事后分析、查证有关问题，以及为以后的工程建设活动提供借鉴等，有必要进行照相或录像加以记载。

11.1.3　监理实施细则

监理实施细则是根据监理规划，由专业监理工程师编写，并经总监理工程师批准，针对工程项目中某一专业或某一方面监理工作的操作性文件。对中型及以上或专业性较强的工程项目，项目监理机构应编制监理实施细则。监理实施细则应结合工程项目的专业特点，做到详细具体、具有可操作性。

1. 监理实施细则的编制原则

1）监理实施细则应根据监理规划的总要求，分阶段编写，在相应工程施工开始前编制完成，用于指导专业监理的操作，确定专业监理的监理标准。

2）监理实施细则是专门针对工程中一个具体的专业制定的，如主体结构工程、电气工程、给水排水工程、装修工程等，专业性强，编制的深度要求高，应由专业监理工程师组织项目监理机构中该专业的监理人员编制，且必须经总监理工程师批准。

3）在监理工作实施过程中，监理实施细则应根据实际情况进行补充、修改和完善。

2. 监理实施细则的编制依据

1）已批准的监理规划。

2）工程建设标准、设计文件和技术资料。

3）施工组织设计和（专项）施工方案。

3. 监理实施细则的主要内容

1）专业工程的特点。

2）监理工作的流程。

3）监理工作要点。

4）监理工作的方法及措施。

11.1.4 监理大纲、监理规划、监理细则之间的关系

项目监理大纲、监理规划、监理细则是相互关联的，它们都是构成项目监理规划系列文件的组成部分，它们之间存在着明显的依据性关系。在编写项目监理规划时，一定要严格根据监理大纲的有关内容来编写；在制定项目监理细则时，一定要在监理规划的指导下进行。

通常监理企业开展监理活动应当编制以上系列监理规划文件。但这也不是一成不变的，就像工程设计一样，对于简单的监理活动只编写监理细则就可以了，而有些项目也可以制定较详细的监理规划，而不再编写监理细则。

11.2 监理工地例会及监理月报

11.2.1 监理工地例会

1. 工地例会的形式及内容

工地例会在 FIDIC 中未有规定，但在国际及国内施工监理活动中已经形成一种工作制度。这个制度的核心是合同中涉及的三方一起进行工作协调，以便沟通信息、落实责任、相互配合。

（1）工地例会的形式 工地例会可根据会议召开的时间、内容及参加人员的不同，可分为第一次工地会议、工地例会和现场协调会等三种形式。

（2）工地例会的内容 具体如下。

1）第一次工地会议。第一次工地会议亦是工地例会，因为本次会议特别重要，所以突出其名为"第一次工地会议"。开好第一次工地会议，对理顺三方联系、明确办事程序特别重要，为此在例会召开之前各方应充分准备。同时，第一次工地会议宜在正式开工之前召开，并应尽可能地早期举行。第一次工地会议包括以下一些主要内容。

①介绍人员及组织机构。建设单位代表应就实施工程项目期间的职能机构、职责范围

及主要人员名单提出书面文件，就有关细节作出说明。总监理工程师向监理工程代表及高级驻地监理工程师授权，并声明自己仍保留哪些权力；将书面授权书、组织机构框图、职责范围及全体监理人员名单提交承包单位并报业主。承包单位应书面提出工地代表（项目经理）授权书、主要人员名单、职能机构、职责范围及有关人员的资质材料，以取得监理工程师的批准；监理工程师应在本次会议中进行审查并口头予以批准（或有保留的批准），会后正式予以书面确认。

② 介绍施工进度计划。承包单位的施工进度计划应在中标通知书发出后合同规定的时间内提交监理工程师。在第一次工地例会上，监理工程师应就施工进度计划作出说明：包括施工进度计划可于何日批准或哪些分部已获批准；根据批准或将要批准的施工进度计划，承包单位何时可以开始哪些工程施工，有无其他条件限制；有哪些重要的或复杂的分部工程还应单独编制进度计划提交批准。

③ 承包单位陈述施工准备。承包单位应就施工准备情况按如下主要内容提出陈述报告，监理工程师应逐项予以澄清、检查和评述：主要施工人员（含项目负责人、主要技术人员及主要机械操作人员）是否进场或将于何日进场，并应提交进场人员计划及名单；用于工程的进口材料、机械、仪器和设施是否进场或将于何日进场，是否将会影响施工，并应提交进场计划及清单；用于工程的本地材料来源是否落实，并应提交材料来源分布图及供料计划清单；施工驻地及临时工程建设进展情况如何，并应提交驻地及临时工程建设计划分布和布置图；施工测量的基础资料是否已经落实并经过复核，施工测量是否进行或将于何日完成，并应提交施工测量计划及有关资料；履约保函和动用预付款保函及各种保险是否已经办理或将于何日办理完毕，并应提交有关已办手续的副本；为监理工程师提供的住房、交通、通信、办公等设备及服务设施是否具备或将于何日具备，并应提交有关计划安排及清单；其他与开工条件有关的内容及事项。

④ 建设单位说明开工条件。建设单位代表应就工程占地、临时用地、临时道路、拆迁及其他与开工条件有关的问题进行说明；监理工程师应根据批准或将要批准的施工进度计划内的安排，对上述事项提出建议及要求。

⑤ 明确施工监理例行程序。监理工程师应沟通与承包单位的联系渠道，明确工作例行程序，并提出有关表格及说明：包括质量控制的主要程序、表格及说明；施工进度控制的主要程序、图表及说明；计量支付的主要程序、报表及说明；延期与索赔的主要程序、报表及说明；工程变更的主要程序、图表及说明；工程质量事故及安全事故的报告程序、报表及说明；函件的往来传递交接程序、格式及说明；确定工地例会的时间、地点及程序。

2）工地例会。工地例会应在开工后的整个施工活动期内定期举行，宜每月召开一次，其具体时间间隔可根据施工中存在问题的程度由监理工程师决定。例会中如出现延期、索赔及工程事故等重大问题，可另行召开专门会议协调处理。工地例会应由总监理工程师主持。会议参加者应为高级驻地监理工程师及有关助理人员；承包单位的授权代表、指定分包单位及有关助理人员；建设单位代表及有关助理人员。

例会应按既定的例行议程进行，一般应由承包单位逐项进行陈述并提出问题与建议；监理工程师应逐项组织讨论并作出决定或决议的意向。会议一般应按以下议程进行讨论和研究：

① 确认上次记录。可由监理工程师的记录人对上次会议记录证询意见并在本次会议记录中加以修正。

② 审查工程进度。主要是关键线路上的施工进展情况及影响施工进度的因素和对策。

③ 审查现场情况。主要是现场机械、材料、劳力的数额，以及对进度和质量的适应情况并提出解决措施。

④ 审查工程质量。主要应针对工程缺陷和质量事故，就执行标准、控制施工工艺、检查验收等方面提出问题及解决措施。

⑤ 审查工程费用事项。主要是材料设备预付款、价格调整、额外的暂定金额等发生或将发生的问题及初步的处理意见或意向。

⑥ 审查安全事项。主要是对发生的安全事故或隐藏的不安全因素，以及对交通和民众的干扰提出问题及解决措施。

⑦ 讨论施工环境。主要是承包单位无力防范的外部施工阻扰或不可预见的施工障碍等方面的问题及解决措施。

⑧ 讨论延期与索赔。主要是承包单位提出延期或索赔的意向，进行初步的澄清和讨论，另按程序申报并约定专门会议的时间和地点。

⑨ 审议工程分包。主要是对承包单位提出的工程分包的意向进行初步审议和澄清，确定进行正式审查的程序和安排，并解决监理工程师已批准（或批准进场）分包中管理方面问题。

⑩ 其他事项。

3）现场协调会。在整个施工活动期间，应根据具体情况定期或不定期召开不同层次的施工现场协调会。会议只对近期施工活动进行证实、协调和落实，对发现的施工质量问题及时予以纠正，对其他重大问题只是提出而不进行讨论，另行召开专门会议或在工地例会上进行研究处理。会议应由总监理工程师主持，承包单位或代表出席，有关监理及施工人员可酌情参加；现场协调会有这样一些内容：

① 承包单位报告近期的施工活动，提出近期的施工计划安排，简要陈述发生或存在的问题。

② 监理工程师就施工进度和施工质量予以简要评述，并根据承包单位提出的施工活动安排，安排监理人员进行旁站监理、工序检查、抽样试验、测量验收、计量测算、缺陷处理等施工监理工作。

③ 对执行施工合同有关的其他问题交换意见。

2. 工地例会的目的

把握住不同形式会议要达到的目的，是开好会议的关键。

1）第一次工地例会的目的在于监理工程师对工程开工前的各项准备工作进行全面的检查，确保工程实施有一个良好的开端。

2）工地例会的目的在于，监理工程师对工程实施过程中的进度、质量、费用的执行情况进行全面检查，为正确决策提供依据，确保工程顺利进行。

3）现场协调会的目的在于，监理工程师对日常或经常性的施工活动进行检查、协调和落实，使监理工作和施工活动密切配合。

11.2.2　监理日志

1. 监理日志的作用

1）监理日志是项目监理活动最真实的记录。一旦项目建设中建设单位与承建单位之间对质量、进度、费用等问题产生异议、争议、争端时，必然要追溯监理活动记录，以求证明。此时，总监、专业监理工程师和监理员的监理日志将是必不可少的证明材料。同时，监理日志是监理活动最原始的一线记录，其他报表、文件资料或多或少都经过加工整理。不同程度地降低了对施工与监理活动的原汁原味的反映。有时工程争议往往只有在监理日志中才能找到判证线索。

2）监理日志是项目监理人员对施工活动最全面的监控记录。项目总监的日志记录项目监理及施工组织的重要活动；监理工程师记录本专业的监控内容；监理员记录各自对施工一线监控活动的内容。这样自然形成了由上而下，由粗到细的监理活动记录网络系统。将各级监理人员的日志综合起来，便形成一套详尽的反映监理活动最全面的记录档案。这一作用，是其他监理活动的指导性文件所不具备的。

3）监理日志是反映监理工作水平的窗口。从监理日志中可以看出一个监理人员的技术素质和业务水平，也可反映出监理企业的整体管理水平。因为在施工过程中当一个问题出现后，分析是否合理，判断是否正确，处理是否得当，效果是否良好，只要日志如实记载，均可在其中找到答案。

4）监理日志是对承建单位施工活动监控的客观记录（尤其是监理员的记录）。通过它可以反映出承建单位的技术水平、管理水平及信誉度。因此，监理日志可对承建商的合理评价及以后项目建设中对承建单位的选择提供依据。

2. 监理日志记录的方法

作为监理日志，为了担负起充当监理历史档案资料的重任。监理日志记录的方法，应重视以下几点：

1）凡是主要事件、重大的施工活动，在其他技术资料中未记录的均应记录上去。

2）监理日志必须每天记录，不得间断，停工应记录停工原因、停工时间、复工时间。

3）监理日志最好按专业分项，一个专业设立一本，由专业监理工程师填写，应该真实、准确、全面且简要地记录与工程相关的问题，所用词语专业、规范、严谨。把监理工作中所关注的内容，即所发生的问题、解决的问题都记录下来，这样不仅有利于资料查找，而且有利于建设单位更好地了解监理工作的服务内容与监理工作业绩，从而更好地支持监理工作。

3. 监理日志的主要内容

1）日期、气象（天气、风力、温度、雨量等）。监理日志中往往只记录时间，而忽视了气象记录的准确性与工程质量的直接关系，因为在浇筑混凝土时，混凝土养护、早期强度、拆模强度等施工活动均与气温、风力、雨量有着密切的关系，同时大雨会影响深基坑施工等，所以必须把气象情况记录得清楚、详细。

2）施工情况概述。工程进度、施工人员分布、操作部位、形象进度情况、合理化建议等情况均应作记录。

3）隐蔽工程施工的检验情况。

4）工程质量情况。施工质量存在的问题及如何解决、整改（处理各类事故人员名单）。监理日志记录的质量问题，要记录整改情况、整改验收是否符合要求、参加验收的人员情况，前因后果都要记录清楚，以便追溯。

5）各种见证检验、平行检验、文件验证、抽检试验情况。

6）砂浆、混凝土试块的制作、测试情况。

7）当天协调的问题，是否有结果。

8）工地材料、设备进场及检验情况（对不符合要求的要明确记录）。

9）工地例会记录（简况）。

10）工地一般情况的简单记录。

11）审阅记录。

监理日志写好后，总监理工程师应该及时抽查、审阅，做到心中有数，以便更好地组织监理人员进行监理工作。

11.2.3 监理月报

监理工程师应根据工程进展情况、存在的问题，每月以报告书的格式向建设单位和上级监理部门报告，此即监理月报。月报所陈述的问题仅指已存在的或将对工程费用、质量、安全及工期产生实质性影响的事件，报告使建设单位及上级监理部门能对工程现状有一个比较清晰的了解。报告书中对进度比原定计划落后的分部分项工程，应说明延迟的原因以及为挽回这种局面已采取或将要采取的措施。月报还应报告承包单位主要职员和监理工程师职员的变动情况，已完成的主要工程分项和细目等。

施工阶段的监理月报应包括以下内容：

1）本月工程概况。

2）本月工程形象进度。

3）工程进度。本月实际完成情况与计划进度比较和对进度完成情况及采取措施效果的分析。

4）工程质量。本月工程质量情况分析和本月采取的工程质量措施及效果。

5）工程计量与工程款支付。工程量审核情况，工程款审批情况及月支付情况，工程款支付情况分析以及本月采取的措施及效果。

6）工程安全。本月工程安全施工情况分析，安全隐患的情况，本月采取的安全监理措施及效果。

7）合同其他事项的处理情况。工程变更、工程延期、费用索赔。

8）本月监理工作小结。对本月进度、质量、工程款支付等方面情况的综合评价，本月监理工作情况，有关对本工程的意见和建议。

9）下月监理工作的重点。

11.2.4 监理工作制度

1. 图纸会审及设计交底制度

1）工程项目必须在开工前及时地进行图纸会审和设计技术交底，各专业监理人员必须参加。

2）项目监理组织接到施工图后，立即组织各专业监理技术人员熟悉设计意图和施工图内容，并认真做好记录。

3）经与建设单位、施工单位协商确定图纸会审时间后，书面通知设计单位、建设单位、施工单位、质量监督站等有关部门参加。

4）监理人员应认真记录图纸会审内容。对有关单位提出的疑问中的要求，应得到设计单位的明确答复，不能明确答复的要确定答复时间，在答复期限内设计单位应提交正式答复文件。

5）图纸会审后 3 天内，监理人员应将图纸会审记录以书面形式一式三份发至各有关单位。

2. 施工组织设计（方案）审核制度

1）施工组织设计审核程序

① 施工单位必须完成施工组织设计的编制及自审工作，并填写施工组织设计（方案）报审表，报送项目监理机构。

② 总监理工程师应在约定时间内，组织专业监理工程师审查，提出审查意见后，由总监理工程师审定批准；需要施工单位修改时，由总监理工程师签发书面意见，退回施工单位修改后再报审，总监理工程师应重新审定。

③ 已审定的施工组织设计由项目监理机构报送建设单位。

④ 施工单位应按审定的施工组织文件组织施工。如需对其内容作较大变更，应在实施前将变更内容书面报送项目监理组重新审定。

2）监理工程师应督促施工单位在开工前 15 天提交施工组织设计或施工方案。

3）项目总监理工程师接到施工组织设计之日起 3 天内，组织各专业监理工程师认真审核，就其可行性、合理性及经济性提出具体意见后报总监理工程师审批。

4）经总监理工程师复审后，以书面形式正式答复，并签发给施工单位。

3. 工程开工申请审批制度

1）工程动工前的检查工作：施工现场"三通一平"情况，施工设备、机（器）具、工程设备、材料进场情况，材料堆放、材料加工场地准备情况，施工技术、管理人员及上岗工人进场情况，工程放线测量记录中的坐标、标高、高程及有关尺寸的检查、复核工作情况。

2）工程项目开工前，总监理工程师应组织专业监理工程师审查施工单位报送的施工组织设计（方案）报审表，提出审查意见，并经总监理工程师审核、签认后报建设单位。

3）专业监理工程师应按以下要求对施工单位报送的测量放线控制成果及保护措施进行检查，符合要求时，专业监理工程师对施工单位报送的施工测量成果报验申请表予以签认。

① 检查施工单位专职测量人员的岗位证明及测量设备检定证书。

② 复核控制桩的校核结果，控制桩的保护措施以平面控制网、高程控制和临时水准点的测量成果。

4）组织有关单位参加图纸会审和技术交底，签发经有关单位签名的图纸会审记录和技术交底记录。

5）审核工程材料、设备等报验申请，到现场检查工程材料、设备的型号、规格、数量、出厂合格证、质量检验证明及有关技术文件等，将检查审核结果报告项目总监理工程师。

6）项目总监理工程师审批并签发工程开工报告，并报送建设单位。

4. 材料和半成品质量检查验收制度

1）为了确保工程建设监理中的质量检测管理，确保建设工程中涉及安全结构的试块、试件以有关材料取样送检的准确性和真实性，有必要制定材料和半成品质量检查验收制度。

2）凡属于监理的有关工程涉及结构安全的主要建材（包括水泥、砂、石、混凝土及砂浆配合所使用的各种材料、钢材及接头、砖和高强度螺栓等）和施工现场制度。

3）见证取样送检是施工单位委派的送检员在建设单位或监理单位授权的见证人见证的

情况下，按有关技术标准（规定），从检验（测）对象中抽取试验样品，共同送到质监站（或法定检测单位），送检人和见证人对试件的代表性和取样送检的真实性负责。

4）每次监督取样送检的见证人，由经该工程的建设单位或监理单位书面授权的人员担任，并应保持见证人的相对稳定。见证人应熟悉掌握各类建材和混凝土、砂浆、硫黄胶泥等试样的送检方法。

5）建设项目监理见证人见证送检时，需出示见证员证，并办理有关见证手续。

6）凡受监督的工程，应见证取样，送检而无见证的送试样，其检验（测）报告不能作为有效的工程竣工验收资料。

7）监理、施工的有关人员，不论以任何形式弄虚作假或玩忽职守的，按有关规定严肃处理。

5. 隐蔽工程、分项（部）工程质量验收制度

1）施工单位完成隐蔽工程作业并自检合格后，应填写隐蔽工程报验申请表，报送项目监理组。经检验合格，监理人员应签认隐蔽工程报验申请表，施工单位方可进行下一道工序施工。

2）监理人员应根据施工单位报送的隐蔽工程报验申请表和自检结果进行现场检查，不符合要求时不能签认，并要求施工单位不得进行下一道工序施工。

3）对隐蔽工程的隐蔽过程，下道工序施工完成后难以检查的重点部位，专业监理工程师应安排监理员进行旁站监督。

4）隐蔽工程施工完成，未隐蔽前，施工单位必须通知建设、监理、设计等单位派人检查质量及施工工艺是否符合施工图或规范要求。

5）隐蔽工程按相关质量标准检查评定，必须达到合格标准。

6）未经检查验收，施工单位擅自隐蔽的隐蔽工程，由此产生的一切后果由施工单位负责；施工单位在隐蔽和中间验收前48小时以书面形式通知监理工程师验收，通知包括隐蔽和中间验收内容、验收时间和地点。验收时，施工单位准备验收记录，验收合格，监理工程师在验收记录上签字，施工单位可进行隐蔽工程的隐蔽和继续施工；验收不合格，施工单位在监理工程师限定的时间内修改后重新验收。工程质量符合标准、规范和设计图等的要求，验收24小时后，监理工程师不在验收记录上签字，视为监理工程师已经批准，施工单位可进行隐蔽工程的隐蔽或者继续施工。

11.3 竣工验收管理及监理工作总结

11.3.1 工程项目竣工验收

工程项目竣工验收交付使用，是项目周期的最后一个程序。工程项目竣工，是指工程项目经过承建单位施工准备和全部施工活动，已完成了项目设计图和承包合同规定的全部内容，并达到建设单位使用要求，是项目施工任务全面完成的标志。

工程项目竣工验收，是指承建单位将竣工项目及其与该项目有关的资料移交给建设单位，并接受主要由建设单位组织的对建设工程质量和技术资料的一系列审查验收工作的总称。如果工程项目已达到竣工验收标准，通过了竣工验收后，就可以解除签订合同双方各自承担的义务、经济和法律责任。

工程项目竣工验收是检验项目管理体制好坏和项目目标实现程度的关键阶段，也是工程项目从实施到投入运行使用的转换阶段。此项工作结束，即表示工程项目管理工作的最后完成。

监理项目总监理工程师应组织专业监理工程师，依据有关法律、法规、工程建设强制性标准、设计文件及施工合同，对承包单位报送的竣工资料进行审查，并对工程质量进行竣工预验收。对存在的问题，应及时要求承包单位整改。整改完毕由总监理工程师签署工程竣工报验单，并应在此基础上提出工程质量评估报告。工程质量评估报告应经总监理工程师和监理企业技术负责人审核签字。项目监理机构应参加由建设单位组织的竣工验收，并提供相关监理资料，对验收中提出的整改问题，项目监理机构应要求承包单位进行整改。工程质量符合要求，由总监理工程师会同参加验收的各方签署竣工验收报告。

11.3.2　工程项目竣工验收的依据与标准

1. 工程项目竣工验收内容

工程项目竣工验收包括：项目竣工资料和工程实体复查两部分内容。其中工程项目竣工资料内容包括：

1）工程项目开工和竣工报告。

2）分项、分部和单位工程施工的技术人员名单。

3）工程项目图纸会审纪要和设计交底记录。

4）工程项目设计变更签证单和技术核定单。

5）工程项目质量事故调查和处理资料。

6）工程项目水准点位置和定位复测记录，以及沉降和位移观测记录。

7）工程项目材料、设备和构件质量合格证明材料。

8）工程项目质量检验和试验报告资料。

9）工程项目隐藏工程验收记录和施工日志资料。

10）工程项目全部竣工图资料。

11）工程项目质量检验评定资料及项目竣工通知单等资料。

2. 工程项目竣工验收依据

1）经过批准的设计任务书、初步设计、施工图设计文件和设备技术说明书。

2）施工及验收规范、质量检验评定标准。

3）主管部门有关工程项目建设和批复文件。

4）工程项目承包合同和图纸会审记录。

5）工程项目设计变更签证和技术核定单。

6）从国外引进新技术或成套设备的项目，按签订合同的国外提供的设计文件等资料。

工程项目竣工验收标准，一般分为单位工程竣工验收标准、单项工程竣工验收标准和建设项目竣工验收标准。

3. 单位工程竣工验收标准

单位工程包括房屋建筑工程、设备安装工程和室外管线工程。由于它们的用途及施工过程各不相同，所以具体的验收标准也有所不同。

（1）房屋建筑工程竣工验收标准　具体如下：

1）交付竣工验收的施工工程，均应按施工图设计规定全部施工完毕，经过承建单位预验和监理工程师初验，并已达到项目设计、施工和验收规范要求。

2）建筑设备（室内上下水、采暖、通风、电气照明等管道、线路安装敷设工程）经过试验达到设计和使用要求。

3）建筑物室内外清洁，室外 2m 以内的现场清理完毕，施工渣土已全部运出现场。

4）工程项目全部竣工图和其他竣工图及其他竣工技术资料齐全。

（2）设备安装工程竣工验收标准　具体如下：

1）属于建筑工程的设备基础、机座、支架、工作台、梯子等已全部施工完毕，并且经过检验达到工程项目设计和设备安装要求。

2）必须安装的工艺设备、动力设备和仪表，都已按工程项目设计和技术说明书要求安装完毕；经检验工程质量符合施工及验收规范要求，并经过试压、检测、单机或联动试车，全部符合安装技术的质量要求，具备形成工程项目设计规定的生产能力。

3）应移交给建设单位的设备出厂合格证、技术性能和操作说明书、试车记录和其他竣工技术资料均已齐全。

（3）室外管线工程竣工验收标准　具体如下：

1）室外管道安装和电气线路敷设工程，全部按项目设计要求施工完毕，而且经检验达到项目设计、施工和验收规范的要求（如安装工程的管道位置、标高、坡度、走向等）。

2）室外管道安装工程，经过闭水试验、试压、检测，质量全部合格。

3）室外电气敷设工程，经过绝缘耐压材料检验，质量全部合格。

4. 单项工程竣工验收标准

单项工程，一般可分为工业和民用两大类。

（1）工业单项工程竣工验收标准　具体如下：

1）主要生产性工程和辅助公用设施，均按项目设计要求建成，并且能够满足项目生产要求。

2）主要工艺设备、动力设备均已安装配套，经无负荷联动试车合格，并已形成生产能力，能够生产出项目设计文件规定的产品。

3）职工宿舍、食堂、更衣室、浴室，以及初步设计规定的其他生活福利设施，均能够适应项目投产初期需要。

4）项目生产准备工作，已能适应投产初期的需要。其中包括生产指挥系统的建立，经过培训的生产人员和机修、电修人员已能上岗操作；生产所需的原材料、燃料和备品、备件的储备，经验收检查，能够满足连续生产要求。

（2）民用建设项目竣工验收标准　具体如下：

1）全部单位工程均以施工完毕，达到项目竣工验收标准，验收后能够交付使用。

2）与项目配套的室外管线工程已全部施工完毕，达到验收标准。

5. 建设项目竣工验收标准

建设项目竣工验收标准，分工业项目和民用项目。

（1）工业建设项目竣工验收标准　具体如下：

1）主要生产性工程和辅助公用设施，均按项目设计要求建成，并且能够满足项目生产要求。

2）主要工艺设备、动力设备均以安装配套，经无负荷联动试车和有负荷试车合格，并已形成生产能力，能够生产出项目设计规定的产品。

3）职工食堂、宿舍、更衣室、浴室，以及初步设计规定的其他生活福利设施，均能够适应项目投产初期需求。

4）项目生产准备工作，已能适应投产初期的要求。

（2）民用建设项目竣工验收标准　具体如下：

1）建设项目各单位工程和单项工程，均已符合项目竣工验收标准。

2）建设项目配套工程和附属工程，均已施工完毕，达到设计规定的相应质量要求，并具备正常使用条件。

11.3.3　工程项目竣工验收的步骤与方法

为了保证工程项目竣工验收工作的顺利进行，通常要按图 11-5 所示的程序来进行工程项目竣工验收。

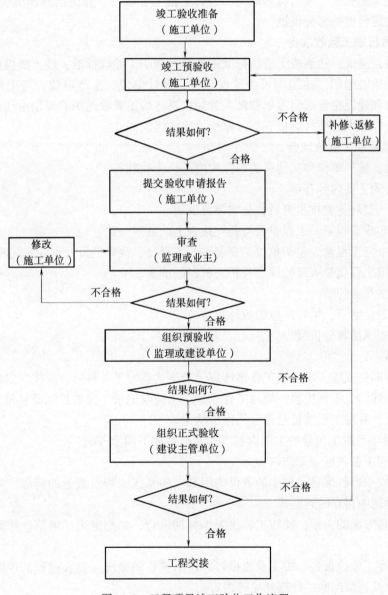

图 11-5　工程项目竣工验收工作流程

工程项目竣工验收,一般分为建设项目竣工验收、单项工程竣工验收和单位工程竣工验收。由于工程项目的性质不同,规模大小及所属行业也不同,因此,其竣工验收的内容繁简和所采用的步骤和方法也就有所不同。一般的竣工验收的步骤、方法如下:

1. 确定验收时间

所施工的项目按批准的设计文件规定的工程内容已经建成,并达到竣工验收标准后,施工单位可书面通告建设单位上报主管部门组织竣工验收工作。如果一个建设项目中的大部分已基本符合竣工验收标准,只有小部分的附属设施未与主体工程同步建成或者还没开工,不要等这部分设施全部施工完毕再办理竣工验收,应采取过渡措施,只要对生产、生活影响不大时,就可以办理竣工验收手续,把未完部分甩项,以及早发挥投资作用。但需注意的是,验收时,要把未完成的工程内容和原因,列表上报主管部门,并提出具体解决办法和时间,作为竣工验收资料的一部分报批。

2. 工程项目竣工验收准备

当工程项目建成,达到竣工验收标准或基本达到竣工验收标准,经上级批准后,就可按规定建立竣工验收组织。该组织可由建设单位、设计单位、生产单位、施工单位、监理企业、建设银行和建设主管部门等单位派人参加。具体竣工验收组织的级别由项目规模和重要程度确定。比较重大的项目应报省、国家组成验收组织。

3. 工程项目竣工验收准备

建设单位、施工单位和其他有关单位均应进行验收准备。

验收准备的主要内容有:

1)收集、整理各类技术资料,分类装订成册。

2)核实实物工程量。工程量要与各类报表上的数字一致。

3)核实未完工程量。包括单位工程名称、工程量、预算估价及预计完成时间等。

4)预申报工程质量等级的评定及相关材料的准备。

5)总结试车考评情况。

6)清理剩余物资,填写相应的统计表格。

7)编写竣工结算分析报告。

4. 预验收

项目经理部完成施工项目竣工收尾计划,确认达到竣工条件后,应按规定向所在企业报告,提交有关部门组织预验收,填写工程质量竣工验收记录、质量控制资料核查记录、工程质量观感记录,并对工程质量是否合格作出结论。

(1)工程项目竣工预验的主要内容 通常包括如下四个方面:

1)核实竣工验收准备工作内容。

2)解决竣工验收准备过程中的争议的问题,如某些工程质量上的问题,未完工程如何处理和设备运转中存在的问题等。

3)协调各方面的关系,使竣工验收工作如期进行,如把电力、电信、铁路等移交有关部门管理。

4)草拟竣工验收报告。竣工验收报告应说明项目的概况、验收过程的说明、对工程质量的总体评价及遗留问题的处理意见等内容。

(2)工程项目竣工预验收的一般步骤 通常有以下三个步骤:

1）属于承包单位独立承包的施工项目，应由企业技术负责人组织项目经理部的项目经理、技术负责人、施工管理人员和企业的有关部门对工程质量进行检验评定并做好质量检验记录。

2）依法实行总分包的项目，应按照法律、行政法规的规定，承担质量连带责任，按规定的程序进行自检和复检，直到分包项目和整个施工项目达到竣工预验的条件。

3）当施工项目达到竣工预验的条件后，承包单位应向工程监理机构递交工程竣工报验单，提请监理机构组织竣工预验收，审查工程是否符合正式竣工验收条件。

（3）正式竣工验收的预约　《建设工程监理规范》规定："建设单位与承包单位之间与建设工程合同有关的联系活动通过监理单位进行。"在建设工程监理中，监理机构受建设单位的委托，对工程建设活动实行监督和管理。承包单位全面完成工程竣工验收前的各项准备工作，经监理机构审查签认合格后，建设单位才能组织正式验收。承包单位应向建设单位递交预约竣工验收的书面通知，说明竣工验收前的准备情况，包括竣工工程实体和竣工档案资料的审查结论。发出预约竣工验收的书面通知应表达两个含义：一是承包单位按施工合同的约定已经全面完成建设工程施工内容，预验收合格；二是请建设单位按合同的约定和有关规定，组织施工项目的正式竣工验收。

5. 正式竣工验收

工程项目完成竣工预验收后，应按规定的时间进行正式的竣工验收。主要工作内容有：

1）听取工程项目竣工验收汇报。

2）工程项目现场检查。参加施工项目竣工验收的各方，对竣工验收项目实体进行目测检查，并逐项检查竣工验收资料，看其内容是否完整和合格。

3）召开施工项目现场竣工验收会议。现场竣工验收会议的主要内容包括：施工单位代表介绍施工、自检和预验状况，并展示全部项目竣工图、各项原始资料和记录；工程项目监理工程师通报项目监理工作状况，发表对工程项目的竣工验收意见；建设单位提出竣工验收项目目测发现的问题，并向承建单位提出限期处理意见。暂时休会，由工程质量监督检查部门会同建设单位和监理工程师，讨论工程项目正式竣工验收是否合格，评定等级。然后复会，最后由工程项目竣工验收小组宣布竣工验收结果，由工程质量监督部门宣布竣工验收项目的质量等级。

4）办理工程项目竣工验收签证书。在工程项目竣工验收时，必须填写工程项目竣工验收签证书，而该签证书上必须有建设单位、承建单位、监理企业和质量监督部门的签字、盖章，方可正式生效。

11.3.4　工程项目竣工验收的技术资料

工程项目竣工验收以后，应及时将竣工验收资料、技术档案等移交给建设单位（或使用单位）统一保管，作为今后维护、改造、扩建、生产组织等的重要依据。

凡列入技术档案的技术文件、资料，都必须经有关技术负责人正式审定。所有的资料、文件都必须如实反映情况，不得擅自修改、伪造或事后补作。工程技术档案要求严格管理，不得遗失损坏，人员调动时要办理交接手续，重要资料（包括隐蔽工程照片）还应分别报送上级有关部门。主要技术资料包括以下一些内容：

1. 土建方面

1）开工报告。

2）永久性工程的坐标位置、建筑物和构筑物，以及主要设备基础轴线定位、水平定位和复核记录。

3）混凝土和砂浆试块的验收报告、砂垫层测试记录和防腐质量检测记录、混凝土抗渗试验资料。

4）预制构件、加工件、预应力钢筋出厂的质量合格说明和张拉记录，原材料检验证明。

5）钢筋的出厂合格证明和试件的各种检测报告，砌体的各种质量检测报告。

6）隐蔽工程验收记录（包括打桩、试桩、吊装记录）。

7）屋面工程施工记录、沥青玛蹄脂等防水材料试配、检测记录。

8）设计变更资料。

9）安全事故处理记录。

10）工程质量事故调查报告和处理记录。

11）施工期间建筑物、构筑物沉陷和变形测定记录。

12）建筑物、构筑物使用要点。

13）未完工程的中间交工验收记录。

14）竣工验收证明。

15）竣工图。

16）其他有关该项工程的技术决定。

2. 安装方面

1）设备质量合格证明（包括出厂证明、质量合格证书）。

2）设备安装记录（包括组装）。

3）设备单机运转记录和合格证。

4）管道设备等焊接记录。

5）管道安装、清洗、吹扫、试漏、试压和检查记录。

6）阀门、安全阀试压记录。

7）电气、仪表检验及电动机绝缘、干燥等检查记录。

8）照明、动力、电信线路检查记录。

9）设计变更资料。

10）工程质量事故调查报告及处理品安全事故处理记录。

11）隐蔽工程验收单。

12）竣工验收证明。

13）竣工图。

3. 建设单位和设计单位方面

1）可行性研究报告及批准文件。

2）初步设计（扩大初步设计、技术设计）及其审批文件。

3）地质勘探资料。

4）设计变更及技术核定单。

5）试桩记录。

6）地下埋设管线的实际坐标、标高资料。

7）征地报告及核定图样、补偿拆迁协议书、征（借）土地协议书。

8）施工合同。

9）建设过程中有关请示报告和批复文件、来往文件、动用岸线及专用铁路线的申请报告和批复文件。

10）单位工程图纸总目录及施工图。

11）系统联动试车记录和合格证、设备联动运转记录。

12）采用新结构、新技术、新材料试验研究资料。

13）技术方面等新建议的试验、采用、改进的记录。

14）有关重要技术决定和技术管理的经验总结。

15）建筑物、构筑物使用要点。

11.3.5　监理工作总结

工程项目竣工验收交付使用，全部监理工作任务完成后，要进行监理工作总结。总结内容包括三部分。

第一部分是向业主提交监理工作总结。其内容主要包括：监理委托合同履行情况概述；监理任务或监理目标完成情况评价；由业主提供的供监理活动使用的办公用房、车辆、试验设施等清单；表明监理工作终结的说明等。

第二部分是监理企业内部的监理工作总结。其内容主要包括：监理工作的经验，可以是采用某种监理技术、方法和经验，也可以是采用某种经济措施、组织措施的经验，监理委托合同方面的经验，如何处理好与业主、承包单位关系的经验等。

第三部分是监理工作中存在的问题及改进的建议，以指导今后的监理工作，并向政府有关部门提出政策建议，不断提高我国建设工程监理水平。

复习思考题

1. 什么是监理大纲及监理大纲的作用？

2. 何时编制监理规划？其作用有哪些？

3. 监理规划的内容有哪些？

4. 监理规划编制的原则是什么？

5. 监理大纲、监理规划、监理细则之间的关系如何？

6. 简述监理工地例会的形式及内容。

7. 监理月报由谁编制？其内容有哪些？

8. 工程项目竣工验收的内容？

9. 工程项目竣工验收的技术资料？

10. 监理工作总结的内容？

参考文献

[1]　中华人民共和国住房和城乡建设部 . GB 50319—2013 建设工程监理规范 ［S］. 北京：中国建筑工业出版社，2013.

[2]　刘伊生 . 建设工程监理概论 ［M］. 北京：中国建筑工业出版社，2006.

[3]　黄文杰 . 建设工程合同管理 ［M］. 北京：中国建筑工业出版社，2014.

[4]　张守健，刘伊生 . 建设工程进度控制 ［M］. 北京：中国建筑工业出版社，2014.

[5]　邓铁军 . 建设工程质量控制 ［M］. 北京：中国建筑工业出版社，2014.

[6]　王雪青 . 建设工程投资控制 ［M］. 北京：中国建筑工业出版社，2014.

[7]　顾辅柱 . 建设工程信息管理 ［M］. 北京：中国建筑工业出版社，2011.

[8]　中国建设监理协会 . 建设工程监理相关法规文件汇编 ［G］. 北京：中国建筑工业出版社，2014.

[9]　肖维品 . 建设监理与工程控制 ［M］. 北京：科学出版社，2001.

[10]　崔朝栋 . 建设工程监理实例应用手册 ［M］. 北京：中国建筑工业出版社，2002.

[11]　徐伟，金福安，陈东杰 . 建设工程监理规范实施手册 ［M］. 北京：中国建筑工业出版社，2001.

[12]　刘景园，陈向东 . 建设监理与合同管理 ［M］. 北京：北京工业大学出版社，2000.

[13]　邱忠毅，彭红涛 . 建设工程监理项目实录 ［M］. 北京：中国建筑工业出版社，2001.

[14]　徐伟，金福安，陈东杰 . 建设工程规范实施监理手册 ［M］. 2 版 . 北京：中国建筑工业出版社，2014.

[15]　蔡宁 . 现代管理学 ［M］. 北京：科学出版社，2000.

[16]　陆惠民，苏振民，王延树 . 工程项目管理 ［M］. 2 版 . 南京：东南大学出版社，2010.

[17]　杨晓林，冉立平 . 建设工程施工索赔 ［M］. 北京：机械工业出版社，2013.

[18]　柯洪 . 建设工程计价 ［M］. 北京：中国计划出版社，2013.

[19]　杨晓林，李忠富 . 施工项目管理 ［M］. 北京：中国建筑工业出版社，2015.

[20]　梁镔，陈勇强 . 国际工程施工索赔 ［M］. 3 版 . 北京：中国建筑工业出版社，2011.

[21]　王雪青 . 国际工程项目管理 ［M］. 北京：中国建筑工业出版社，2000.

[22]　张向东，周宇 . 工程建设监理概论 ［M］. 2 版 . 北京：机械工业出版社，2011.

[23]　北京土木建筑学会 . 建筑工程监理资料 ［M］. 2 版 . 北京：经济科学出版社，2006.

[24]　全国一级建造师执业资格考试用书编写委员会 . 建设工程经济 ［M］. 4 版 . 北京：中国建筑工业出版社，2014.